教育部高等学校电子信息类专业教学指导委员会规划教材

高等学校电子信息类专业系列教材·新形态教材

自动检测技术
及应用

（第2版）

姜绍君 林 敏 主编

金佳鑫 李 林 副主编

清华大学出版社

北京

内 容 简 介

本书面向应用型本科人才培养模式的新需求,立足于生产过程中自动化测控系统的设计成套、运行维护能力的培养。首先讲述检测技术的基本概念、系统组成和测量误差的分析与处理;然后按被测参数分门别类地加以阐述,既包括连续过程类五大参数中的温度、压力、流量、物位和成分分析,也包括机械加工类常用的位移、转速等参数,各种参数测量均介绍了常用的 5 种以上的传感器或测量仪表的工作原理、结构组成及使用特点,而且列举了传感器在测控系统中的工程应用;最后介绍了 4 种全新概念的现代检测技术。

本书既注重传统知识的讲授,又兼顾新技术、新成果的应用,力求基础理论与实践创新相交融,系统性、实用性与先进性、前瞻性相结合。

本书内容全面,适用面广,既可作为自动化、电气工程及其自动化、电子信息工程、测控技术与仪器、通信工程、机械设计制造及其自动化、物联网工程、车辆工程、交通工程、计算机应用等专业的教材,也可作为从事传感器与检测技术相关领域应用和设计开发的研究人员、工程技术人员的参考用书。

图书在版编目(CIP)数据

自动检测技术及应用/姜绍君,林敏主编. —2 版. —北京:清华大学出版社,2023.6(2024.8重印)
高等学校电子信息类专业系列教材.新形态教材
ISBN 978-7-302-63159-0

Ⅰ. ①自…　Ⅱ. ①姜…②林…　Ⅲ. ①自动检测—高等学校—教材　Ⅳ. ①TP274

中国国家版本馆 CIP 数据核字(2023)第 047790 号

责任编辑:盛东亮
封面设计:李召霞
责任校对:申晓焕
责任印制:宋　林

出版发行:清华大学出版社
　　　　网　　　址:https://www.tup.com.cn,https://www.wqxuetang.com
　　　　地　　　址:北京清华大学学研大厦 A 座　　邮　　编:100084
　　　　社 总 机:010-83470000　　　　　　　邮　　购:010-62786544
　　　　投稿与读者服务:010-62776969,c-service@tup.tsinghua.edu.cn
　　　　质量反馈:010-62772015,zhiliang@tup.tsinghua.edu.cn
　　　　课件下载:https://www.tup.com.cn,010-83470236
印 装 者:三河市龙大印装有限公司
经　　销:全国新华书店
开　　本:185mm×260mm　　印　　张:14.75　　　　字　　数:359 千字
版　　次:2016 年 9 月第 1 版　　2023 年 6 月第 2 版　　印　　次:2024 年 8 月第 2 次印刷
印　　数:1501～2300
定　　价:69.00 元

产品编号:098099-01

高等学校电子信息类专业系列教材

序
FOREWORD

我国电子信息产业占工业总体比重已经超过 10%。电子信息产业在工业经济中的支撑作用凸显，更加促进了信息化和工业化的高层次深度融合。随着移动互联网、云计算、物联网、大数据和石墨烯等新兴产业的爆发式增长，电子信息产业的发展呈现了新的特点，电子信息产业的人才培养面临着新的挑战。

（1）随着控制、通信、人机交互和网络互联等新兴电子信息技术的不断发展，传统工业设备融合了大量最新的电子信息技术，它们一起构成了庞大而复杂的系统，派生出大量新兴的电子信息技术应用需求。这些"系统级"的应用需求，迫切要求具有系统级设计能力的电子信息技术人才。

（2）电子信息系统设备的功能越来越复杂，系统的集成度越来越高。因此，要求未来的设计者应该具备更扎实的理论基础知识和更宽广的专业视野。未来电子信息系统的设计越来越要求软件和硬件的协同规划、协同设计和协同调试。

（3）新兴电子信息技术的发展依赖于半导体产业的不断推动，半导体厂商为设计者提供了越来越丰富的生态资源，系统集成厂商的全方位配合又加速了这种生态资源的进一步完善。半导体厂商和系统集成厂商所建立的这种生态系统，为未来的设计者提供了更加便捷却又必须依赖的设计资源。

教育部 2020 年颁布了新版《高等学校本科专业目录》，将电子信息类专业进行了整合，为各高校建立系统化的人才培养体系，培养具有扎实理论基础和宽广专业技能的、兼顾"基础"和"系统"的高层次电子信息人才给出了指引。

传统的电子信息学科专业课程体系呈现"自底向上"的特点，这种课程体系偏重对底层元器件的分析与设计，较少涉及系统级的集成与设计。近年来，国内很多高校对电子信息类专业课程体系进行了大力度的改革，这些改革顺应时代潮流，从系统集成的角度，更加科学合理地构建了课程体系。

为了进一步提高普通高校电子信息类专业教育与教学质量，推动教育与教学高质量发展，教育部高等学校电子信息类专业教学指导委员会开展了"高等学校电子信息类专业课程体系"的立项研究工作，并启动了"高等学校电子信息类专业系列教材"（教育部高等学校电子信息类专业教学指导委员会规划教材）的建设工作。其目的是推进高等教育内涵式发展，提高教学水平，满足高等学校对电子信息类专业人才培养、教学改革与课程改革的需要。

本系列教材定位于高等学校电子信息类专业的专业课程，适用于电子信息类的电子信息工程、电子科学与技术、通信工程、微电子科学与工程、光电信息科学与工程、信息工程及其相近专业。经过编审委员会与众多高校多次沟通，初步拟定分批次建设约 100 门核心课程教材。本系列教材将力求在保证基础的前提下，突出技术的先进性和科学的前沿性，体现创新教学和工程实践教学；将重视系统集成思想在教学中的体现，鼓励推陈出新，采用"自顶向下"的方法编写教材；将注重反映优秀的教学改革成果，推广优秀的教学经验与理念。

为了保证本系列教材的科学性、系统性及编写质量，本系列教材设立顾问委员会及编审委员会。顾问委员会由教指委高级顾问、特约高级顾问和国家级教学名师担任，编审委员会由教育部高等学校电子信息类专业教学指导委员会委员和一线教学名师组成。同时，清华大学出版社为本系列教材配置优秀的编辑团队，力求高水准出版。本系列教材的建设，不仅有众多高校教师参与，也有大量知名的电子信息类企业支持。在此，谨向参与本系列教材策划、组织、编写与出版的广大教师、企业代表及出版人员致以诚挚的感谢，并殷切希望本系列教材在我国高等学校电子信息类专业人才培养与课程体系建设中发挥切实的作用。

吕志伟 教授

前 言
PREFACE

人类已经进入了科学技术空前发展的信息社会,信息科学与技术深深地改变着社会生产生活的各个方面,社会生产力的发展和人们生活质量的提高越来越得益于和依赖于信息科学与技术的发展。人们时时处处都离不开对信息的获取、分析、处理、控制和应用,而这正是检测技术涉及的研究内容。

自动检测技术是电子信息与电气学科的一个重要分支,以传感器为核心的检测技术,与自动控制技术、计算机技术等一起构成了信息技术的完整学科,而且正在成为自动化系统、物联网与信息领域的源头与基石。有权威研究机构称,仪器仪表工业总产值只占工业总产值的百分之几,但它对国民经济的影响却达到百分之六七十。可见,仪器仪表产业对国民经济有着巨大的倍增和拉动作用。我国政府高度重视仪器仪表产业的发展,紧紧抓住第三次信息技术浪潮的历史机遇,力推物联网等战略性新兴产业。国家发展规划中,已把传感器与检测技术相关内容列入国家中长期科技发展规划的重点领域及其优先主题。当前,我国仪器仪表技术的研究与产业都取得了重大进展,在产品微型化、集成化、无线化、智能化、网络化等方向上紧跟国际发展步伐。毫无疑问,自动检测技术是现代化领域中最有发展前途的热门技术之一。而传感技术的研发、检测系统的设计、仪器仪表的使用与维护都需要大批的专门人才作为支撑。因此,自动检测技术成为高校大部分工科专业学生的必修专业基础课实属必然,尤其是当下,社会对人才培养的目标和内容也提出了与时俱进的新要求。

本书是以培养应用型本科人才为目标而编写的,本着厚基础、重能力、求创新的总体思想,遵循"以行业为导向、以能力为本位、以学生为中心"的基本思路,着眼于培养学生宽泛的专业理论知识和实践创新能力。全书按照"问题驱动"的教学理念,融入贴近实践的工程实例,提出问题、分析问题、解决问题,从而达到学生能综合运用检测技术的基本理论和知识来分析和解决工程实际问题的人才培养目标。

本书的编者是既讲授自动化、电子信息专业系列理论课程,又从事自动测控系统和电子产品设计与研制的双师型教师,具有丰富的教学和实践经验。本书特别注重基本概念、基本原理的阐述分析和基本方法、基本技能的培养强化,力争理论知识做到三用一新,即实用、适用、够用和创新,在满足基本教学要求的基础上,适当降低了难度,压缩了公式推导及烦琐的计算,代之以大量的图示、例题和工程案例,真正做到了理论知识与实训内容融为一体,相辅相成。

本书面向应用型本科人才培养模式的新需求,立足于生产过程中自动化测控系统的设计成套、运行维护能力的培养,也即面对一个生产流程或被测对象,如何通过选用或者设计合适的传感器/检测仪表并据此完成一个性价比高、精准合格的自动检测装置(系统)的设计。因此,本书是完全按照被测参数(变量)来分类介绍的。

本书共分10章：第1章绪论，包括检测技术的概念及检测系统的组成、分类和发展；第2章检测技术基础知识，包括误差分析、处理和检测系统基本特性；后面7章按被测参数分门别类地加以阐述；第3～7章，分别是连续过程类五大参数测量中的温度、压力、流量、物位和成分分析；第8章和第9章，分别是机械加工类常用的位移和转速等参数测量，而各种参数测量均介绍了5种以上的传感器或测量仪表的工作原理、结构组成及使用特点，而且列举了传感器在检测控制系统中的工程应用；第10章现代检测技术，包括虚拟仪器、软测量技术、传感器网络、视觉检测技术等。

本书由大连理工大学城市学院林敏编写第1～3章；姜绍君编写第4、6章；金佳鑫编写第7～9章；李林编写第5、10章及各章习题，并制作了相应的课件、微课视频及习题答案。全书最后由林敏整理定稿。

本书的编写力求基础理论与实践创新相交融，系统性、实用性与先进性、前瞻性相结合，既注重传统知识的讲授，又兼顾新技术、新成果的应用。

本书内容全面，适用面广，既可作为自动化、电气工程及其自动化、电子信息工程、测控技术与仪器、通信工程、机械设计制造及其自动化、物联网工程、车辆工程、交通工程、计算机应用等专业的教材，也可作为从事传感器与检测技术相关领域应用和设计开发的研究人员、工程技术人员的参考用书。

在本书编写过程中，参考吸纳了许多作者编著的优秀作品以及生产厂家的产品资料，在此表示由衷的感谢！

由于编者的学识和水平有限，加之自动检测技术既内容丰富又应用广泛，且技术本身还在不断地发展创新，因此，书中的疏漏和错误在所难免，诚望广大读者提出宝贵意见。

编　者

2023 年 2 月

目 录
CONTENTS

视频目录
VEDIO CONTENTS

视 频 名 称	时长/分钟	位　置
第 34 集　位移测量概述	3	8.1 节节首
第 35 集　电容式位移测量	16	8.2 节节首
第 36 集　自感式位移测量	11	8.3 节节首
第 37 集　互感式位移测量	13	8.4 节节首
第 38 集　光栅式位移测量	17	8.5 节节首
第 39 集　转速检测概述	2	9.1 节节首
第 40 集　离心式转速测量	3	9.2 节节首
第 41 集　测速发电机	4	9.3 节节首
第 42 集　磁电式转速测量	4	9.4 节节首
第 43 集　霍尔式转速测量	5	9.5 节节首
第 44 集　光电式转速测量	5	9.6 节节首
第 45 集　旋转编码器式转速测量	15	9.7 节节首

教学目标

通过本章的学习,读者应理解检测技术的基本概念及广泛应用,掌握检测系统的组成和工程上常用的几种分类方法,明确学习检测技术的目的。

1.1　检测技术的概念

在当今信息社会的一切活动领域中,无论是生产过程还是科学实验甚至日常生活,时时处处都离不开检测。检测是利用各种物理、化学或生物效应,采用合适的方法与装置,将生产、科研、生活等各方面的有关信息通过检查与测量的方法赋予定性或定量结果的过程。

有几个含义相近的词汇:测量、测试、检测。测量是一个基本概念,是指以确定被测对象属性和量值为目的的全部操作,即将被测的未知量与同性质的标准量进行比较,确定被测量对标准量的倍数,通过数字表示出这个倍数的过程;测试即测量与试验,试验是在真实情况或模拟条件下对研究对象的特性进行测量和度量的研究过程;检测即检验与测量,也有对被测对象有用信号检出的含义,检验常常仅需要分辨出参数量值所属的某一区间范围,以此来判别被测参数合格与否或具有某一特征现象的有无。在一般的工程技术应用领域中,对它们三者并不加以严格区分而可以互为替代。

总之,检测的基本任务是获取信息。一个完整的检测过程包括信息的提取、信号的转换存储与传输、信号的显示记录和信号的分析处理。能够自动地完成整个检测处理过程的技术称为自动检测与转换技术,简称(自动)检测技术。

检测技术在工农业生产、科学研究、医疗卫生、交通运输、经济贸易以及物联网等领域都起着举足轻重的作用。例如,化工、电力行业中,需要随时对生产流程中的温度、压力、流量、物位等工艺参数进行实时检测与优化控制,以取得安全、高效、稳定的运行;机械制造行业中,通过对机床的刀具位置、切削速度、床身振动等动、静态参数进行在线检测,从而保证加工精度;国防科研中,在飞机、导弹和卫星的研制与飞行过程中,检测技术用得更多,需要准确获知飞行速度、加速度、姿势、航向、气压、构件所受强度等几百个状态数据;交通调度管理系统中,也少不了对交通流量、流向、车速、车种等的监视;还有近年来家电行业的发展、数字家居的兴起、物联网的问世,已经使检测技术进入了人们的日常生活之中。

据美国国家标准技术研究院（National Institute of Standard and Technology, NIST）的统计,美国为了质量认证和控制、自动化及流程分析,每天完成 2.5 亿项检测,相关费用占国民生产总值的 3.5%。要完成这些检测,需要大量的、种类繁多的检测和分析仪器。美国商业部国家标准局（National Bureau of Standards, NBS）于 20 世纪 90 年代初评估仪器仪表工业对美国国民经济总产值的影响作用时所提出的调查报告中称:仪器仪表工业总产值只占工业总产值的 4%,但它对国民经济的影响却达到 66%。可见,仪器仪表对国民经济有着巨大的"倍增器"和拉动作用。

显而易见,检测技术已成为现代化领域中最有发展前途的热门技术之一,它给人们带来巨大的经济效益并促进科学技术的飞跃发展,因此在国民经济发展中占有十分重要的地位。

1.2　检测系统的组成

检测总是要借助于一定的检测手段或设备,能完成这种将被测参量转变为电学量,并最终将其显示和输出的装置或系统称为检测仪表或检测系统。如图 1-1 所示,一个完整的检测系统通常是由传感器、测量电路、输出单元等几部分组成的,分别完成信息的获取、转换、处理和输出等功能。

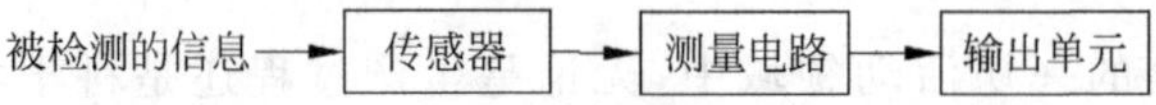

被检测的信息 ——→ 传感器 ——→ 测量电路 ——→ 输出单元

图 1-1　检测系统的组成

1. 传感器

传感器是一种能将被测参量（物理量、化学量、生物量）转换为与之有确定对应关系的电学量输出的装置。它由敏感元件、转换元件和转换电路三部分组成,敏感元件能够灵敏地直接感受被测参量的变化并作出响应,转换元件进一步将其响应转换成电路参数,转换电路再转换为便于传输和后续环节处理的电量信号。显然,传感器获得信息的准确与否,关系到整个检测系统的精度,如果传感器的误差较大,即便后续环节精度很高,也难以提高整机的检测精度。

在不同的学科领域,传感器又被称为检测器、转换器、发讯器,或者进一步输出某种标准电量信号的变送器。这些不同提法只是反映了在不同的技术领域的一种称谓习惯,其内涵是相同或相似的。

2. 测量电路

测量电路的作用是对传感器输出的信号进行加工,把传感器输出的微弱电量变成具有一定驱动和传输能力的电压、电流和频率信号等,以推动后级的输出单元。其中的信号处理电路也有多种组成形式,通常由传感器类型而定,同时也要与各种输出单元相匹配。

3. 输出单元

输出单元可以是指示仪、显示器、记录仪、累加器、报警器、数据处理装置、执行机构等。根据后续所配接的不同单元,检测系统又可细分为其他几种称谓。若输出单元是指示仪、显示器或记录仪,则该测试系统为自动检测系统;若输出单元是计数器或累加器,则该测试系统为自动计量系统;若输出单元是报警器,则该测试系统为自动保护系统或自动诊断系统;

若输出单元是数据处理装置,则该测试系统可以是部分数据分析系统,也可以是部分自动控制系统。

显然,传感器是检测系统的核心和关键部件。传感器的种类繁多,原理各异,所以以传感器为核心的检测系统的分类、发展和特性等概念与传感器的分类、发展和特性基本是一致的。

1.3　检测系统的分类

检测的目的就是反映、揭示客观世界存在的各种运动状态的规律。检测过程和检测技术涉及的内容非常丰富,其分类方法也很多,工程上常用的几种分类方法如下。

1.3.1　按检测参量分类

常用的检测参量可分为以下几类:

(1) 电工量　电压、电流、电功率、电阻、电容、频率、磁场强度、磁通密度等;

(2) 热工量　温度、热量、比热容、热流、热分布、压力、压差、真空度、流量、流速、物位、液位、界面等;

(3) 物性和成分量　气体成分、液体成分、固体成分、浓度、酸碱度、盐度、比重、密度、粒度、黏度等;

(4) 机械量　位移、形状、力、应力、力矩、重量、质量、转速、线速度、加速度、振动、噪声等;

(5) 几何量　长度、厚度、角度、直径、间距、形状、平行度、同轴度、粗糙度、硬度等;

(6) 光学量　光强、光通量、光照度、辐射能量等;

(7) 状态量　颜色、透明度、磨损、裂纹、缺陷、泄漏、堵塞、变形、超温、过载等。

严格地说,状态量包括的范围很广,但是有些状态量已按习惯归入热工量、机械量或成分量中,因此不再重复列出。

本书主要讨论面向生产过程中的自动检测和控制领域的被测参量,也即非电量的检测。

1.3.2　按检测原理分类

检测参量绝大多数是非电量,通常需要用检测装置即依赖物理的、化学的或生物的原理和有关的功能材料特性来实现非电量到电量的转换。常用的检测原理可分为以下几大类:

(1) 电磁转换　电阻式、应变式、压阻式、热阻式、电感式、互感式、电容式、阻抗式、磁电式、热电式、压电式、霍尔式、振频式、感应同步器、磁栅等;

(2) 光电转换　光电式、激光式、红外式、光栅式、光导纤维式等;

(3) 其他能/电转换　声/电转换(超声波式)、辐射能/电转换(X 射线式、β 射线式、γ 射线式)、化学能/电转换(各种电化学转换)等。

1.3.3　按检测方法分类

对于检测方法,从不同的角度出发,又有许多不同方式的分类,诸如:

(1) 有源式与无源式(主动式与被动式)　根据检测过程中是否对被测对象施加能量而分;

（2）接触式与非接触式　根据检测过程中是否与被测对象接触而分；

（3）直接式与间接式　根据检测过程中能否直接得到被测量而分；

（4）静态式与动态式　根据检测过程中被测量是否随时间变化而分；

（5）在线式与离线式　根据检测过程中是否在生产线上监测产品质量而分；

（6）平衡式与不平衡式（零位式与偏差式）　根据检测过程中被测量与测量单位的比较方式而分；

（7）模拟式与数字式　根据检测过程中被测量的信号显示方式而分。

1.3.4　按使用性质分类

按使用性质检测仪表通常可分为：标准表、实验室表和工业用表三种。

（1）标准表　是各级质量技术监督部门专门用于精确计量、校准送检样品和样机的标准仪表。标准表的精度等级必须高于被检样品、样机（实验室表或工业用表）所标称的精度等级；而其本身又根据量值传递的规定，必须经过更高一级法定部门的定期检定、校准，由更高精度等级的标准表检定之，并出具其重新核定的合格证书，方可依法使用。

（2）实验室表　是用于各类实验室中，其应用环境条件较好，往往无特殊的防水、防尘、防震等防护措施，因而对于温度、湿度、振动等的允许范围也较小。这类检测仪表的精度等级虽较工业用表为高，但使用条件要求较严，只适于实验室条件下的测量与读数。

（3）工业用表　是长期使用在实际工业生产现场的检测仪表与检测系统。根据安装的地点与功能不同，又有现场仪表和控制室仪表之分。前者应有可靠的防护以抵御恶劣的环境条件。工业用表的精度一般不是很高，但要求能长期连续工作，并具有足够的可靠性和稳定性。在某些场合（如易燃易爆环境）下，还要求仪表具备相应等级的防爆性能。

1.4　检测技术的发展

近年来迅速发展起来的现代信息技术的三大技术基础是信息的获取、信息的传输和信息的分析处理。也就是（传感器）检测技术、通信技术和计算机技术，它们分别构成了信息技术系统的"感官"、"神经"和"大脑"。自20世纪70年代以来，由于微电子技术的迅猛发展，极大地促进了通信技术与计算机技术的快速发展。相对而言，（传感器）检测技术发展却缓慢得多，严重制约了现代信息技术的整体发展与进步。因此，许多国家都把传感器技术列为重点发展的关键技术之一。美国曾把20世纪80年代看成是传感器技术时代，并列为20世纪90年代22项关键技术之一。我国也从20世纪80年代中后期开始，把（传感器）检测技术列为国家优先发展的技术之一，其近年来的发展表现在以下几方面。

1. 不断提高检测系统的各项性能指标

近年来，研制出许多高精度、宽量程、高可靠性、长寿命的检测仪器。例如，用直线光栅测量直线位移时，测量范围可达二三十米而分辨力可达微米级；现已研制出能测量低至几帕的微压力和高到几千兆帕高压的压力传感器；开发了能够测出极微弱磁场的磁敏传感器等。

从20世纪60年代开始，人们对传感器的可靠性和故障率的数学模型进行了大量的研究，使得检测系统的可靠性及寿命大幅度的提高。现在许多检测系统可以在极其恶劣的环境下连续工作数十万小时。

2. 开发新型传感器扩大检测领域

检测原理大多以各种物理效应为基础,人们根据新原理、新材料和新工艺研究所取得的成果,将研制出更多品质优良的新型传感器,如光纤传感器、液晶传感器、以高分子有机材料为敏感元件的压敏传感器、微生物传感器等。近代物理学的成果,如纳米、激光、红外线、超声波、微波、化纤、放射性同位素等的应用,都为检测技术的发展提供了更多的途径,如图像识别、激光测距、红外测温、超声波无损探伤、放射性测厚、中子探射爆炸物等非接触测量的迅速发展。另外,代替视觉、嗅觉、味觉和听觉的各种仿生传感器和检测超高温、超高压、超低温和超高真空等极端参数的新型传感器,将是检测技术研究和发展的重要方向。

20世纪70年代以前,检测技术主要用于工业部门,如今正扩大到整个社会需要的各个方面,不仅包括工程、海洋开发、航空航天等尖端科学技术和新兴工业领域,而且已开始进入人们的日常生活设施之中。

3. 发展集成化、功能化、智能化的传感器

随着超大规模集成电路技术的发展,硅电子元件的集成化已向传感器领域渗透,将传感器与测量电路制作在同一块硅片上,得到体积更小、性能更好、功能更强的集成传感器。例如,已研制出的高精度的 PN 结测温集成传感器;又如,将排成阵列的成千上万个光敏元件及扫描放大电路制作在一块芯片上,制成彩色 CCD(charge-coupled device,电荷耦合元件)数码照相机、摄像机和手机等。

传感器的智能化就是把传感器与微处理器及模糊理论、知识集成技术相结合,使之不仅具有检测功能,还具有信息处理、逻辑判断、自动诊断以及通信与控制功能,如 ST-3000 型智能传感器,采用半导体工艺在同一芯片上制作了 CPU 和静压、差压、温度等多个敏感元件。今后,人们会在光、磁、温度、压力等更多领域开发出新型的集成化、功能化、智能化的传感器,实现"信息识别+信息处理+信息存储+信息提取"的一体化。

4. 发展网络化传感器及检测系统

随着现场总线技术在测控领域的广泛应用和测控网络与信息网络融合的强烈应用需求,测控系统的网络化得以迅速发展,即要求远在千里之外能随时随地浏览现场工况,实现远程调试、远程故障诊断、远程数据采集和实时操作。这主要表现在两个方面:一是为了解决现场总线的多样性问题,IEEE 1451.2 工作组建立了智能传感器接口模块(smart transducer interface module,STIM)标准,该标准描述了传感器网络适配器和微处理器之间的硬件和软件接口,为传感器和各种网络的链接提供了条件和方便;二是以 IEEE 802.15.4(ZigBee)为基础的无线传感器网络技术得以迅速发展,它具有以数据为中心、极低的功耗、组网方式灵活、低成本等诸多优点,在军事侦测、环境监测、智能家居、医疗健康、科学研究等众多领域具有广泛的应用前景,是目前一个炙手可热的技术热点。

总之,检测技术的蓬勃发展适应了国民经济发展的迫切需要,是一门充满希望和活力的新兴技术。

1.5 学习检测技术的目的

通过对本课程检测技术的学习,学生应达到如下目的。

(1)了解和掌握检测系统中测量误差的基本分析方法,以提升对测量误差进行数据分析和处理的计算能力,在一定条件下尽量减小或消除误差并获得更接近于真值的数据。

（2）了解和熟知各种检测传感器和主要参数的检测原理、性能特点和适用范围,以提升在实际工程中选用传感器的能力,使自动检测系统获得较高的性价比。

（3）了解和掌握检测系统的构成原理,以提升仪表应用和系统集成的能力,能根据实际工程需要制定正确的检测方案,设计适用的检测系统,合理选择、正确使用各种检测仪表。

（4）了解和掌握微弱电信号的采集、传输、转换和显示技术,以提升设计信号调理与显示输出电路的能力,自行设计和研发新型检测仪表和装置。

思考题与习题

1. 何谓检测？何谓（自动）检测技术？
2. 简述（自动）检测系统的组成及其功能。
3. 简述传感器的概念及其组成。
4. 简述检测系统的分类。
5. 简述检测技术的发展趋势。

第 2 章

检测技术基础知识

教学目标

通过本章的学习,读者应理解检测技术中有关测量真值和各种误差的概念与分类,学会对仪表精度等级的确定和选用的方法,掌握对随机误差、系统误差和粗大误差的分析判别与数据处理的方法,理解检测系统的静态特性,了解检测系统的动态特性。

测量是检测技术的主要组成部分,是借助于专门的技术和仪表(系统),采用一定的方法获取某一客观事物定量数据资料的认识过程。在一定的时间、空间条件下,被测参量的大小是一个客观存在的确定数值,即真值;而检测仪表(系统)指示或显示被测参量的读数通常称为测量值或示值。由于传感器不可能绝对精确,测量电路不可避免地存在误差,加上测量时环境因素和外界干扰的存在以及测量过程可能会影响被测对象的原有状态等,都可能使得示值与真值存在偏差,这个偏差就是测量误差。

不同性质的测量,允许测量误差的大小是不同的。在某些场合下,误差超过一定限度会给工作造成危害甚至严重事故。因此,研究测量误差的大小及其相对应的测量精度的高低,有着十分重要的工程意义。

2.1 误差分析基础

视频讲解

2.1.1 测量参照值

在讨论测量误差之前,有必要先来说明测量参照值——真值的含义。误差理论中,所谓一个量的真值,是指在某一时刻和某一状态下体现出的客观值,也即被测量所具有的客观真实大小。显然,真值只是一个理想的说法,它是无法确知的。因此,有了如下几个概念。

1. 理论真值

一个量严格定义的理论值通常叫理论真值,这是可知的真值。例如,平面三角形三内角之和恒为 $180°$,圆周角为 $360°$,同一量值自身之差为 0 而自身之比为 1,等等。由于理论真值在实际测量工作中难以获得,常用约定真值或相对真值来代替理论真值。

2. 约定真值

根据国际计量委员会(International Committee of Weights and Measures,CIPM)通过并发布的各种物理参量单位的定义,利用当今最先进科学技术复现这些实物单位基准,其值称为约定真值。例如，保存在国际计量局的 1kg 铂铱合金原器就是质量单位 1kg 的约定真值；还有长度单位 m（米）、时间单位 s（秒）、电流强度单位 A（安培）、热力学温度单位 K（开尔文）、发光强度单位 cd（坎德拉）等。对以上单位复现的量值就是计量学约定真值。

3. 相对真值

高一级检测仪器（计量标准器）的误差与低一级检测仪器的误差相比为其 $1/10 \sim 1/3$ 时，则可以认为前者是后者的相对真值。例如，高精度的石英钟表可视为普通机械钟表的相对真值。这是工程测量中常用的。

4. 近似真值

多次测量的平均值可以作为近似真值。若示值越接近真值，则反映误差或不确定度就越小，我们认识被测事物的量值就越准确。

2.1.2 误差的表示方法

检测仪表（系统）的测量误差有以下几种表示方法。

1. 绝对误差

检测仪表的测量值即示值 x 与被测量的真值 x_0 之间的代数差值 δ，称为测量值的绝对误差，即

$$\delta = x - x_0 \tag{2-1}$$

式中，真值 x_0 可为约定真值，也可为由高精度标准仪器所测得的相对真值。绝对误差 δ 说明了示值偏离真值的大小，其值可正可负，具有和被测参量相同的量纲。

2. 相对误差

对于同等大小的被测参量，测量结果的绝对误差愈小则说明其测量愈准确。对于不同大小的被测参量，却不能只凭绝对误差来评定其测量的准确程度，而应采用相对误差的概念。相对误差是指绝对误差 δ 与被测参量的百分比值，又分为实际相对误差和示值相对误差。

实际相对误差 γ_{x_0}：绝对误差 δ 与被测参量真值 x_0 的百分比值

$$\gamma_{x_0} = \frac{\delta}{x_0} \times 100\% = \frac{x - x_0}{x_0} \times 100\% \tag{2-2}$$

示值（标称）相对误差 γ_x：绝对误差 δ 与被测参量示值 x 的百分比值

$$\gamma_x = \frac{\delta}{x} \times 100\% = \frac{x - x_0}{x} \times 100\% \tag{2-3}$$

一般来说，相对误差值小，其测量精度就高，但这往往是指对于同一点被测参量值的测量。要全面评价一个仪表的精度或测量质量时，还必须引入引用误差的概念。

3. 引用误差

引用误差是指绝对误差 δ 与仪表的量程 L 之比，以百分数表示。

$$\gamma_L = \frac{\delta}{L} \times 100\% \tag{2-4}$$

仪表量程（大小）为仪表的测量上限值（满度）与测量下限值（零点）之间的代数差，即 $L = x_{\max} - x_{\min}$，而测量范围是指被测量从测量下限值（零点）到测量上限值（满度）的变化范围。

4. 最大引用误差（或满度最大引用误差）

在规定的工作条件下，当被测量平稳增加或减少时，在检测系统全量程所有测量值引用

误差(绝对值)的最大者,或者说所有测量值中最大绝对误差(绝对值)与量程的比值的百分数,称为该系统的最大引用误差,用符号 $\gamma_{\max}$ 表示

$$\gamma_{\max} = \frac{|\delta_{\max}|}{L} \times 100\% \tag{2-5}$$

5. 准确度

最大引用误差常被用来确定仪表的准确度等级 S,即把最大引用误差去掉%,为

$$S = \frac{|\delta_{\max}|}{L} \times 100 \tag{2-6}$$

国家标准《电测量指示仪表通用技术条件》(GB 776—76)规定,模拟仪表有下列 7 种等级:0.1 级、0.2 级、0.5 级、1.0 级、1.5 级、2.5 级、5.0 级。随着测量技术的进步,目前还增加了以下几种准确度等级:0.005 级、0.05 级、0.02 级、0.35 级、0.4 级等。它们分别表示对应仪表的最大引用误差不能超过这个仪表准确度等级的百分数,即

$$\gamma_{\max} \leqslant S\% \tag{2-7}$$

一般在仪表面板上都有图标表示出仪表的等级,如 ⑩ ⚠。仪表的准确度在工程上称为精度。精度是衡量仪表质量优劣的重要指标之一,允许误差越小,精度就越高,仪表也越昂贵。精度与最大绝对误差、量程大小有关。

仪表在出厂时要规定它的精度等级,以便使用时能根据精度及量程估算出可能的最大绝对误差,这是如何规定或确定正确的仪表等级即校表问题;另一方面,在设计组成一个检测系统时,还要选用适宜的精度等级的仪表即选表问题。下面通过 3 个例子加以说明。

【例 2-1】 某台测温仪表,其测量范围为 100～600℃,经检验发现仪表的最大绝对误差为 ±6℃,试确定该仪表的精度等级。

解:根据式(2-5),该仪表允许的最大引用误差为

$$\gamma_{\max} = 6/(600 - 100) \times 100\% = 1.2\%$$

目前国家尚无 1.2 等级的仪表,根据式(2-7),$(\gamma_{\max} = 1.2\%) \leqslant (S\% = 1.5\%)$,从而确定该仪表的精度等级为 1.5 级。换句话说,为了保证仪表出厂达到合格的精度指标要求,只能取计算的允许最大引用误差所对应的相等或低一级的仪表等级。

【例 2-2】 设计某个测温系统,其测量范围为 100～600℃,要保证测量值的最大绝对误差不超过 ±6℃,试选用何种精度等级的仪表?

解:根据式(2-5),所选用仪表允许的最大引用误差为

$$\gamma_{\max} = 6/(600 - 100) \times 100\% = 1.2\%$$

同理,国家尚无 1.2 等级的仪表,而 1.5 级的测温仪表所允许的最大引用误差是 1.5%,它可能造成的最大绝对误差是 ±7.5,因此只能选择 1.0 级的测温仪表。换句话说,为了保证整个测温系统的测量精度,只能取计算的允许最大引用误差所对应的相等或高一级的仪表等级。

【例 2-3】 现有精度为 0.5 级 0～300℃ 的和精度为 1.0 级 0～100℃ 的 A、B 两个测温仪,要测量 80℃ 的温度,试问采用哪一个测温仪较好?

解:此题即是考虑仪表测量的最大绝对误差或最大示值相对误差小为好。

根据式(2-6),A 表可能出现的最大绝对误差为

$$\delta_{\max} = \pm S \times L/100 = \pm 0.5 \times (300 - 0)/100 = \pm 1.5℃$$

又根据式(2-3)，在测量温度 80℃时可能出现的最大示值相对误差为

$$\delta_x = \pm 1.5/80 \times 100\% = \pm 1.88\%$$

同理，根据式(2-6)，B 表可能出现的最大绝对误差为

$$\delta_{max} = \pm S \times L/100 = \pm 1.0 \times (100 - 0)/100 = \pm 1.0℃$$

又根据式(2-3)，在测量温度 80℃时可能出现的最大示值相对误差为

$$\delta_x = \pm 1.0/80 \times 100\% = \pm 1.25\%$$

因为 1.5℃＞1.0℃，或 1.88%＞1.25%，表明精度等级低(1.0 级)的 B 表比精度等级高(0.5 级)的 A 表的最大绝对误差或最大示值相对误差反而小，所以采用 B 表较好。

此例说明，在选用仪表时不仅要考虑仪表的精度等级还要兼顾其量程大小。

2.1.3 误差的分类

误差产生的原因和类型很多，其表现形式也多种多样，针对造成误差的不同原因，也有不同的解决方法。实际的检测系统(仪表)一般可以按误差性质、使用的工作条件、测量特性等方面进行分类。

1. 按误差性质分类

(1) 系统误差：是指在同一条件下多次重复测量同一量值时，其误差的大小和符号保持不变或按某一确定的规律变化的误差，所以又称为确定性误差。其中前者称为恒值误差，后者称为变值误差。

在国家计量技术规范《通用计量术语及定义》(JG1001-1998)中，系统误差 ε 的定义为：在相同测量条件下，对同一被测量进行无限多次重复测量所得结果的平均值 $\bar{x}$ 与被测量的真值 x_0 之差，即 $\varepsilon = \bar{x} - x_0$，这表明测量结果偏离真值的程度。系统误差越小，测量就越准确。所以还经常用准确度一词来表征系统误差的大小。

系统误差是由环境温湿度波动、电源电压变化、电子元件老化、仪表零点漂移、机械零件变形等因素引起的，因此可以通过理论分析或实验验证的方法，尽量减小系统误差。

(2) 随机误差：是指在同一条件下多次重复测量同一量值时，其误差的大小和符号均以不可预知的方式变化，所以又称偶然误差。随机误差是由测量过程中许多独立的、微小的、偶然的因素引起的综合结果，如温度、湿度及电源的电压值均不停地围绕各自的平均值起伏变化。由于单个测量误差的出现是随机的，所以无法用实验的方法消除或修正，但随机误差具有随机变量的一切特点，在一定的条件下服从正态分布统计规律。因此可以增加测量次数，并对测量结果进行数据统计处理。

在国家计量技术规范《通用计量术语及定义》(JG1001-1998)中，随机误差 δ_i 的定义为：测量结果 x_i 与在相同测量条件下对同一被测量进行无限多次测量所得结果的平均值 $\bar{x}$ 之差，即 $\delta_i = x_i - \bar{x}$。随机误差反映了测量值离散性的大小。在误差理论中，经常用精密度一词来表征随机误差的大小。所谓精密度是表示测量值重复一致的程度。随机误差越小，测量结果的精密度越高。如果一个测量结果的随机误差和系统误差均很小，则表明测量既精密又准确，简称精确度高。

(3) 粗大误差：在相同测量条件下，多次重复测量同一量值时，明显偏离真值的误差，又称过失误差。其产生原因主要是测量人员操作上的粗心大意，或受到外界突然的强大干扰所引起的，如测错、读错、记错、外界过电压尖峰干扰等所造成的误差。就数值大小而言，

粗大误差明显超过正常条件下的误差。含有粗大误差的测量值称为坏值,正确的测量结果中不应该含有坏值。

三种误差同时存在的情况如图 2-1 所示。在进行测量与误差分析时,粗大误差应剔除,而系统误差与随机误差要用适当的方法进行处理和估算。详见 2.2 节误差的数据处理。

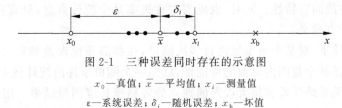

图 2-1 三种误差同时存在的示意图

x_0—真值;$\bar{x}$—平均值;x_i—测量值

ε—系统误差;δ_i—随机误差;x_b—坏值

2. 按使用工作条件分类

(1) 基本误差:是指在规定的标准条件下进行测量时所产生的误差。所谓标准条件,一般指测量系统在实验室或计量部门标定刻度时所保持的工作条件,如电源电压 $220V \pm 11V$,温度 $20℃ \pm 5℃$,湿度小于 80%,电源频率 $50Hz$ 等。检测系统的精确度是由基本误差决定的。

(2) 附加误差:是指在偏离标准工作条件下进行测量时,除基本误差外又附加产生的误差。例如,由于温度超过标准温度引起的温度附加误差,电源波动引起的电源附加误差以及电源频率变化引起的频率附加误差等。这些附加误差在使用时会叠加到基本误差上。

3. 按测量特性分类

(1) 静态误差:是指在测量过程中,被测量随时间缓慢变化或稳定不变时的测量误差。上面所述的多数误差均属于静态误差的范畴。

(2) 动态误差:是指在被测量随时间变化很快的过程中测量所产生的附加误差。动态误差是由于测量系统的各种惯性对输入信号变化响应上的滞后,或者输入信号中不同频率成分通过测量系统时,受到不同程度的衰减或延迟所造成的误差。

2.2 误差的数据处理

视频讲解

对测量结果进行数据处理是一个去伪求真的过程,对测量结果的数据处理要达到两点目的:一是得到最接近被测量真实值的近似值;二是估计出测量结果的可信程度。

针对不同性质的误差应采取不同的处理方法。

2.2.1 随机误差的处理方法

单次测量的随机误差没有规律,无法预料也难以消除或修正,但对于多次测量中的随机误差可以采用统计学方法来研究其规律和处理测量数据,以减弱其对测量结果的影响,并估计出其最终残留影响的大小。

1. 概率、概率密度与正态分布

自然界中,某一现象出现的客观可能性大小,通常用概率来表示。

客观的必然现象称为必然事件。例如,平面三角形内角和为 $180°$,就是一个必然事件,必然事件的概率为 1。违反客观实际的不可能出现的现象称为不可能事件,不可能事件的概率为零。客观上可能出现，也可能不出现，而且不能预测的现象称为随机事件或者随机现象。它具有一定的概率，且概率在 0~1。例如，抛掷硬币，出现正面朝上或反面朝上的现象，即为一随机事件，当抛掷次数无限多时，它们的概率接近 0.5。

在研究随机事件的统计规律时，概率是一个重要的概念。它是随机事件统计规律性的表现，是随机事件的固有特性。同时，也应当注意概率是个统计概念，只有在大量重复实验中，对整体而言才有意义。

在相同的条件下，对某个量重复进行多次测量，在排除系统误差和粗大误差之后，测量结果的随机误差在某个范围内取值的可能性，就是一个随机事件的统计概率问题。

下面是一组无系统误差和粗大误差的独立的等精度长度测量结果。用长 300mm 的钢板尺，测量已知长度为 836mm 的导线，共测量了 150 次，即 $n=150$。现将测量结果、对应的误差 δ_i、各误差出现的次数 n_i 等列于表 2-1 中。

表 2-1　测量结果的数据列表

区间号	测量值 x_i/mm	随机误差 δ_i/mm	出现次数 n_i	频率 $n_i/n(\%)$
1	831	−5	1	0.66
2	832	−4	3	2.00
3	833	−3	8	5.33
4	834	−2	18	12.00
5	835	−1	28	18.66
6	836	0	34	22.66
7	837	+1	29	19.33
8	838	+2	17	11.33
9	839	+3	9	6.00
10	840	+4	2	1.32
11	841	+5	1	0.66

为了便于统计，在这里我们将测量结果分成 11 个区间，区间长度 $\Delta x_i=1\mathrm{mm}$。因此，测量误差也相应地被分成 11 个区间，误差区间长度 $\Delta\delta_i=1\mathrm{mm}$。

表 2-1 中还列出根据统计结果计算得到的频率（n_i/n）的数值。它表示测量值或随机误差落在某个区间的相对次数。

在直角坐标图上，以频率（n_i/n）为纵坐标，以随机误差 δ_i 为横坐标，画出它们的关系曲线，得到频率直方图，或称统计直方图，如图 2-2 所示。

如果改变区间长度 $\Delta\delta_i$ 的取值，相应的频率值（n_i/n）也会发生变化，对同一组测量数据，频率直方图将不相同。如果以 $n_i/(n\Delta\delta)$ 这个量作为纵坐标，就可以避免这个问题。

当测量次数 $n\to\infty$ 时，令 $\Delta\delta\to\mathrm{d}\delta$，$n_i\to\mathrm{d}n$，无限多个直方图中，顶点的连线就形成一条光滑的连续曲线，这条曲线称为随机误差正态分布曲线。此时，$n_i/(n\Delta\delta)$ 的极限 $f(\delta)$ 称为概率密度。即

$$f(\delta)=\lim_{n\to\infty}\frac{n_i}{n\Delta\delta}=\frac{1}{n}\frac{\mathrm{d}n}{\mathrm{d}\delta}$$

$f(\delta)$-δ 的图形如图 2-3 所示。显然，曲线下阴影部分的面积等于 $f(\delta)\mathrm{d}\delta=\dfrac{\mathrm{d}n}{n}$，它表示随机误差值落在图 2-3 中所示 $\mathrm{d}\delta$ 的微小区间内的概率。

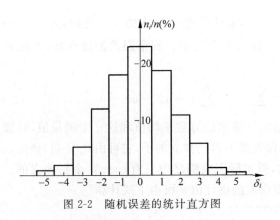

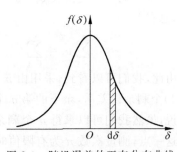

图 2-2 随机误差的统计直方图　　　　图 2-3 随机误差的正态分布曲线

2. 随机误差的特点

根据表 2-1 给出的测量结果和图 2-3 所示的随机误差的正态分布曲线,可以得到随机误差正态分布的特性。

(1) 对称性:随机误差可正可负,但绝对值相等的正、负误差出现的机会相等。也就是说 $f(\delta)$-δ 曲线对称于纵轴。

(2) 有界性:在一定测量条件下,随机误差的绝对值不会超过一定的范围,即绝对值很大的随机误差几乎不出现。

(3) 抵偿性:在相同条件下,当测量次数 $n \to \infty$ 时,全体随机误差的代数和等于零,即

$$\lim_{n \to \infty} \sum_{i=1}^{n} \delta_i = 0 。$$

(4) 单峰性:绝对值小的随机误差比绝对值大的随机误差出现的机会多,即前者比后者的概率密度大,在 $\delta = 0$ 处随机误差概率密度有最大值。

3. 算数平均值和偏差

我们可以用解析的方法推导出随机误差正态分布曲线的数学表达式,即正态概率密度分布函数。

$$f(\delta) = \frac{1}{\sigma \sqrt{2\pi}} \exp\left(-\frac{\delta^2}{2\sigma^2}\right) \tag{2-8}$$

式(2-8)称为高斯误差方程。式中,σ 是方均根误差,或称标准误差。标准误差 σ 可由下式求得

$$\sigma = \lim_{n \to \infty} \sqrt{\frac{1}{n} \sum_{i=1}^{n} (x_i - x_0)^2}$$

$$= \lim_{n \to \infty} \sqrt{\frac{1}{n} \sum_{i=1}^{n} \delta_i^2} \tag{2-9}$$

计算 σ 时,必须已知真值 x_0,并且需要进行无限多次等精度重复测量。这显然是很难做到的。

根据长期的实践经验,人们公认,一组等精度的重复测量值的算术平均值最接近被测量的真值,而算术平均值很容易根据测量结果求得,即

$$\bar{x} = \frac{1}{n} \sum_{i=1}^{n} x_i = \frac{x_1 + x_2 + \cdots + x_n}{n} \tag{2-10}$$

因此，可以利用算数平均值 $\bar{x}$ 代替真值 x_0，来计算式(2-9)中的 δ_i。此时，式(2-9)中的 $\delta_i = x_i - x_0$，就可以变换成 $v_i = x_i - \bar{x}$。v_i 称为剩余误差。剩余误差的特点是，不论 n 为何值，总有

$$\sum_{i=1}^{n} v_i = \sum_{i=1}^{n}(x_i - \bar{x}) = \sum_{i=1}^{n} x_i - \sum_{i=1}^{n} \bar{x} = n\bar{x} - n\bar{x} = 0 \tag{2-11}$$

由此，我们可以看到，采用由 n 个测量值计算出的算数平均值和这 n 个测量值，计算出 $(n-1)$ 个剩余误差后，余下的第 n 个剩余误差就不再是独立的了，它可由式(2-11)确定。也就是说，虽然我们可以求得 n 个剩余误差，但实际上它们之中只有 $(n-1)$ 个是独立的。考虑到这一点，测量次数 n 为有限值时，标准误差的估计值 $\hat{\sigma}$ 可由下式计算

$$\hat{\sigma} = \sqrt{\frac{1}{n-1} \sum_{i=1}^{n}(x_i - \bar{x})^2} = \sqrt{\frac{1}{n-1} \sum_{i=1}^{n} v_i^2} \tag{2-12}$$

式(2-12)称为贝塞尔公式。

在一般情况下，我们对 σ 和 $\hat{\sigma}$ 并不加以严格区分，统称为标准误差。

标准误差 σ 在评价正态分布的随机误差时具有特殊的意义。理论计算表明：

(1) 介于 $(-\sigma, +\sigma)$ 之间的随机误差出现的概率为

$$\int_{-\sigma}^{+\sigma} f(\delta)\,\mathrm{d}\delta = 0.6827$$

(2) 介于 $(-2\sigma, +2\sigma)$ 之间的随机误差出现的概率为

$$\int_{-2\sigma}^{+2\sigma} f(\delta)\,\mathrm{d}\delta = 0.9545$$

随机误差出现在此区间之外的概率为 $1 - 0.9545 = 0.0455 = 4.55\%$。

(3) 介于 $(-3\sigma, +3\sigma)$ 之间的随机误差出现的概率为

$$\int_{-3\sigma}^{+3\sigma} f(\delta)\,\mathrm{d}\delta = 0.9973$$

而出现在此区间之外的概率仅为 $1 - 0.9973 = 0.0027 < 0.3\%$。

因此，在 1000 次等精度测量中，只可能有 3 次随机误差超过 $(-3\sigma, +3\sigma)$ 区间，实际上可以认为这种情况很难发生。

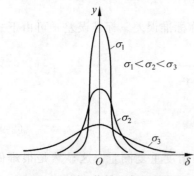

图 2-4　不同 σ 值的正态分布曲线

上述结论说明，标准误差 σ 的大小可以表示测量结果的分散程度。图 2-4 给出不同 σ 值的三条正态分布曲线。由此可见，σ 值愈小，分布曲线愈尖锐。也就是说，测量结果的分散性较小。因此，σ 小说明测量的精密度高。对 σ 值大的分布曲线可以得到相反的结论。

但是，应该强调指出，标准误差 σ 并不是某次测量的具体误差。各次测量的具体误差可大可小、可正可负，完全是随机的，具体误差恰好等于 σ 的可能性极小。然而，我们可以通过在一定测量条件下，进行一系列等精度测量，确定出标准误差 σ 的值，以此说明随机误差概率密度的分布情况，并作为评价测量结果的精密度指标。

同一条件下的多次测量是用算术平均值 $\bar{x}$ 作为测量结果的，即取 $\bar{x}$ 作为被测量的真

值。我们可以在相同的条件下,对被测量进行 n' 组测量,每组测量 n 次,对各组测量值都可以求出相应的算术平均值,由于存在随机误差,这些算术平均值也不会完全相同,它们围绕被测量真值也有一定的分散性。为此,引入了算术平均值的标准误差 $\bar{\sigma}$ 作为评价 $\bar{x}$ 分散性的指标,理论计算证明

$$\bar{\sigma} = \sqrt{\frac{\sum\limits_{i=1}^{n} \delta_i^2}{n(n-1)}} = \frac{\sigma}{\sqrt{n}} \tag{2-13}$$

此式说明,n 次等精度测量中,算术平均值的标准误差是测量值的标准误差的 $1/\sqrt{n}$ 倍,一般测量时取 $5\sim10$ 次即可。

4. 测量结果的置信度与表示方法

在消除系统误差的前提下,通过一系列等精度测量,用测得的数据求得标准误差的估计值 σ 后,即可根据式(2-8)给出的概率密度分布函数,通过积分运算,求出随机误差落在制定区间 $[-a,+a]$ 内的概率值,从而预计测量值出现在 $[x_0-a,x_0+a]$ 区间内的概率。当随机误差出现在某一指定区间内概率足够大时,该测量误差的估计值就具有较大的可信度。此时,测量值落在 $[x_0-a,x_0+a]$ 区间内的可信度也较大。上述 $[-a,a]$ 区间就叫置信区间。相应的概率值叫做置信概率。置信区间和置信概率结合起来表明测量的置信度。

对 n 次等精度测量,在无系统误差和粗大误差的情况下,它的测量结果,即被测量的真值,可以用算术平均值 $\bar{x}$ 表示如下

$$x_0 = \bar{x} \pm K\bar{\sigma} = \bar{x} \pm K\left(\frac{\sigma}{\sqrt{n}}\right) \tag{2-14}$$

如果取置信系数 $K=2$,则测量结果可表示为

$$x_0 = \bar{x} \pm 2\bar{\sigma} = \bar{x} \pm 2\left(\frac{\sigma}{\sqrt{n}}\right)$$

上式表明,算术平均值与真值的误差落在置信区间 $\pm2\bar{\sigma}$ 内的置信概率为 95%。

当取 $K=3$ 时,置信区间为 $\pm3\bar{\sigma}$,置信概率为 99.7%。

在上述 n 次等精度测量中,测量结果的极限范围 x_m 可用下式表示

$$x_m = \bar{x} \pm K\bar{\sigma} \tag{2-15}$$

当 $K=2$ 时,测量结果出现在式(2-15)所确定的极限范围内的概率为 95.4%。当 $K=3$ 时,其概率为 99.7%。

如果以单次测量值来表示测量结果,则有

$$x_0 = x_i \pm K\sigma \tag{2-16}$$

取置信系数 K 为 2 和 3 时,置信区间分别为 $\pm2\bar{\sigma}$ 和 $\pm3\bar{\sigma}$,置信概率则分别为 95.4% 和 99.7%。

对一台已知精度等级的测量仪器,在没有系统误差和粗大误差的条件下,用此仪器进行单次测量时,式(2-16)就是测量结果的正确表示。此时由仪表精度等级和仪表量程可确定出绝对误差最大值,它相当于随机误差极限值 $2\bar{\sigma}$ 或 $3\bar{\sigma}$。

【**例 2-4**】　现用核辐射式测厚仪对钢板的厚度进行 16 次等精度测量,所得数据如下(单

位为 mm）：39.44、39.27、39.94、39.44、38.91、39.69、39.48、40.55、39.78、39.68、39.35、39.71、39.46、40.12、39.76、39.39，请按照对测量数据的整理步骤求出钢板厚度。

解：

（1）按照测量读数的顺序列表 2-2。

表 2-2　测量结果的数据列表

n	x_i/mm	v_i/mm	v_i^2/mm^2
1	39.44	−0.183	0.033
2	39.27	−0.353	0.125
3	39.94	0.317	0.100
4	39.44	−0.183	0.033
5	38.91	−0.713	0.508
6	39.69	0.067	0.004
7	39.48	−0.143	0.020
8	40.55	0.927	0.859
9	39.78	0.157	0.025
10	39.68	0.057	0.003
11	39.35	−0.273	0.075
12	39.71	0.087	0.008
13	39.46	−0.163	0.027
14	40.12	0.497	0.247
15	39.76	0.137	0.019
16	39.39	−0.233	0.054
$\bar{x}=39.623$	$\sum x_i = 633.97$	$\sum v_i = 0.002$	$\sum v_i^2 = 2.140$

（2）计算测量值 x_i 的算术平均值：$\bar{x} = (633.97/16)\text{mm} = 39.623\text{mm}$。

（3）算出每个测量读数的剩余误差 v_i，填写在 x_i 的右边，并验证 $\sum_{i=1}^{n} v_i \approx 0$。若不满足，说明计算有误，需重新计算。

（4）在每个剩余误差右边列出计算 σ 和 $\bar{\sigma}$ 所必须的中间过程值 v_i^2，然后求出 $\sum_{i=1}^{n} v_i^2 = 2.140\text{mm}^2$。

（5）计算出标准误差 $\sigma = \sqrt{\dfrac{\sum_{i=1}^{n} v_i^2}{n-1}} = 0.378\text{mm}$。

（6）计算出极限误差 $3\sigma = 1.134\text{mm}$。经检查，未发现 $v_i > 3\sigma$，故 16 个测量值均无坏值（详见 2.2.3 节粗大误差的判别与坏值的舍弃）。

（7）计算算术平均值的标准误差 $\bar{\sigma} = \dfrac{\sigma}{\sqrt{n}} = 0.095\text{mm}$。

（8）写出测量钢板厚度的结果 $x = \bar{x} \pm 3\bar{\sigma} = 39.62 \pm 0.29\text{mm}$，且置信概率为 99.7%。

以上复杂的数据整理步骤一般是用计算机编程来完成的。

【例 2-5】　A、B 二人分别用不同的方法对同一电感进行多次测量，结果如下（均无系统误差和粗差）：

A：x_{ai}（mH）：1.28，1.31，1.27，1.26，1.19，1.25

B：x_{bi}（mH）：1.19，1.23，1.22，1.24，1.25，1.20

试根据测量数据对他们的测量结果进行粗略评价。

解：按 $\bar{x} = \dfrac{1}{n}\sum\limits_{i=1}^{n} x_i$ 分别计算两组算术平均值，得

$$\bar{x}_a = 1.26\text{mH}$$

$$\bar{x}_b = 1.22\text{mH}$$

按式（2-12）分别计算两组测量数据的标准误差（估计值）

$$\sigma(x_a) = \sqrt{16 \times 10^{-4}} = 0.040\text{mH}$$

$$\sigma(x_b) = \sqrt{5.4 \times 10^{-4}} = 0.023\text{mH}$$

按式（2-13）分别计算两组测量数据算术平均值的标准误差（估计值），得到的结果是

$$\bar{\sigma}(x_a) = \frac{\sigma(x_a)}{\sqrt{6}} = 0.016\text{mH}$$

$$\bar{\sigma}(x_b) = \frac{\sigma(x_b)}{\sqrt{6}} = 0.009\text{mH}$$

可见两人测量次数虽然相同，但算术平均值的标准误差相差较大，表明 B 所进行的测量精度高些。

2.2.2 系统误差的消除方法

前面所述的随机误差处理方法，是以测量数据中不含有系统误差为前提的。实际上，测量过程中往往存在系统误差，在某些情况下的系统误差数值还比较大。由于系统误差涉及对具体测量对象、测量原理及测量方法的具体分析，因此，系统误差的发现与处理往往比随机误差困难得多，而系统误差的存在对测量结果的影响也比随机误差严重。

因此研究系统误差的特征和规律性，用一定的方法发现、减小或消除系统误差，就显得十分重要。

1. 系统误差的发现

为了消除或减小系统误差，首先碰到的问题是如何发现系统误差。系统误差有恒值误差和变值误差两种情况。下面分别介绍这两种系统误差的常用判别方法。

1）恒值误差的判别

当怀疑测量结果中有恒值误差时，可以采取一些方法进行检查和判断。

（1）校准和对比。

由于测量仪器本身是系统误差的主要来源，因此必须首先保证它的准确度符合要求。为此应对测量仪器定期检定，给出校正后的修正值（数值、曲线、表格或公式等）以消除恒值误差的影响；有的自动检测系统可利用自校准方法来发现并消除恒值误差。当无法通过标准器具或自动校准装置来发现并消除恒值误差时，还可以通过多台同类或相近的仪器进行相互比对，观察测量结果的差异，以便提供修正值的参考数据。

（2）改变测量条件。

不少恒值误差与测量条件及实际工作情况有关。即在某一测量条件下为一确定不变的值，而当测量条件改变时，又为另一确定的值。据此，可以有意识地改变测量条件，分别测出两组或两组以上数据，比较其差异，以判断是否含有系统误差，并设法消除之。

如果测量数据中含有明显的随机误差，则上述系统误差可能被随机误差的离散型所淹没。在这种情况下，需要借助于统计学的方法。

还应指出，由于各种原因需要改变测量条件进行测量时，也应判断在条件改变时是否引入系统误差。

（3）理论计算及分析。

因测量原理或测量方法使用不当引入系统误差时，可以通过理论计算及分析的方法来加以修正。

2）变值误差的判别

变值误差是误差数值按某一确切规律变化的系统误差。因此，只要有意识地改变测量条件或分析测量数据变化的规律，便可以判明是否存在变值误差。

（1）线性系统误差的检查。

由于线性系统误差的特性是其数值随着某种因素的变化而不断增加或减小的，因此，必须进行多次等精度测量，观察测量数据或相应的残差变化趋势。如果线性系统误差不比随机误差大很多时，可用马利科夫准则进行判断。

马利科夫提出了下列判断线性系统误差的准则。

设对某一被测量进行 n 次等精度测量，按测量先后顺序得到测量值 $x_1, x_2, \cdots, x_n$，相应的残差为 $v_1, v_2, \cdots, v_n$。把前面一半以及后面一半的数据的残差分别求和，然后取其差值。

当 n 为偶数时

$$M = \sum_{i=1}^{k} v_i - \sum_{i=k+1}^{n} v_i, \quad \text{取 } k = \frac{n}{2} \tag{2-17}$$

当 n 为奇数时

$$M = \sum_{i=1}^{k} v_i - \sum_{i=k}^{n} v_i, \quad \text{取 } k = \frac{n+1}{2} \tag{2-18}$$

如果 M 近似为 0，则说明上述测量列中不含线性系统误差；如果 M 与 v_i 值相当或更大，则说明测量列中存在线性系统误差；如果 $0 < M < v_i$，则不能肯定是否存在线性系统误差。

（2）周期性系统误差的检查。

当周期性系统误差是测量误差的主要成分时，是不难从测量数据或残差的变化规律中发现的。但是，如果随机误差很显著，则上述周期性规律则不易被发现。为此，曾提出过不同的统计判断准则，其中应用比较普遍的是阿卑-赫梅特准则。设

$$A = \left| \sum_{i=1}^{n-1} v_i v_{i+1} \right| \tag{2-19}$$

当存在 $A > \sqrt{n-1} \sigma^2$，则认为测量列中含有周期性系统误差。

【例 2-6】 等精度测量某电流 10 次，其有关数据计算如表 2-3 所示，试判断测量结果是否存在变值误差？

表 2-3 测量数据及计算表

n	x_i	v_i	$v_i v_{i+1}$	v_i^2
1	101.05	0.45		0.2025
2	100.9	0.3	0.135	0.09
3	100.9	0.3	0.09	0.09
4	100.7	0.1	0.03	0.01
5	100.6	0	0	0
6	100.5	−0.1	0	0.01
7	100.4	−0.2	0.02	0.04
8	100.3	−0.3	0.06	0.09
9	100.35	−0.25	0.075	0.0625
10	100.3	−0.3	0.075	0.09
$\sum$	1006.00	0	0.485	0.6850
	$\bar{x} = \dfrac{\sum x_i}{n} = 100.60$			

解：观察残差 v_i 的符号及数值,有明显的下降趋势,可怀疑有变值误差存在。用马利科夫准则判断,因 n 为偶数,取 $k = \dfrac{10}{2} = 5$,根据式(2-17),求 M 得

$$M = \sum_{i=1}^{5} v_i - \sum_{i=6}^{10} v_i = 1.15 - (-1.15) = 2.3 \gg v_i$$

所以测量中必然有累进性系统误差存在。

用阿卑-赫梅特准则判断,根据式(2-19),得

$$A = \left| \sum_{i=1}^{9} v_i v_{i+1} \right| = 0.485$$

再用表 2-3 中的数据和式(2-12),标准误差的平方值

$$\sigma^2 = \sum_{i=1}^{10} \frac{v_1^2}{n-1} = \frac{0.6850}{9} \approx 0.076$$

$$\sqrt{n-1}\sigma^2 \approx \sqrt{9} \times 0.076 = 0.228$$

显然 $A > \sqrt{n-1}\sigma^2$,故测量中又含有周期性系统误差。

2. 系统误差的削弱或消除

在测量过程中,发现有系统误差存在时,必须进一步分析比较,找出可能产生系统误差的因素以及减小和消除系统误差的方法。但是这些方法与具体的测量对象、测量方法、测量人员的经验有关。因此要找出普遍有效的方法比较困难,下面介绍其中最基本的方法以及适应各种系统误差的特殊方法。

1) 从产生误差根源上消除

首先,测量前要尽可能预见一切可能产生系统误差的来源,设法消除或减弱其影响。例如,测量前按测量规程对测量仪器本身进行检查,使仪器的环境条件和安装位置符合技术要求的规定,对仪器在使用前进行正确的调整(如调零等),严格检查和分析测量方法是否正确等。

2) 引入修正值法

引用修正值对测量结果进行修正。这种方法是预先将测量仪器的系统误差检定出来或

计算出来，做出误差表或误差曲线，然后取与误差数值大小相等而符号相反的值作为修正值，将实际测得值加上相应的修正值，即可基本消除测量结果中系统误差的影响。

3）交换法消除恒值误差

交换法又称对照法，它将测量中引起系统误差的某些条件（如被测量的位置等）相互交换，而保持其他条件不变，使产生系统误差的因素对测量结果起相反的作用，将这两个测量结果互相对照，并通过适当的数据处理，从而抵消系统误差。

例如，以等臂天平称量时，由于天平左右两臂长的微小差别，会引起称量的恒值误差。如果被称物与砝码在天平左右秤盘上交换，称量两次，取两次测量平均值作为被称物的质量，这时测量结果中就不含有因天平不等臂引起的系统误差。

4）替代法消除恒值误差

替代法又称代替法、替换法。替代法是用可调的标准器具替代被测量接入检测系统，然后调整标准器具，使检测系统的指示与被测量接入时相同，则此时标准器具的数值就等于被测量。在这两次测量过程中，测量电路及指示器的工作状态均保持不变，因此，检测系统的精确度对测量结果基本上没有影响，从而消除了测量结果中的系统误差。测量的精确度主要取决于标准器具。

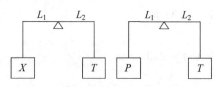

图 2-5 替代法消除系统误差示意图

仍以天平为例，如图 2-5 所示。先使平衡物 T 与被测物 X 相平衡，则有 $X = L_2/L_1 \cdot T$；然后取下被测物 X，用标准砝码 P 替代并与 T 达到平衡，同样得到 $P = L_2/L_1 \cdot T$，则砝码数值即为测量结果。由此得到的测量结果不存在因臂长不等而带来的系统误差。

5）对称法消除线性系统误差

很多随时间变化的系统误差，在短时间内均可近似看成是线性变化的。下面通过采用电位差计和标准电阻 R_N 精确测量未知电阻 R_x 的例子来说明对称测量法的原理。

如图 2-6 所示，如果回路电流 I 恒定不变，只要测出 R_N 和 R_x 上的电压 U_N 和 U_x，即可得到 R_x 值

$$R_x = \frac{U_x}{U_N} R_N \tag{2-20}$$

但 U_N 和 U_x 的值不是在同一时间测得的，由于电流 I 在测量过程中的缓慢下降而引入了线性系统误差。在这里把电流的变化看做均匀地减小，与时间 t 呈线性关系。

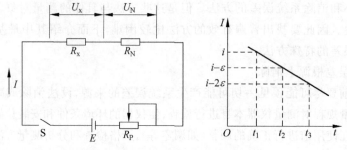

图 2-6 对称法消除系统误差示意图

在 t_1、t_2 和 t_3 三个等间隔的时刻,按照 U_x、U_N、U_x 的顺序测量。时间间隔为 $t_2-t_1=t_3-t_2=\Delta t$,相应的电流变化量为 ε。

$$
\left.
\begin{array}{lll}
\text{在 } t_1 \text{ 时刻} & R_x \text{ 上的电压} & U_1 = IR_x \\
\text{在 } t_2 \text{ 时刻} & R_N \text{ 上的电压} & U_2 = (I-\varepsilon)R_N \\
\text{在 } t_3 \text{ 时刻} & R_x \text{ 上的电压} & U_3 = (I-2\varepsilon)R_x
\end{array}
\right\}
\tag{2-21}
$$

解此方程组可得

$$
R_x = \left(\frac{U_1+U_2}{2U_2}\right)R_N
\tag{2-22}
$$

这样按照等距测量法得到的 R_x 值,已不受测量过程中电流变化的影响,消除了因此而产生的线性系统误差。

在上述过程中,由于三次测量时间间隔相等,t_2 时刻的电流值恰好等于 t_1、t_3 时刻电流值的算术平均值。虽然在 t_2 时刻只测得了 R_N 上的电压 U_2,但是 $(U_1+U_2)/2$ 正好相当于 t_2 时刻 R_x 上的电压,这样就很自然地消除了电流 I 线性变化的影响。

6)补偿法消除变值误差

在测量过程中,由于某个条件的变化或仪器某个环节的非线性特性都可能引入变值误差。此时,可在测量系统中采取补偿措施,自动消除系统误差。

例如,热电偶测温时,冷端温度的变化会引起变值误差,在测量系统中采用补偿电桥,就可以起到自动补偿作用(详见 3.3.4 节热电偶的冷端温度补偿)。

2.2.3 粗大误差的判别与舍弃

在重复测量得到的一系列测量值中,如果混有包含粗大误差的坏值,必然会歪曲测量结果。因此,必须剔除坏值后,才可进行有关的数据处理,从而得到符合客观情况的测量结果。但是,也应当防止无根据地随意丢掉一些误差大的测量值。对怀疑为坏值的数据,应当加以分析,尽可能找出产生坏值的明确原因,然后再决定取舍。实在找不到产生坏值的原因,或不能确定哪个测量值是坏值时,可以按照统计学的异常数据处理法则,凡超出此区间的误差被认为是粗大误差,相应的测量值就是坏值,应予以剔除。

这里介绍最常用也是最简单的拉依达准则(3σ 准则):设对被测量进行等精度测量,独立得到一组测量列 $x_1,x_2,\cdots,x_n$,算出其算术平均值为 $\bar{x}$ 及剩余误差 $v_i=x_i-\bar{x}(i=1,2,\cdots,n)$,并按贝塞尔公式(2-12)算出标准误差 σ,若某个测量值 x_b 的剩余误差 $v_b(1\leqslant b\leqslant n)$ 满足下式

$$
|v_b|=|x_b-\bar{x}|>3\sigma
\tag{2-23}
$$

则认为 x_b 是含有粗大误差的坏值,应予以剔除。

使用此准则时应当注意,在计算 $\bar{x}$、v_i 和 σ 时,应当使用包含坏值在内的所有测量值。按照式(2-23)剔除坏值后,应重新计算 $\bar{x}$ 和 σ,再用拉依达准则检验现有的测量值,看有无新的坏值出现。重复进行,直到检查不出新的坏值为止。此时,所有测量值的剩余误差均在 $\pm3\sigma$ 范围之内。

拉依达准则简便,易于使用,因此得到广泛应用。但它是在重复次数 $n\to\infty$ 的前提下建立的,当 n 有限,特别是 $n\leqslant10$ 时,此准则并不可靠。此时可采用其他统计判别准则。这里不再一一介绍,请读者查阅有关著作。

2.2.4　测量误差的合成

一个测量系统总是由若干子系统或若干环节所组成的,每个子系统或环节都会有不同的误差,这些误差再通过一定的传递从而形成系统的总误差。用一种计算方法求得系统总误差的方法称为测量误差的合成。

对各种测量系统总可以找到系统的总误差与各子系统分项误差之间的内在函数关系。一般的测量系统可以用初等多元函数来表达系统总误差与子系统分项误差之间的关系,设被测量 y 与 n 个子系统的分项测量值 x_i 具有函数关系 $y=f(x_1,x_2,\cdots,x_n)$,而多元函数的增量可用其全微分表示,即

$$\mathrm{d}y=\frac{\partial f}{\partial x_1}\mathrm{d}x_1+\frac{\partial f}{\partial x_2}\mathrm{d}x_2+\cdots+\frac{\partial f}{\partial x_n}\mathrm{d}x_n=\sum_{i=1}^{n}\frac{\partial f}{\partial x_i}\mathrm{d}x_i \tag{2-24}$$

式中:$\mathrm{d}y$ 为函数误差,即测量系统的总误差;$\mathrm{d}x_i$ 为各分项测量值的误差($i=1,2,\cdots,n$);$\dfrac{\partial f}{\partial x_i}$ 为误差传递系数($i=1,2,\cdots,n$)。

式(2-24)是测量系统相对于分项测量值的总的绝对误差关系式,将式(2-24)两边除以 $y=f(x_1,x_2,\cdots,x_n)$,得测量系统总的相对误差为

$$\gamma_y=\frac{\mathrm{d}y}{y}=\frac{1}{f}\sum_{i=1}^{n}\frac{\partial f}{\partial x_i}\mathrm{d}x_i=\sum_{i=1}^{n}\frac{\partial \ln f}{\partial x_i}\mathrm{d}x_i \tag{2-25}$$

【例 2-7】　有 3 个电阻,其各自的阻值测量如下:$R_1=(10.0+0.006)\Omega$,$R_2=(80.0+0.02)\Omega$,$R_3=(20+0.01)\Omega$。现把 R_2、R_3 并联后再与 R_1 串联构成一个电路系统。请计算此电路系统的总阻值及其绝对误差和相对误差。

解:电路系统的总阻值为

$$R=R_1+\frac{R_2R_3}{R_2+R_3}=10+\frac{80\times20}{80+20}=26\Omega$$

根据式(2-24),电路系统的绝对误差

$$\mathrm{d}R=\mathrm{d}R_1+\mathrm{d}\left(\frac{R_2R_3}{R_2+R_3}\right)=\mathrm{d}R_1+\frac{(R_2\mathrm{d}R_3+R_3\mathrm{d}R_2)(R_2+R_3)-(\mathrm{d}R_2+\mathrm{d}R_3)R_2R_3}{(R_2+R_3)^2}$$

$$=0.006+\frac{(80\times0.01+20\times0.02)\times(80+20)-(0.02+0.01)80\times20}{(80+20)^2}$$

$$=0.006+\frac{(0.8+0.4)\times100-(0.03\times1600)}{10000}$$

$$=0.006+0.0072=0.0132\Omega$$

根据式(2-25),电路系统的相对误差

$$\gamma_y=\frac{\mathrm{d}R}{R}=\frac{0.0132}{26}\approx0.0508\%$$

【例 2-8】　测得某一阻值为 10Ω 的电阻上流有 $1\mathrm{A}$ 的电流,电阻上的系统误差为 $\gamma_R=0.01\%$,电流的系统误差为 $\gamma_I=0.05\%$。请计算电阻上消耗的功率及其相对误差和绝对误差。

解:电阻上消耗的功率为

$$P=I^2R=10\mathrm{W}$$

测得功率值的绝对误差为

$$\gamma_R = \frac{\mathrm{d}R}{R} \Rightarrow \mathrm{d}R = \gamma_R \cdot R = 0.01\% \times 10 = 0.001$$

$$\gamma_I = \frac{\mathrm{d}I}{I} \Rightarrow \mathrm{d}I = \gamma_I \cdot I = 0.05\% \times 1 = 0.0005$$

$$\mathrm{d}P = \frac{\partial P}{\partial I}\mathrm{d}I + \frac{\partial P}{\partial R}\mathrm{d}R = 2IR\mathrm{d}I + I^2\mathrm{d}R = 0.01 + 0.001 = 0.011$$

测得功率值的相对误差为

$$\gamma_P = \frac{\mathrm{d}P}{P} = \frac{0.011}{10} \times 100\% = 0.11\%$$

前面对已定测量误差的合成做了分析。但是并不是所有测量误差的大小和符号都能确切知道的。有些测量误差只知道其范围,即系统的不确定度。例如,某标称电阻为 100Ω 的电阻误差范围为 $(-1\Omega, 1\Omega)$,这个电阻的系统不确定度就为 $\pm1\Omega$。这样在误差合成时不能直接应用函数误差的关系式,还可以采用如下几种方法。

（1）绝对值合成法：是从最不利的情况出发的合成方法,即认为在 n 个分项误差 γ_i 中不论都是正值或负值的情况下,总的合成误差 γ_m 为各环节误差 γ_i 的绝对值之和,即

$$\gamma_m = \pm(|\gamma_1| + |\gamma_2| + |\gamma_3| + \cdots + |\gamma_n|) \tag{2-26}$$

（2）方均根合成法：当误差的大小和方向都不能确切掌握时,还可以仿照处理随机误差的方法：

$$\gamma_m = \pm\sqrt{\gamma_1^2 + \gamma_2^2 + \cdots + \gamma_n^2} \tag{2-27}$$

显然,用方均根合成法估算测量的总误差较为合理。因为每个环节的误差实际上不可能同时出现最大值,因此用绝对值合成法对误差的估计是偏大的。

【例2-9】　经测试,某系统的 3 个串联环节的测量误差分别是 5%、2%、1%,求测量总误差。

解：

方法 1：用绝对值合成法计算测量误差的结果是

$$\gamma_m = \pm(5\% + 2\% + 1\%) = \pm8\%$$

方法 2：用方均根合成法计算测量误差的结果是

$$\gamma_m = \pm\sqrt{(5\%)^2 + (2\%)^2 + (1\%)^2} \approx \pm5.5\%$$

从本例还可以看到,测量系统中的一个或几个环节的精度特别高,对提高整个测量系统总的精度意义不大,反而提高了测量系统的成本。要提高整个系统的测量精度,应努力提高误差最大的某个环节的测量精度,从而达到最佳的性能/价格比。

2.3　检测系统基本特性

在测量过程中,要使检测系统(传感器)准确无误地感测到被测量的变化且将其转换为相应的电量信号,除了测量的客观条件符合规定要求和检测人员主观上的认真外,更重要的是取决于检测系统(传感器)本身的基本特性,即输入-输出关系特性,这是由其内部结构参数作用的外部特性表现。它分为静态特性和动态特性两种。

视频讲解

2.3.1 检测系统静态特性

检测系统（传感器）的静态特性是指它在稳态信号作用下的输入-输出关系，即当被测量不随时间变化或变化很慢时，可以认为检测系统的输入量和输出量都与时间无关。表示它们之间关系的是一个不含时间变量的代数方程式，其数学模型可用下式表示：

$$y = a_0 + a_1 x + a_2 x^2 + a_3 x^3 + \cdots + a_n x^n \tag{2-28}$$

式中：y 为输出量，x 为输入量，a_0 为零点输出或称零点偏移（即在输入量全为零时的输出值），a_1 为理论灵敏度，a_2，a_3，$\cdots$，a_n 为非线性项系数。各项系数决定了系统线性度的大小。

描述检测系统（传感器）静态特性的主要指标有线性度、灵敏度、分辨力、回程误差、重复性和稳定性等。

1. 线性度

线性度是指传感器输出与输入呈线性关系的程度。理想的输入-输出特性应呈线性关系，这样会在整个测量范围内具有相同的灵敏度、均匀的显示刻度，而不必采用线性化措施。但实际的输入-输出特性大都具有一定程度的非线性，当式（2-28）中的非线性项的方次不高，在输入量变化范围不大的条件下，可以用拟合直线近似代表实际曲线。这就是传感器非线性特征的"线性化"。我们把实际特性曲线与拟合直线之间的最大偏差与满量程范围内的输出之比称为非线性误差（或线性度）。

$$\gamma_L = \pm \frac{\Delta L_{\max}}{Y_{FS}} \times 100\% \tag{2-29}$$

式中：γ_L 为非线性误差（线性度）；$\Delta L_{\max}$ 为最大非线性绝对误差；Y_{FS} 为输出满量程即 $y_{\max} - y_{\min}$。

拟合直线的方法有很多种，对不同的拟合直线，得到的非线性误差也不同。选择拟合直线的主要出发点是获得最小的非线性误差。

1）端基线性度

如图 2-7(a)所示，将传感器的输出起始点与满量程点连接起来的拟合直线称为端基理论直线，相应的线性度称为端基线性度。此法简单易行，但得到的非线性误差较大。

2）最小二乘法线性度

根据误差理论，采用最小二乘法来确定一组实验数据的最佳拟合直线时（具体拟合方法请读者参考有关资料），可以得到最小的非线性误差。图 2-7(b)中，最小二乘法拟合直线与实际特性曲线之间的偏差 ΔL_1、ΔL_2、ΔL_3 比较接近，比图 2-7(a)中的 $\Delta L_{\max}$ 小。

2. 灵敏度

灵敏度是指传感器在稳态下的输出变化量与引起此变化的输入变化量之比，用 k 来表示，即

$$k = \frac{dy}{dx} \tag{2-30}$$

图 2-8(a)、(b)分别对应线性测量系统和非线性测量系统。线性系统的灵敏度为一常数，即输入-输出关系直线的斜率；非线性系统的灵敏度为一变量，通常用拟合直线的斜率表示系统的平均灵敏度。

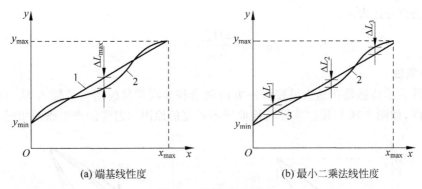

图 2-7　线性度示意图

1—端基拟合直线 $y=a+Kx$；2—实际特性曲线；3—最小二乘法拟合直线

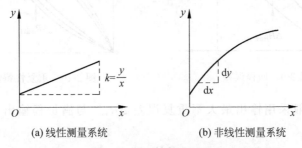

图 2-8　传感器的灵敏度

从输入-输出关系曲线来看,曲线越陡峭,灵敏度越大;曲线越平坦,灵敏度越小。灵敏度实际上是一个放大倍数,它体现了传感器将被测量的微小变化放大为输出信号的显著变化的能力,即传感器对输入变量微小变化的敏感程度。

但要注意灵敏度越高,就越容易受外界干扰的影响,系统的稳定性就越差,测量范围相应就越小。

3. 分辨力

分辨力是指传感器能检出被测信号最小变化量的能力,是一个有量纲的数。当被测量的变化小于分辨力时,传感器对输入量的变化无任何反应。对数字式仪表而言,一般可以认为该仪表的最低一位数码所表示的数值就是它的分辨力。一般情况下,不能把仪表的分辨力当作其最大绝对误差。例如,思考题中的图 2-18 数字式测温仪的分辨力为 0.1℃,若该仪表的精度等级为 1.0 级,则最大绝对误差将达到 ±2.0℃,比分辨力大很多。

在传感器或仪表中,还经常用到分辨率的概念,将分辨力除以仪表的满量程就是仪表的分辨率或称相对分辨力,常以百分比或几分之一表示。

4. 回程误差

回程误差也称为迟滞或变差,是指在相同测量条件下,对应于同一输入信号,传感器正行程(输入量由小增大)与反行程(输入量由大减小)时的两个输出量之间的最大差值,如图 2-9 所示。

产生变差的原因主要是传感器敏感元件材料的物理性质和机械零部件的缺陷,如弹性敏感元件的弹性滞后、运动部件的摩擦、传动机构的间隙、紧固件的松动等。

回程误差一般由实验的方法来确定。用正、反行程间的最大输出差值 ΔH_{max} 与满量程

输出 Y_{FS} 的百分比表示：

$$\gamma_H = \pm \frac{\Delta H_{max}}{Y_{FS}} \times 100\% \tag{2-31}$$

5. 重复性

重复性表示传感器在输入量按同一方向做全程多次测量时所得的输入-输出特性曲线的一致程度，如图 2-10 所示。实际特性曲线不重复的原因与迟滞的产生原因相同。

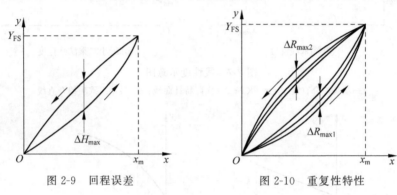

图 2-9　回程误差　　　　　　　图 2-10　重复性特性

重复性指标一般采用输出最大不重复误差 ΔR_{max} 与满量程输出 Y_{FS} 之间的百分比表示：

$$\gamma_R = \pm \frac{\Delta R_{max}}{Y_{FS}} \times 100\% \tag{2-32}$$

6. 稳定性

稳定性是指在规定工作条件下和规定时间内，传感器测量特性保持不变的能力。漂移是指传感器在输入量不变的情况下，输出量随时间变化的现象，漂移将影响传感器的稳定性。漂移包括零点漂移和灵敏度漂移等，零点漂移或灵敏度漂移又可分为时间漂移和温度漂移两种。

时间漂移是指在规定的条件下，零点或灵敏度随时间的缓慢变化，其产生原因是传感器内部自身的结构参数发生了变化，如器件的老化、变形等。温度漂移为外部环境温度变化引起的零点或灵敏度的漂移。

稳定性误差可以用零点或灵敏度变化前后的绝对差值来表示，也可以用相对误差来表示。例如，零点时间漂移（俗称零漂、时漂）相对误差是单位时间内零点变化量相对于满量程输出的百分比；零点温度漂移（俗称温漂）相对误差是温度变化 1℃ 时零点变化量相对于满量程输出的百分比。

7. 零点迁移

在实际使用中，由于测量要求或测量条件发生变化，需要根据输入信号的下限值调整传感器（变送器）的零点，即进行零点迁移。图 2-11（a）是变送器零点迁移前后的输入输出关系示意图，x_{max}、x_{min} 分别是变送器测量范围的上、下限值，y_{max}、y_{min} 分别是变送器输出信号的上、下限值。

零点迁移的目的是使变送器输出信号的下限值 y_{min} 与测量范围的下限值 x_{min} 相对应。在 $x_{min}=0$ 时又称为零点调整，即在变送器输入信号为零而输出不为零（下限）时的调整，简言之，零点调整是把零点调至"零"。在 $x_{min} \neq 0$ 时为零点迁移，即在变送器的输入不为零时而输出调至零(下限)的调整。或者说,零点迁移是将测量起始点由零迁移到某一数值(正值或负值),即把零点调离"零",当测量的起始点由零变为某一正值时,称为正迁移,如图2-11(b)所示;反之,当测量起始点由零变为某一负值时,称为负迁移,如图2-11(c)所示。

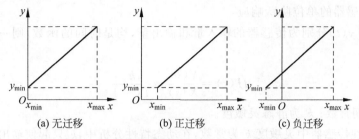

(a) 无迁移　　　　(b) 正迁移　　　　(c) 负迁移

图 2-11　变送器零点迁移前后的输入输出特性

由图2-11可以看出,零点迁移以后,变送器的输入输出特性沿 x 坐标向右或向左平移了一段距离,其斜率并没有改变,即变送器的量程不变,只是测量范围发生了变化。

8. 量程迁移

在实际使用中,由于测量要求或测量条件发生变化,需要根据输入信号的上限值调整传感器(变送器)的量程,即进行量程迁移(量程调整)。

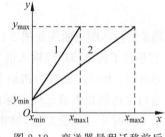

图 2-12　变送器量程迁移前后的输入输出特性

量程迁移的目的,是使变送器输出信号的上限值 y_{max} 与测量范围的上限值 x_{max} 相对应。图2-12为变送器量程迁移前后的输入输出特性。由图2-12可见,量程调整相当于改变变送器输入输出特性的斜率,也就是改变输出信号与输入信号之间的比例系数。由特性1到特性2的调整为量程增大调整;反之,由特性2到特性1的调整为量程减小调整。

若采用零点迁移,又辅以量程迁移,则可以提高仪表的测量精确度和灵敏度。

2.3.2　检测系统动态特性

在工程实际测量中,大量的被测量是随时间变化的动态信号,这就要求检测系统(传感器)的输出不仅能精确地反映被测量稳态时的大小,还要正确地再现被测量随时间变化的规律。

检测系统(传感器)的动态特性是指它在动态输入信号作用下的输出响应特性,反映其输出值真实再现变化着的输入量的能力。由于传感器固有因素的影响,其测量输出信号不会与输入信号具有相同的时间函数,这种输出与输入之间的差异就是所谓的动态误差。研究传感器的动态特性主要是从测量误差角度分析产生动态误差的原因及改善措施。

大部分传感器都可以简化为一阶或二阶系统,可以采用时域里的瞬态响应法和频域里的频率响应法进行分析(更详尽的分析方法可参阅自动控制原理的有关内容)。

1. 瞬态响应特性

传感器对所加激励信号的响应称为瞬态响应。虽然常用的激励信号有阶跃函数、脉冲函数和斜坡函数,但阶跃输入对于一个传感器来说是最严峻的工作状态。如果在阶跃函数的作用下,传感器能满足某种动态性能指标,那么其他函数作用下的传感器动态性能指标也必定会令人满意。下面以传感器的单位阶跃响应来评价传感器的动态性能。

1) 一阶传感器的单位阶跃响应

设 $x(t)$ 和 $y(t)$ 分别为传感器的输入量和输出量,均是时间的函数,则一阶传感器的传递函数为

$$H(s) = \frac{Y(s)}{X(s)} = \frac{k}{Ts+1} \tag{2-33}$$

式中：T 为时间常数；k 为静态灵敏度。

由于在线性传感器中灵敏度 k 为常数,在动态特性分析中,k 只起使输出量增加 k 倍的作用。因此,为方便起见,在讨论时采用 $k=1$。

对于初始状态为零的传感器,当输入为单位阶跃信号时,$X(s)=1/s$,传感器输出的拉氏变换为

$$Y(s) = H(s)X(s) = \frac{k}{Ts+1} \cdot \frac{1}{s} \tag{2-34}$$

则一阶传感器的单位阶跃响应为

$$y(t) = L^{-1}[Y(s)] = 1 - e^{-\frac{t}{T}} \tag{2-35}$$

其描绘的阶跃响应曲线如图 2-13 所示。图 2-13 中有一个重要的动态特性参数——时间常数 T,它描述了传感器跟踪输入信号的响应速度,其值等于传感器输出上升到稳态值的 63.2% 所需的时间。该响应曲线的初始上升斜率为 $1/T$,即传感器保持初始响应速度不变,则在 T 时刻输出将达到稳态值。但实际的响应速率随时间的增加而减慢。理论上传感器的响应在 t 趋于无穷时才达到稳态值,但实际上当 $t=4T$ 时,其输出已达到稳态值的 98.2%,近似认为已达到稳态。T 越小,响应速度越快,响应曲线越接近于输入阶跃曲线,则动态误差越小。不带保护套管的热电偶就是这种具有一阶惯性的传感器。

2) 二阶传感器的单位阶跃响应

二阶传感器的传递函数为

$$H(s) = \frac{Y(s)}{X(s)} = \frac{\omega_n^2}{s^2 + 2\zeta\omega_n s + \omega_n^2} \tag{2-36}$$

式中：ω_n 为传感器的固有频率；ζ 为传感器的阻尼比。

在单位阶跃信号作用下,传感器输出的拉氏变换为

$$Y(s) = H(s)X(s) = \frac{\omega_n^2}{s(s^2 + 2\zeta\omega_n s + \omega_n^2)} \tag{2-37}$$

对 $Y(s)$ 进行拉氏反变换,即可得到单位阶跃响应。图 2-14 为二阶传感器的单位阶跃响应曲线。由图 2-14 可知,传感器的响应特性在很大程度上取决于阻尼比 ζ 和固有频率 ω_n。ω_n 取决于传感器的主要结构参数,ω_n 越高,传感器的响应越快；阻尼比直接影响超调量和振荡次数。$\zeta=0$ 为临界阻尼状态,呈等幅振荡,超调量达 100%,达不到稳态；$\zeta>1$ 为过阻尼状态,无超调也无振荡,但响应迟钝缓慢,达到稳态所需时间较长；$\zeta<1$ 为欠阻尼状态,呈衰减振荡,达到稳态值所需时间随 ζ 的增大而减小直至 $\zeta=1$ 时,响应时间最短。带保护套管的热电偶就是一个典型的二阶传感器。

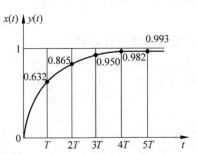

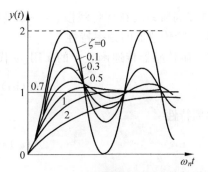

图 2-13 一阶传感器单位阶跃响应曲线　　图 2-14 二阶传感器单位阶跃响应曲线

3) 阶跃响应动态性能指标

对于二阶传感器,为了兼顾传感器输出响应的上升时间短和超调量小的特性,一般传感器应设计成欠阻尼式的,阻尼比 ζ 宜取 $0.6\sim0.8$,所形成的衰减振荡响应曲线如图 2-15 所示,各项性能指标如下。

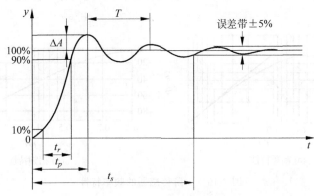

图 2-15 二阶传感器的动态性能指标

上升时间 t_r:响应曲线从稳态值的 10% 上升到稳态值的 90% 所用的时间。

响应时间 t_s:响应曲线从阶跃输入开始到进入稳态值误差带的范围内所用的时间。误差带所规定的范围一般为稳态值的 $\pm5\%$ 或 $\pm2\%$。

峰值时间 t_p:响应曲线达到第一个振荡峰值所用的时间。

超调量 σ_p:响应曲线超过稳态值的最大值 ΔA,常用相对于稳态值的百分比表示。

2. 频率响应特性

传感器对正弦输入信号的响应特性称为频率响应特性。频率响应法是从传感器的频率响应特性出发研究传感器的动态特性的方法。

1) 零阶传感器的频率特性

零阶传感器的传递函数为

$$H(s) = \frac{Y(s)}{X(s)} = k \tag{2-38}$$

频率特性为

$$H(j\omega) = k \tag{2-39}$$

由此可知,零阶传感器的输出和输入成正比,并且与信号频率无关。因此,无幅值和相位失真的问题,具有理想的动态特性。电位器式传感器是零阶系统的一个例子。在实际应用中，许多高阶系统在变化缓慢、频率不高时，都可以近似当作零阶系统处理。

2）一阶传感器的频率特性

将一阶传感器传递函数中的 s 用 $j\omega$ 代替，即可得到频率特性表达式

$$H(j\omega) = \frac{1}{T(j\omega) + 1} \tag{2-40}$$

幅频特性

$$A(\omega) = \frac{1}{\sqrt{1 + (\omega T)^2}} \tag{2-41}$$

相频特性

$$\Phi(\omega) = -\arctan(\omega T) \tag{2-42}$$

图 2-16 所示为一阶传感器的频率响应特性曲线。

从式（2-41）、式（2-42）和图 2-16 可以看出，时间常数 T 越小，频率响应特性越好。当 $\omega T \ll 1$ 时，$A(\omega) \approx 1$，$\Phi(\omega) \approx \omega T$，表明传感器的输出与输入为线性关系，相位差与频率 ω 呈线性关系，输出 $y(t)$ 比较真实地反映了输入 $x(t)$ 的变化规律。因此，减少 T 可以改善传感器的频率特性。

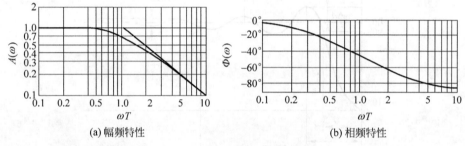

(a) 幅频特性　　　　　　　　(b) 相频特性

图 2-16　一阶传感器的频率特性

3）二阶传感器的频率特性

二阶传感器的频率特性表达式、幅频特性、相频特性分别为

$$H(j\omega) = \left[1 - \left(\frac{\omega}{\omega_n} \right)^2 + 2j\zeta \frac{\omega}{\omega_n} \right]^{-1} \tag{2-43}$$

$$A(\omega) = \left\{ \left[1 - \left(\frac{\omega}{\omega_n} \right)^2 \right]^2 + \left(2\zeta \frac{\omega}{\omega_n} \right)^2 \right\}^{-\frac{1}{2}} \tag{2-44}$$

$$\Phi(\omega) = -\arctan \left[\frac{2\zeta \dfrac{\omega}{\omega_n}}{1 - \left(\dfrac{\omega}{\omega_n} \right)^2} \right] \tag{2-45}$$

图 2-17 所示为二阶传感器的频率响应特性曲线。从式（2-44）、式（2-45）和图 2-17 可以看出，传感器频率特性的好坏主要取决于传感器的固有频率 ω_n 和阻尼比 ζ。当 $\zeta < 1$，$\omega_n \gg \omega$ 时，$A(\omega) \approx 1$，$\Phi(\omega)$ 很小，此时传感器的输出 $y(t)$ 再现输入 $x(t)$ 的波形。通常固有频率 ω_n 至少应大于被测信号频率 ω 的 3～5 倍，即 $\omega_n \geqslant (3\sim5)\omega$。

由以上分析可知，为了减小动态误差和扩大频率响应范围，一般是提高传感器的固有频率 ω_n，但可能会使其他指标变差。因此，在实际应用中，应综合考虑各种因素来确定传感器的各个特征参数。

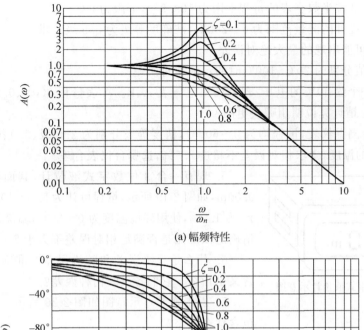

(a) 幅频特性

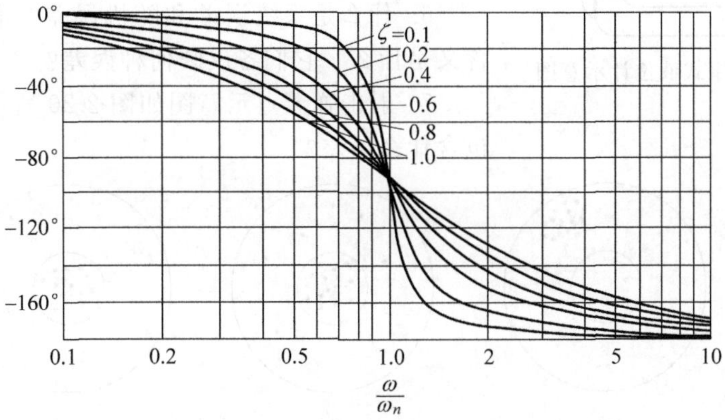

(b) 相频特性

图 2-17 二阶传感器的频率特性

4）频率响应特性指标

频带：传感器增益保持在一定值内的频率范围，即对数幅频特性曲线上幅值衰减 3dB 时对应的频率范围，称为传感器的频带或通频带，对应有上、下截止频率。

时间常数 T：用于表征一阶传感器的动态特性，T 越小，频带越宽。

固有频率 ω_n：二阶传感器的固有频率 ω_n 表征了其动态特性。

思考题与习题

1. 用一台准确度等级为 0.5 级（已包含最后一位数字跳动引起的误差）的 3 位半数字式测温仪，数字面板上显示如图 2-18 所示的数值。求：

（1）分辨力与分辨率。

（2）可能产生的最大绝对误差和最大满度引用误差。

（3）被测温度的示值。

（4）示值相对误差。

（5）被测温度的实际值范围。

图 2-18 数字式测温仪示意图

（提示：该3位半数字表的量程上限为199.9℃，下限为0℃。）

2. 有一温度计的测量范围为0～200℃，准确度等级为0.5级。求：

（1）该表可能出现的最大绝对误差。

（2）当示值分别为20℃、100℃时的示值相对误差。

3. 测量一个约50V的电压，现有两块电压表A、B。A表量程300V、0.5级，B表量程100V、1.0级。请计算说明用哪块更准？

4. 有三台测温仪表，量程均为0～600℃，精度等级分别为2.5级、2.0级和1.5级，现要测量500℃的温度，要求相对误差不超过2.5%，选哪台仪表合理？

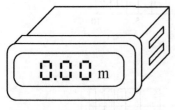

图 2-19 数字式液位计示意图

5. 现有一台3位数字式液位计，其面板显示零位是0.00m，如图2-19所示，量程可认为是0～10m，非线性误差 γ_L 为1.5%，使用环境温度为0～30℃，温漂为0.001m/℃。请确定该产品是否满足相对误差不大于2.0%的要求。

6. 什么是系统误差和随机误差？准确度和精密度的含义是什么？它们各反映何种误差？

7. 射击弹着点示意图如图2-20所示。请分别说出各包含什么误差？

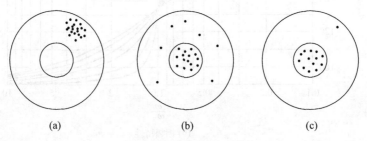

     （a）   （b）   （c）

图 2-20 射击弹着点示意图

8. 市售电子秤多以应变片作为传感元件来测量物体的重量，其原理框图如图2-21所示。各环节的准确度如下：应变梁的蠕变及迟滞误差0.03%，应变片温漂0.1%，应变电桥0.07%，放大器0.08%，A/D转换器0.02%，桥路电源0.01%。求：

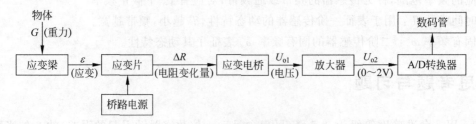

图 2-21 电子秤原理框图

（1）分别用绝对值合成法和方均根合成法计算系统可能产生的总的最大满度相对误差。

（2）哪一个环节引起的误差起主要作用？应采取哪些措施才可以提高该电子秤的测量准确度？

9. 服从正态分布规律的随机误差有哪些特性？

10. 服从正态分布规律的随机误差,出现在 $\pm\sigma$、$\pm2\sigma$、$\pm3\sigma$ 三个范围内的置信概率各是多少?

11. 对某电源电压进行 8 次独立等精密度、无系统误差的测量,所得数据为:12.38,12.40,12.50,12.48,12.43,12.45,12.46,12.42(单位为 V)。试按置信概率 99.5% 估计电压真值在何区间。

12. 什么是检测系统的静态特性? 描述检测系统静态特性的主要指标有哪些?

13. 某位移传感器,在输入位移量变化 1mm 时,输出电压变化有 300mV,求其灵敏度。

14. 已知某一位移传感器的测量范围为 0~30mm,静态测量时,输入值与输出值的关系如表 2-4 所示,试求该传感器的线性度和灵敏度。

表 2-4 输入值与输出值的关系

输入值/mm	1	5	10	15	20	25	30
输出值/mV	1.50	3.51	6.02	8.53	11.04	13.47	15.98

15. 什么是检测系统的动态特性? 描述检测系统动态特性的主要指标有哪些?

16. 某温度传感器为时间常数 $T=3s$ 的一阶系统,当传感器受突变温度作用后,试求传感器指示出温差的 1/3 和 1/2 所需的时间。

17. 玻璃水银温度计是通过玻璃温包将热量传递给水银,描述其特性的一阶微分方程是

$$4\frac{\mathrm{d}y}{\mathrm{d}t}+2y=2\times10^{-3}x$$

y 代表水银柱高(单位:m),x 代表输入温度(单位:℃)。求该温度计的时间常数及灵敏度。

第3章

CHAPTER 3

温 度 检 测

教学目标

通过本章的学习,读者应理解温标这一概念以及各种测温方式及其原理。重点要掌握热电偶测温原理及其冷端温度补偿方法、热电阻桥路测温原理及其三线制连接方式,了解集成温度传感器和非接触式测温方法。

视频讲解

3.1 概述

温度是国际单位制(SI)7个基本物理量之一,是一个重要的物理量,也是工业生产过程中最常见、最基本的参数之一。物质的许多性质和现象都与温度有关,大多数物理、化学过程都要求在一定的温度条件下进行,温度的变化直接影响到生产的质量、产量、能耗和安全。因此,对温度进行准确的测量和可靠的控制,在生产过程和科学研究中均具有重要意义。

3.1.1 温度及其测量原理

温度是表征物体冷、热程度的物理量,是物体分子运动平均动能大小的标志。温度概念的建立和温度的定量测量都是以热平衡现象为基础的,当两个受热程度不同的物体相接触后,经过一段时间的热交换,达到共同的平衡状态后则具有相同的温度,这就是温度最本质的性质及测量原理。即温度不能直接测量,而是选择一个合适的物体作为温度传感元件,其某一物理性质(如尺寸、密度、硬度、弹性模量、辐射强度等)随温度而变化的特性为已知,通过温度传感元件与被测对象的热交换而测量出相关物性的变化,从而间接确定被测对象的温度。

为了客观地计量物体的温度,必须建立一个衡量温度高低的统一标准尺度,即温度标尺(简称温标)。

3.1.2 温标及其表示方法

建立温标就是规定温度的起点及其基本单位。建立现代的温标必须具备三个条件:①固定的温度点,物质在不同温度下会呈现固、液、气三相,利用物质的相平衡点可以作为温标的固定温度点,也称为基准点;②测温仪器,确定测温仪器的实质是确定测温质和测温量;③温标方程,用来确定各固定点之间任意温度值的数学关系式称为温标方程,也称为内插公式。

随着温度测量技术的发展,温标也经历了一个逐渐发展,不断修改和完善的渐进过程。从早期建立的一些经验温标,发展为后来的理想热力学温标和绝对气体温标,直到现今使用的具有较高精度的国际实用温标,其间经历了几百年时间。

1. 经验温标

由特定的测温质和测温量所确定的温标称为经验温标,它是用实验方法或经验公式所确定。历史上影响比较大、至今还沿用的两个经验温标是华氏温标和摄氏温标。

1)华氏温标(℉)

1714 年德国人法勒海特(Fahrenheit)以水银的体积随温度而变化为依据,制成了玻璃水银温度计,并规定了氯化铵和冰的混合物的温度为温度计的 0 度,水的冰点为 32 度,水的沸点为 212 度,在冰点和沸点之间等分 180 份,每份称为 1 华氏度,记作 1℉,符号为 θ。

2)摄氏温标(℃)

1740 年瑞典人摄氏(Celsius)提出在标准大气压下,把水的冰点规定为 0 度,水的沸点规定为 100 度,在冰点和沸点之间等分 100 份,每份称为 1 摄氏度,记作 1℃,符号为 t。

摄氏温标 t 和华氏温标 θ 的关系为

$$\theta(℉) = 1.8t(℃) + 32 \tag{3-1}$$

例如,20℃时的华氏温标 $\theta = 1.8 \times 20 + 32 = 68$℉。西方国家在日常生活中普遍使用华氏温标。

这两种温标的温度特性依赖于所用测温物质的情况,如所用水银的纯度不尽相同,就不能保证测温量值的一致性。

2. 热力学温标

1848 年英国物理学家开尔文(Kelvin)提出将温度数值与理想热机的效率相联系,根据热力学第二定律来定义温度的数值,建立了一个与测温物质无关的温标——热力学温标。即把理想气体压力为零时对应的温度——绝对零度与水的三相点(固、液、气三相共存点)之间的温度分为 273.16 份,每份称为 1 开尔文(Kelvin),记作 1K,符号为 T。因此,热力学温标(又称开氏温标)从绝对零度起算,水的冰点为 273.15K,沸点为 373.15K。(注意:水的冰点和三相点是不一样的,两者相差 0.01K。)

热力学温标是理想的、纯理论的,人们无法得到开氏零度,因此不能直接根据它的定义来测量物体的开氏温度。因此需要建立一种实用的温标作为测量温度的标准,这就是国际实用温标。

3. 国际实用温标

国际计量委员会于 1927 年决定采用热力学温标作为国际温标,称为 1927 年国际温标(ITS-27)。以后几乎每 20 年做一次大的修改,如 1948 年国际温标(ITS-48)、1968 年国际实用温标(IPTS-68)和现在使用的 1990 年国际温标(ITS-90)。经过不断地改进,ITS-90 国际温标更符合热力学温标,且有更好的复现性和更方便的使用效果。ITS-90 主要有 3 方面内容。

1)温度单位

热力学温度是其基本物理量,国际实用温度用符号 T_{90} 表示,单位仍为开尔文(K),K 的大小定义为水的三相点热力学温度的 1/273.16。同时使用的国际摄氏温度的符号为 t_{90},单位是摄氏度(℃)。每个摄氏度和每个开尔文的量值相同。国际摄氏温度 t_{90}(℃)与国际实用温度 T_{90}(K)的关系如同热力学温度 T 和摄氏温度 t 一样,即

$$t_{90}(℃) = T_{90}(K) - 273.15 \tag{3-2}$$

2)定义固定温度点

利用一系列纯物质各相间可复现的平衡状态或蒸汽压所建立起来的特征温度点,共有 17

个定义固定温度点。这些特征温度点的温度指定值是由国际上公认的最佳策略手段测定的。

3）复现固定温度点的方法

把整个温度分为 4 个温区，各个温区的范围、使用的标准测温仪器分别为：

- 0.65～5.0K 为 ^{3}He 或 ^{4}He 蒸汽压温度计；
- 3.0～24.5561K 为 ^{3}He 或 ^{4}He 定容气体温度计；
- 13.8033K～961.78℃为铂电阻温度计；
- 961.78℃以上为光学或光电高温计。

在使用中，一般在水的冰点以上的温度使用摄氏温度单位（℃），在冰点以下的温度使用热力学温度单位（K）。

3.1.3 测温方式及其原理

温度测量方式有接触式测温和非接触式测温两大类。

采用接触式测温时，温度敏感元件与被测物接触，依靠传热和对流进行热交换，经过充分的热接触后两者温度相等，从而获得较高的测量精度。接触式测温的方法比较直观、可靠，测量仪表也比较简单。但也存在如下缺陷：在接触测温的过程中，有可能破坏被测对象的温度场，从而造成测量误差；有的测温元件不能和被测对象充分接触，不能达到充分的热平衡者达到热平衡的时间较长，因而产生测量滞后带来的误差；有的被测介质有强烈的腐蚀性，因而不能保证测温元件的可靠性和工作寿命；另外，受到耐高温材料的限制，接触式测量不能用于极高温的测量场合。

采用非接触式测温时，温度敏感元件不与被测物接触，而是利用物体的热辐射实现热交换，通过对辐射能量的检测实现温度测量的。非接触式测温方式不破坏温度场，测温响应快，可用于测量高温、运动的被测对象和有强电磁干扰、强腐蚀的场合。其缺点是：易受测温现场的粉尘、水气等因素的影响而产生较大的测量误差，且结构复杂、价格比较昂贵。

温度检测方式的进一步细分及其测温原理如表 3-1 所示。本章将介绍自动化测控系统中几种常用的测温方式及仪表。

表 3-1 温度检测方式的分类

测温方式	类别	原 理	典型仪表	测温范围/℃
接触式测温	膨胀类	利用液体气体的热膨胀及物质的蒸气压变化	玻璃液体温度计	−100～600
			压力式温度计	−100～500
		利用两种金属的热膨胀差	双金属温度计	−80～600
	热电类	利用热电效应	热电偶	−200～1800
	电阻类	固体材料的电阻随温度而变化	铂热电阻	−260～850
			铜热电阻	−50～150
			热敏电阻	−50～300
	其他电学类	半导体器件的温度效应	集成温度传感器	−50～150
		晶体的固有频率随温度而变化	石英晶体温度计	−50～120
非接触式测温	光纤类	利用光纤的温度特性或作为传光介质	光纤温度传感器	−50～400
			光纤辐射温度计	200～4000
	辐射类	利用普朗克定律	光电高温计	800～3200
			辐射传感器	400～2000
			比色温度计	500～3200

3.2　热膨胀式测温

视频讲解

热膨胀式测温是基于物体热膨胀原理而制成的温度计,多用于现场测量及显示。可分为玻璃管液体温度计、双金属温度计和压力式温度计。

3.2.1　玻璃管液体温度计

1. 构成原理

如图 3-1(a)所示,玻璃管液体温度计由装有液体的玻璃温包、毛细管和刻度标尺三部分构成。它的测温原理是基于液体受热后体积发生膨胀的性质。常用的工作液体主要有水银和酒精,分别称为水银温度计和酒精温度计。

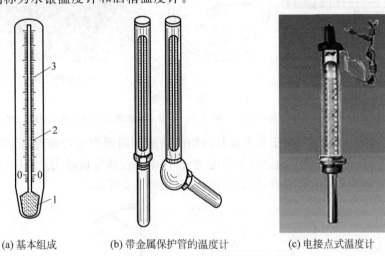

(a) 基本组成　　　(b) 带金属保护管的温度计　　　(c) 电接点式温度计

图 3-1　玻璃管液体温度计

1—玻璃温包;2—毛细管;3—刻度标尺

2. 性能特点

玻璃管液体温度计虽然易破损,测温值无法自动远传和记录,但由于其结构简单,制作容易,安装使用方便,测温范围较广,且精度高以及价格低廉等优点,在工业上仍然得到广泛的使用。

3. 分类应用

玻璃管液体温度计按照其准确度和用途可分为高精密、标准、工业用和专用温度计四类。按照其浸没方式可分为全浸式、局浸式和完全浸没(潜浸)式三种。

其中,工业用温度计的下部有直的、90°角的和 135°角的。为了避免温度计在使用中被碰伤,在其外面通常罩有金属保护管,如图 3-1(b)所示。由于工业用温度计在使用时是把下部全部插入被测介质中,所以在选用时必须考虑温度计下部的长度要适宜。还有一种电接点式温度计,如图 3-1(c)所示,它又分为固定接点和可调接点两种,当温度上升到规定值时,工作液体上升触碰到金属接点而形成闭合回路,就会通过引线使连接的信号器或中间继电器动作,从而完成控制温度的功能,因此这种温度计被广泛应用于恒温控制、信号和报警系统等自动装置之中。

3.2.2 双金属温度计

1. 测温原理及结构

双金属温度计是基于固体受热膨胀这一原理而制成的。它是把两种膨胀系数差异很大的金属薄片叠焊在一起，一端固定，另一端为自由端带动指针轴旋转，其结构与外形如图 3-2 所示。双金属温度计分别由指针、表壳、金属保护管、指针轴、双金属感温元件、固定端和刻度盘组成。

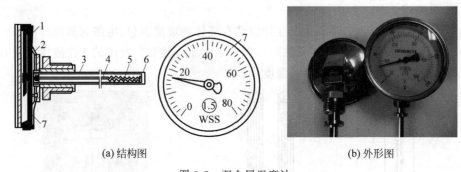

(a) 结构图   (b) 外形图

图 3-2 双金属温度计

1—指针；2—表壳；3—金属保护管；4—指针轴；5—双金属感温元件；6—固定端；7—刻度盘

双金属感温元件受热后由于两金属片的膨胀系数不同而产生弯曲变形，导致自由端产生位移。显然，温度越高自由端弯曲的角度越大，产生的位移量也越大。实际应用的双金属温度计是将双金属片制成螺旋形，以提高灵敏度，如图 3-3 所示。

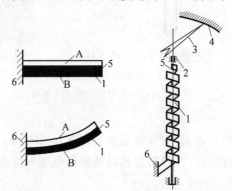

(a) 感温元件工作示意图   (b) 螺旋形双金属片形状

图 3-3 双金属片

1—双金属片；2—指针轴；3—指针；4—刻度盘；5—自由端；6—固定端

2. 性能特点

双金属温度计是目前在工业现场应用非常广泛的现场指示型仪表，不仅具有工业水银温度计的结构简单、成本低廉的优点，而且有坚固、耐用、耐震和读数指示明显等诸多优势，其缺点是精度不高、量程不易做得很小，因此特别适合震动和受冲击的应用场合。

3. 分类应用

根据用途和使用场合不同，双金属温度计可分为普通型、防爆型、电接点型等。防爆型用于现场可能存在易燃易爆混合物的危险场所，电接点型用于需要对温度进行超限报警的场合。作为感温元件的双金属片可以做成各种不同的形状，如 U 形、螺旋形、螺管形、直杆形等。

双金属温度计可将温度变化转变成机械量变化，这不仅仅用于温度的测量，还常常应用于温度的控制装置上，如温度继电控制器、极值温度信号器、温度补偿器等。图 3-4 是一种双金属温度信号器的示意图。当温度变化时，双金属片 1 产生弯曲，且与调节螺钉 2 相接触使电路接通（3 为绝缘板），信号灯 4 发亮。如以继电器代替信号灯便可以用来控制电热丝而成为两位式温度调节器。温度的调节范围可通过改变调节螺钉 2 与双金属片 1 之间的距离来完成。

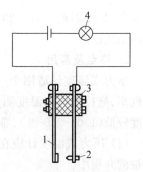

图 3-4　双金属温度信号器
1—双金属片；2—调节螺钉；
3—绝缘板；4—信号灯

3.2.3　压力式温度计

1. 测温原理及结构

压力式温度计根据封闭容器内气体、液体或低沸点液体的饱和蒸汽受热后压力发生变化的原理工作，由于是通过压力表来测量由温度引起的压力变化，故称之为压力式温度计。

压力式温度计由感温元件（温包）、传压管路（毛细管）和压力表三部分组成，如图 3-5 所示。温包是直接与被测介质接触的感温元件，因此要求其具有良好的导热性能，一定的机械强度、较小的膨胀系数及一定的抗腐蚀性能。毛细管用于传递压力的变化，其外径一般为 2.5mm 左右，内径为 0.4mm 左右，为防止毛细管损坏，可用金属软管或金属丝编织软管作保护套管。压力表用于测量压力的变化。在温度计内温包、毛细管和压力表的弹簧管构成一个封闭定容系统，其内充满感温介质。

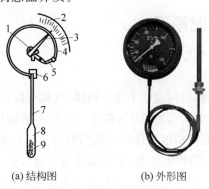

(a) 结构图　　　　(b) 外形图

图 3-5　压力式温度计

1—传动机构；2—刻度盘；3—指针；4—弹簧管；5—连杆；6—接头；7—毛细管；8—温包；9—感温介质

测温时将温包置于被测介质中，当温度升高时，感温介质体积受热膨胀，但因处于封闭定容系统内而使体积膨胀受限，导致系统压力增大。该压力变化经毛细管传递给弹簧管使其产生一定的变形，再借助传动放大机构，带动指针偏转，指示出相应的温度值。

根据所用感温介质不同，压力式温度计可分为液体压力式温度计、气体压力式温度计和蒸气压力式温度计。液体压力式温度计一般以水银、甲醇、二甲苯、甘油等作为感温介质，其测温范围为 −50～650℃；气体压力式温度计一般以氮气作为感温介质，其测温范围为 −100～500℃；蒸气压力式温度计一般以丙酮、氯甲烷、氯乙烷、乙醚等低沸点液体作为感温介质，其测温范围为－20～200℃。经过技术处理，市场上出现的各种压力式温度计的刻度都是线性的。

2. 特点及应用

压力式温度计适用于一定距离之内的液体、气体和蒸气温度的测量，也常用于工业设备或汽车、拖拉机内的温度测量。其主要优点是结构简单、坚固耐震、价格低廉，缺点是测量准确度较低（1.0～2.5级）、滞后较大。在使用过程中应注意以下问题。

（1）压力式温度计应在规定的测量范围、环境温度和湿度下使用，使用时温包应全部浸入被测介质中。

（2）压力式温度计的毛细管容易被折断或渗漏，除加保护套管外，在安装时要注意其弯曲半径不要小于50mm，并避开高温热源。

（3）当液体压力式温度计的温包和表头不在同一水平面上时，两者间的液柱静压差会产生附加系统误差，因此需对温度计进行调零或数值修正。

（4）蒸气压力式温度计在使用过程中，当周围环境温度常低于被测温度时，应考虑蒸气在毛细管和弹簧管内冷凝所产生的液柱静压对测量带来的影响。

3.3 热电偶测温

视频讲解

热电偶是一种将温度变化转换为热电势变化的测温器件，是目前接触式热测温中普遍使用的一种温度传感器，其主要优点是测温范围广，可以在－272.15～2800℃的范围内使用，而且精度高，性能稳定，结构简单，动态性能好，能够把温度直接转换为电势信号便于信号的处理和远传。

3.3.1 热电偶测温原理

热电偶的测温原理基于热电效应。

1. 热电效应

两种不同材料的金属 A 和 B 构成一个闭合回路，当两个接触端温度不同时（设 $T>T_0$），回路中会产生热电势 $E_{AB}(T,T_0)$，如图 3-6 所示。这种把热能转换成电能的物理现象称为热电效应。其中，这两种不同材料的导体组成的回路称为热电偶，导体 A、B 称为热电极，置于测温场感受被测温度的 T 端称为热端（工作端或测量端），另一个 T_0 端称为冷端（自由端或参比端）。热电偶产生的总的热电势 $E_{AB}(T,T_0)$ 是由接触电势和温差电势两部分组成。

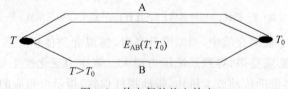

图 3-6　热电偶的热电效应

2. 接触电势

将两种不同的金属 A 和 B 相互接触时，在其接触处会发生自由电子的扩散现象，如图 3-7（a）所示。自由电子会从密度大的金属 A 扩散到密度小的金属 B 中，使 A 失去电子带正电为正电极，B 得到电子带负电为负电极，直至在接触处形成强大的正负电场，并阻止

电子的继续扩散,从而达到动态平衡为止。其接触处就形成一定的电位差,此即接触电势(也叫帕尔帖电势)。其大小可表示为

$$e_{AB}(T) = \frac{kT}{e}\ln\frac{N_A}{N_B} \qquad (3\text{-}3)$$

式中：$e_{AB}(T)$为金属电极 A 和电极 B 在温度为 T 时的接触电势；k 为玻耳兹曼常数；T 为接触处的热力学温度；e 为单位电荷量；N_A、N_B 分别为金属电极 A 和 B 的自由电子密度。

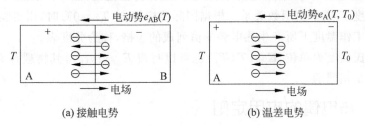

(a) 接触电势   (b) 温差电势

图 3-7 热电偶热电势的形成

3. 温差电势

同一种金属材料如 A,当其两端的温度不同即 $T > T_0$ 时,两端的电子能量就不同。温度高的一端电子能量大,则电子从高温端向低温端扩散的多而返回的少,最后达到平衡。这样在 A 的两端形成一定的电位差,即温差电势(也叫汤姆逊电势),如图 3-7(b)所示。其大小可表示为

$$e_A(T, T_0) = \int_{T_0}^{T} \delta \mathrm{d}T \qquad (3\text{-}4)$$

式中：$e_A(T, T_0)$为 A 材料在两端温度分别为 T 和 T_0 时的温差电势；δ 为汤姆逊系数,表示温差为 1 时所产生的电势值,大小与材料的性质有关。

4. 总热电势

在导体 A 和 B 组成的热电偶回路中,两接触端的温度分别为 T 和 T_0,且 $T > T_0$,则回路的总热电势由两个接触电势 $e_{AB}(T)$、$e_{AB}(T_0)$ 和两个温差电势 $e_A(T, T_0)$、$e_B(T, T_0)$ 组成,如图 3-8 所示,图中的箭头表示电势方向(由负指向正)。

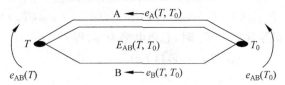

图 3-8 热电偶的总热电势大小和方向

取 $e_{AB}(T)$ 的方向为正方向,写出总热电势的方程为

$$
\begin{aligned}
E_{AB}(T, T_0) &= e_{AB}(T) - e_A(T, T_0) - e_{AB}(T_0) + e_B(T, T_0) \\
&= [e_{AB}(T) - e_{AB}(T_0)] - [e_A(T, T_0) - e_B(T, T_0)] \\
&= \frac{k}{e}(T - T_0)\ln\frac{N_A}{N_B} - \int_{T_0}^{T}(\delta_A - \delta_B)\mathrm{d}T \qquad (3\text{-}5)
\end{aligned}
$$

从式(3-5)可以看出,若电极 A 和 B 为同一种材料,即 $N_A = N_B$,$\delta_A = \delta_B$,则 $E_{AB}(T, T_0) = 0$；若热电偶两端处于同一温度下,即 $T = T_0$,也有 $E_{AB}(T, T_0) = 0$。因此,热电势存在必须具备两个条件：一是由两种不同的金属材料组成热电偶；二是其两端接触点存在温

差，而且温差越大，热电势越大。也就是说，热电偶热电势的大小，只与导体 A、B 的材质有关，与冷、热端的温度有关，而与导体的粗细、长短及两导体接触面积无关。

实践证明，在热电偶回路中起主要作用的是两个接触处的接触电势，而两个电极温差电势的差值很小而忽略不计的话，则有更简洁的工程表达式

$$E_{AB}(T,T_0) = e_{AB}(T) - e_{AB}(T_0) \tag{3-6}$$

式(3-6)清楚地说明，如果热电偶冷端温度 T_0 保持恒定时，热电偶的热电势 $E_{AB}(T,T_0)$ 就只与被测温度 T 成单值函数关系。根据国际温标规定，$T_0 = 0℃$ 时，用实验方法测出各种热电偶在不同工作温度下所产生热电势的值列成的表格，称为分度表。

如果以摄氏温度为单位，$E_{AB}(T,T_0)$ 也可以写成 $E_{AB}(t,t_0)$，其物理意义略有不同，但热电势的数值是相同的。

3.3.2 热电偶的应用定则

热电偶在实际测量温度时，需要依据相应的应用定则。

1. 均质导体定则

由一种均质导体所组成的闭合回路，不论导体的截面积如何及导体的各处温度分布如何，都不能产生热电势，此即均质导体定则。而如果产生热电势，则是因为导体材质不均匀又处于不均匀的温度场中所产生的"接触电势"。因此，如果热电偶的热电极是非均匀材质，就会在不均匀的温度场中测温时产生额外的测量误差。所以热电极材质的均匀性是衡量热电偶质量的重要技术指标之一。

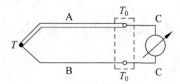

图 3-9　接入第三种导体的热电偶

2. 中间导体定则

在热电偶回路中，冷端处断开接入与 A，B 电极不同的另一种导体 C 时，只要这个中间导体 C 的两端温度相同，热电偶回路的总热电势值不会受中间导体接入的影响，此为中间导体定则。

如图 3-9 所示为热电偶接入中间导体 C 的情况。此时热电偶回路的总热电势为

$$E_{ABCC}(T,T_0) = e_{AB}(T) + e_{CA}(T_0) + e_{BC}(T_0) \tag{3-7}$$

当回路中各接点温度相等且都为 T_0 时，总热电势为零，即

$$e_{AB}(T_0) + e_{CA}(T_0) + e_{BC}(T_0) = 0$$

则有

$$e_{CA}(T_0) + e_{BC}(T_0) = -e_{AB}(T_0)$$

故可以得到

$$E_{ABCC}(T,T_0) = e_{AB}(T) - e_{AB}(T_0) = E_{AB}(T,T_0) \tag{3-8}$$

同理，还可以加入第四种、第五种导体，只要加入导体的两端接点温度相等，回路的总热电势就与原回路的电势值相等。正是根据这一定则，才可以在热电偶测温回路中接入各种仪表、连接导线和接插件等。

3. 中间温度定则

如图 3-10 所示，在热电偶回路中，如果在热电极 A 和 B 的两端温度 T、T_0 之外，还存在一个中间温度 T_n 的话，则回路的总热电势可以表示为热电偶在接点温度为 T、T_n 和

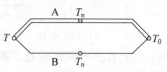

图 3-10　采用中间温度的热电偶

T_n、T_0 时热电势的代数和,此即中间温度定则。其表达式为

$$E_{AB}(T,T_0) = E_{AB}(T,T_n) + E_{AB}(T_n,T_0) \qquad (3\text{-}9)$$

中间温度定则为在热电偶回路中应用补偿导线提供了理论依据,也为制定和使用热电偶分度表奠定了基础。各种热电偶的分度表都是在冷端温度为 0℃ 时制成的,如果在实际测温过程中热电偶冷端温度不为 0℃ 而是某一中间温度 T_n,这时仪表的测量值只是 $E_{AB}(T,T_n)$ 而不是与热端温度 T 成对应关系的热电势 $E_{AB}(T,T_0)$,因此需要补上 $E_{AB}(T_n,T_0)$。结合分度表,令 $T_0=0℃$,则式(3-9)变为

$$E_{AB}(T,0) = E_{AB}(T,T_n) + E_{AB}(T_n,0)$$

或

$$E_{AB}(t,0) = E_{AB}(t,t_n) + E_{AB}(t_n,0) \qquad (3\text{-}10)$$

式中:$E_{AB}(t,t_n)$ 为仪表的测量值,而 $E_{AB}(t_n,0)$ 可以通过分度表查得。获得的 $E_{AB}(t,0)$ 再通过反查分度表获得被测对象的实际温度值 t,见后面的例 3-1。

3.3.3 常用热电偶种类

常用热电偶可分为标准化热电偶和非标准热电偶两大类。所谓标准化热电偶是指国家标准规定了其热电势与温度之间的关系、允许误差,有统一的标准分度表的热电偶,且有与其配套的显示仪表;非标准热电偶在使用范围或数量级方面均不及标准化热电偶,也没有统一的分度表,主要用于某些特殊场合的需要。这里主要介绍标准化热电偶。

1. 标准化热电偶

在工业生产中,并不是任意两种不同的金属材料就可以成为热电偶的热电极材料,它必须具备以下性能:

(1) 优良的热电特性,即热电势率(灵敏度)要大,热电关系接近线性,复现性好,不随时间和被测介质变化;

(2) 电导率高,电阻温度系数小;

(3) 物理、化学性能稳定,不易氧化和腐蚀,耐辐射;

(4) 优良的机械性能,机械强度高有韧性,材质均匀,易于加工成丝;

(5) 制造成本低,价值比较便宜。

我国的热电偶制造,从 1991 年起便采用了国际计量委员会规定的 1990 年国际温标(简称 ITS-90)的新标准。表 3-2 给出了 8 种常用的标准化热电偶及其性能特点。

表 3-2 8 种常用标准化热电偶及其主要性能

热电偶名称	分度号	$E(100,0)$ /mV	测温范围/℃		性 能 特 点
			长期使用	短期使用	
铂铑$_{10}$—铂[1]	S	0.646	0~1300	1600	热电特性稳定,测温范围广,测温精度高,热电势小,线性差且价格贵。可作为基准热电偶和用于精密测量
铂铑$_{13}$—铂	R	0.647	0~1300	1600	与 S 型热电偶性能几乎相同,只是热电势大 15%
铂铑$_{30}$—铂铑$_6$	B	0.033	0~1600	1800	稳定性好,在冷端低于 100℃ 时不用考虑温度补偿问题,热电势小,线性较差,价格贵,寿命远高于 S 型热电偶

热电偶名称	分度号	$E(100,0)$ /mV	测温范围/℃		性 能 特 点
			长期使用	短期使用	
镍铬—镍硅	K	4.096	0～1200	1300	热电势较大,线性好,性能稳定,价格较便宜,抗氧化性强,广泛应用于中高温测量
镍铬硅—镍硅	N	2.774	−200～1200	1300	高温稳定性及使用寿命较 K 型有成倍提高,与 S 型热电偶相近,其价格仅为 S 型的 1/10,有全面代替贱金属热电偶和部分代替 S 型热电偶的趋势
铜—铜镍(康铜)	T	4.279	−200～350	400	准确度高,价格便宜,广泛用于低温测量
镍铬—铜镍（康铜）	E	6.319	−200～760	850	热电势大,中低温稳定性好,耐磨蚀,价格便宜,应用于中低温测量
铁—铜镍(康铜)	J	5.269	−40～600	750	价格最便宜,耐 H_2 和 CO_2 气体腐蚀;在含碳或铁的条件下使用也很稳定,适用于化工生产过程的低温域测量

① 铂铑$_{10}$ 表示该合金含 90%的铂及 10%的铑,以下同。

表 3-2 所列热电偶中,写在前面的热电极为正极,写在后面的热电极为负极。各种标准热电偶的热电势与温度的对应关系可以从热电偶分度表中查得。

2. 热电偶分度表

根据国际温标规定,参比端温度 $t_0=0℃$ 时,用实验方法测出各种热电偶在不同的工作温度下所产生的热电势值,列成一张表格称为分度表,见附录 A。

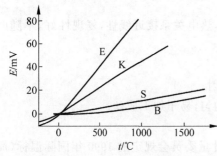

图 3-11 热电偶的热电特性曲线

图 3-11 显示了几种常用热电偶的热电势与温度之间的关系曲线。从图中曲线或分度表中可以得到以下结论:

(1) 不同型号热电偶的热电势有较大差别,B 型热电势小,E 型热电势最大;

(2) 热电势是温度的升值函数,其关系为非线性;

(3) 在 $t=0℃$ 时,它们的热电势均为零;

(4) 当冷端温度 $t_0 \neq 0℃$ 时,需要先补偿电势,再查表获得温度:

$$E(t,0)=E(t,t_0)+E(t_0,0)$$

3.3.4 热电偶的冷端温度补偿

由热电偶测温公式可知,只有在热电偶冷端温度恒定的条件下,热电势才是测量端 t 的单值函数,而且各种热电偶的温度与热电势关系的分度表(热电曲线)都是在冷端温度为 0℃时得到的,而与热电偶配套使用的显示仪表也是基于热电偶冷端温度为 0℃时标定的。所以以用热电偶测温必须满足其冷端温度为 0℃的条件,但实际应用中,冷端温度常不为 0℃,为此必须进行相应的冷端温度补偿。以下介绍几种冷端温度补偿的方法。

1. 补偿导线法

当热电偶冷端处在温度波动较大的地方时,必须首先使用一种廉价的专用导线将冷端延伸到远离热源或环境温度稳定的地方,再考虑将冷端处理或补偿为 0℃。这种专用的补偿导线在 0～100℃的温度范围内,具有与所连接热电偶相同的热电特性,因而它既能保证热电偶冷端温度保持不变,又经济廉价。

补偿导线由合金丝、绝缘层、屏蔽层和护套组成,其结构组成及其延长热电偶冷端的接线如图 3-12 所示。

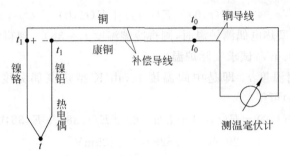

图 3-12 补偿导线结构及其接线图

补偿导线又分为延长型和补偿型两种。延长型补偿导线合金丝的化学成分及热电势标称值与配用的热电偶相同,用字母"X"附在热电偶分度号后表示;补偿型补偿导线合金丝的化学成分与配用的热电偶不同,但其热电势值在 100℃以下时与配用的热电偶热电势标称值相同,用字母"C"附在热电偶分度号后表示。常用热电偶补偿导线的型号、线芯材质和绝缘层着色如表 3-3 所示。

表 3-3 常用热电偶的补偿导线

补偿导线型号	配用热电偶型号	补偿导线		绝缘层颜色	
		正极	负极	正极	负极
SC	S	SPC(铜)	SNC(铜镍)	红	绿
KC	K	KPC(铜)	KNC(康铜)	红	蓝
KX	K	KPX(镍铬)	KNX(镍硅)	红	黑
EX	E	EPX(镍铬)	ENX(铜镍)	红	棕

使用补偿导线要注意以下问题:

(1) 补偿导线只能在规定的范围内(一般为 0～100℃)与热电势相等或相近;

(2) 不同型号的热电偶有不同的补偿导线;

(3) 热电偶和补偿导线的两个接点处要保持同温度;

(4) 补偿导线有正负极,需分别与热电偶的正负极相连;

(5) 补偿导线作用只是延伸热电偶的冷端,当延长后的冷端温度仍不为 0℃时,还需进行其他补偿与修正。

2. 冰点恒温法

将热电偶冷端置于装有冰水混合物的恒温容器中,使冷端温度始终恒定保持为 0℃,如图 3-13 所示。

此法也称冷端冰浴法,它彻底消除了冷端温度 $t_0 \neq 0℃$而引起的误差。但由于冰较易融化,且恒温容器也不适宜放置在工业生产现场,故此冰浴法只适用于实验室中的精确测量和检定热电偶时使用。

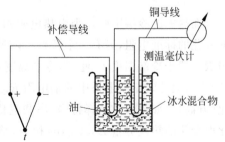

图 3-13 热电偶冷端冰点恒温法

3. 计算修正法

当热电偶冷端温度即环境温度 $t_0 \neq 0℃$ 时（一般情形下 $t_0 > 0℃$），这时仪表测量出的回路热电势 $E(t,t_0)$ 与冷端为 $0℃$ 时所测得的热电势 $E(t,0)$ 不等，即 $E(t,t_0) < E(t,0)$。因此，必须加上环境温度 t_0 与冰点 $0℃$ 之间温差所产生的热电势后才能符合热电偶测温公式或分度表。计算修正公式即是根据中间温度定则得到的式(3-10)：

$$E(t,0) = E(t,t_0) + E(t_0,0)$$

【例 3-1】 用 K 型热电偶测炉温时，测得冷端温度 $t_0 = 38℃$，测得测量端和冷端间的热电势 $E(t,38) = 29.90\text{mV}$，试求实际炉温。

解： 这里的冷端温度 t_0 即是中间温度 t_n，由 K 型热电偶分度表查得 $E(38,0) = 1.529\text{mV}$，由式(3-10)可得

$$E(t,0) = E(t,t_0) + E(t_0,0) = E(t,38) + E(38,0)$$

$$= 29.90 + 1.529 = 31.429\text{mV}$$

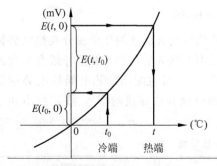

图 3-14 冷端温度的计算修正曲线

再反查 K 型分度表，由 31.429mV 查得实际炉温 $t = 755℃$。

由于热电偶所产生的热电势与温度之间的关系是非线性的，因此在冷端温度不为零时，将所测得热电势对应的温度值加上冷端的温度，并不等于实际的被测温度。冷端温度的计算修正曲线如图 3-14 所示。

若按热电动势 $E(t,38) = 29.90\text{mV}$ 直接查 K 型分度表得对应的炉温 $718℃$，与实际炉温 $755℃$ 相差 $37℃$，由此产生的相对误差约为 5%。

4. 补偿电桥法

利用直流不平衡电桥产生的相应电势，来补偿热电偶因冷端温度变化而引起的热电势变化值，此即热电偶的冷端电桥补偿原理，如图 3-15 所示。

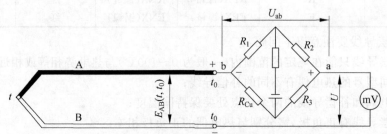

图 3-15 冷端温度补偿电桥原理

在热电偶冷端串联一个由热电阻构成的电桥，电桥的三个桥臂为锰铜丝绕制的不随温度变化的标准电阻，另有一个桥臂由随温度变化的铜电阻 R_{Cu} 构成。工作时把（电桥）铜电阻 R_{Cu} 置于冷端温度 t_0 处，当冷端温度 t_0 变化（例如升高），热电偶产生的热电势也将变化（减小），而此时串联电桥中的铜电阻 R_{Cu} 阻值也将变化并使电桥两端的电压 U_{ab} 也发生变化（升高）。如果参数选择得当，串联电桥产生的电压变化 U_{ab} 正好与热电偶因冷端温度变化而变化的热电势量 $E_{\text{AB}}(t_0,0)$ 相等，整个热电偶测量回路的总输出电压（电势）U 正好真实反映了所测量温度 t 的热电势值 $E_{\text{AB}}(t,0)$。

这个补偿原理用公式表达为

$$E_{AB}(t,0)=E_{AB}(t,t_0)+E_{AB}(t_0,0)$$
$$U=E_{AB}(t,t_0)+U_{ab}$$

当

$$U_{ab}=E_{AB}(t_0,0)$$

则有

$$U=E_{AB}(t,0)$$

在设计时一般使铜电阻 R_{Cu} 的阻值在 0℃（或 20℃）时等于 R_1、R_2、R_3，则此温度下电桥处于平衡状态，即 $U_{ab}=0\mathrm{mV}$，电桥对仪表测量的读数无影响。使用时必须把测量仪表的机械零位调到 0℃（或 20℃）。

这种补偿电桥装置已形成了产品，简称为补偿器。选用补偿器时应与所使用热电偶型号一一对应。

3.3.5 热电偶的结构

为保证热电偶的正常工作，热电偶的两极之间以及与保护套管之间都需要良好的电绝缘，而且耐高温、耐腐蚀和耐冲击的外保护套管也是必不可少的。据此，热电偶的结构有如下三种。

1. 装配式热电偶

装配式热电偶主要用于测量气体、蒸气和液体等介质的温度。这类热电偶已做成标准形式，其中包括有棒形、角形、锥形等。从安装固定方式来看，有固定法兰式、活动法兰式、固定螺纹式、焊接固定式和无专门固定式等几种。装配式热电偶主要由接线盒、保护管、接线端子、绝缘瓷珠和热电极组成基本结构，并配以各种安装固定装置组成。如图 3-16 所示为活动法兰式和螺栓安装式装配热电偶的结构。

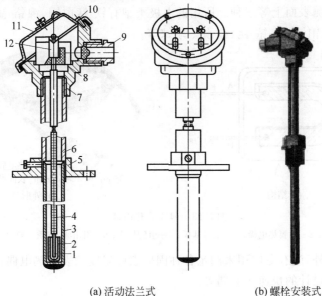

(a) 活动法兰式 (b) 螺栓安装式

图 3-16 装配式热电偶结构

1—热电偶工作端；2—绝缘套；3—下保护套管；4—绝缘珠管；5—固定法兰；6—上保护套管；
7—接线盒底座；8—接线绝缘座；9—引出线套管；10—固定螺钉；11—接线盒外罩；12—接线柱

2. 铠装式热电偶

铠装式热电偶是由金属保护套管、绝缘材料和热电极三者组合成一体的特殊结构的热电偶。它是在薄壁金属套管（金属铠）中装入热电极，在两根热电极之间及热电极与管壁之间牢固充填无机绝缘物（MgO 或 Al_2O_3），使它们之间相互绝缘，使热电极与金属铠成为一个整体。它可以做得很细很长，而且可以弯曲。热电偶的套管外径最细能达 0.25mm，长度可达 100m 以上。它的外形和断面如图 3-17 所示。

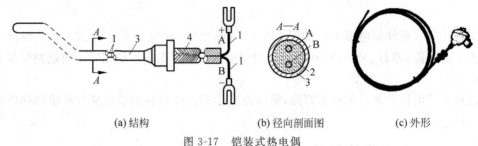

(a) 结构　　　　　　(b) 径向剖面图　　　　(c) 外形

图 3-17　铠装式热电偶

1—内电极；2—绝缘材料；3—薄壁金属保护套管；4—屏蔽层

铠装式热电偶具有响应速度快、可靠性好、耐冲击、比较柔软、可绕性好、便于安装等优点，因此特别适用于复杂结构（如狭小弯曲管道内）的温度测量。

3. 薄膜式热电偶

薄膜式热电偶如图 3-18 所示。它是用真空蒸镀、离子镀或磁控溅射的方法，把热电极材料蒸镀在很薄的绝缘基板（陶瓷片）上，两种不同的金属薄膜形成了热电偶。测量端既小又薄，厚度为 $0.01\sim0.1\mu m$，热容量小，响应速度快，便于敷贴。适用于测量微小面积上的瞬变温度。薄膜式热电偶的测温上限可达 1000℃，时间常数可小于 1ms，因而热惯性小反应快，可用于测量瞬变的表面温度和微小面积上的温度。它的结构有片状、针状和把热电极材料直接蒸镀在被测表面上等三种。所用的电极类型有铁-锰白铜、镍铬-锰白铜、铁-镍、铜-锰白铜、镍铬-镍硅、铂铑-铂、铱-铑、镍-钼、钨-铼等。

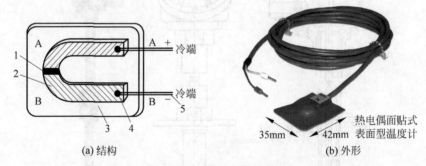

(a) 结构　　　　　　　　　　　(b) 外形

图 3-18　薄膜式热电偶

1—工作端；2—薄膜热电极；3—绝缘基板；4—引脚接头；5—引出线（材质与热电极相同）

除以上所述之外，尚有专门用来测量各种固体表面温度的表面热电偶，专门为测量钢水和其他熔融金属而设计的快速热电偶等。

3.3.6　热电偶的测温回路

在实际应用中，热电偶的测温回路是由热电偶、补偿导线、冷端补偿器、连接铜线、测量显示仪表等组成的。根据不同工艺要求，其连接电路可以有基本方式、正向串联方式、反向串联方式和并联方式 4 种，如图 3-19 所示。

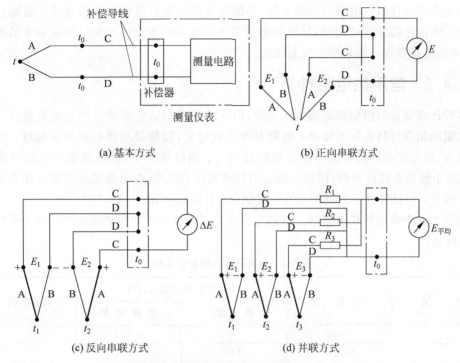

(a) 基本方式　　　　　　　　　　　(b) 正向串联方式

(c) 反向串联方式　　　　　　　　　(d) 并联方式

图 3-19　热电偶测温回路的 4 种连接方式

多数工况是对单点测温，常用基本方式；当需要测量热电堆低温或温度变化很小场合时，则用正向串联方式，此时 $E_T = E_{AB}(t, t_0) + E_{AB}(t, t_0) = 2E_{AB}(t, t_0)$；当需要测量两点间温差 $(t_1 - t_2)$ 时，则用反向串联方式，此时 $\Delta E = E(t_1, t_0) - E(t_2, t_0) = E(t_1, t_2)$；当需要测量几个点的平均温度时，则用并联方式，此时 $E_T = \dfrac{1}{3}[E_{AB}(t_1, t_0) + E_{AB}(t_2, t_0) + E_{AB}(t_3, t_0)]$。

这里需要注意的是，当采用多个热电偶的连接方式时，这多个热电偶必须型号相同，而且热电势与温度关系尽量接近为线性，还有它们的冷端温度必须相同。

3.4　热电阻测温

热电阻是一种将温度变化转换为电阻变化的测温器件，也是目前接触式热电测温中普遍使用的一种温度传感器。

3.4.1　热电阻测温原理

热电阻的测温原理是基于热阻效应，即利用金属导体或半导体的电阻值随温度变化而变化的特性来进行温度测量的。它的最大特点是测量精度高，尤其是在 500℃ 以下温度时，它的输出信号比热电偶大得多，不仅灵敏度高，而且稳定性好。因此，在国际实用温标中规定 −259.35～670.74℃ 均采用铂热电阻作为基准仪表，被广泛应用于实验室的精密测量。由于热电阻温度计输出为电信号，便于处理和远传，无须考虑冷端温度补偿，且结构简单，互换性好,所以在中低温区域(−200～650℃)测量中得到广泛应用。其缺点是需要电源激励,有自热现象,影响测量精度。

热电阻温度计以热电阻为感温元件,并配以相应的显示仪表和连接导线。需要注意的是:为了防止连接导线过长时,导线的阻值将随环境温度变化而变化给测量带来的附加误差,热电阻连接导线一般采用三线制接法。

3.4.2 常用热电阻种类

尽管许多金属的阻值都随温度而变化,但它们并不都适合做理想的热电阻材料。一般对热电阻的制作材料有如下要求:电阻温度系数要大,以便提高热电阻的灵敏度;电阻率尽可能大,以便在相同灵敏度下减小电阻体尺寸;热容量要小,以便提高热电阻的响应速度;在整个测量温度范围内,应具有稳定的物理和化学性质,电阻值随温度的变化关系最好接近于线性;应具有良好的可加工性与复制性;且价格便宜。

目前工业中常用的热电阻制作材料主要有铂、铜、镍及半导体热敏电阻。其主要性能如表 3-4 所示。

表 3-4　常用热电阻的主要性能

材　　质	分　度　号	0℃ 时的电阻值 R_0/Ω		测温范围/℃
		名 义 值	允 许 误 差	
铜	Cu50	50	±0.1	−50～+150
	Cu100	100	±0.1	
铂	Pt10	10	A 级 ±0.006 B 级 ±0.012	−200～+850
	Pt100	100	A 级 ±0.006 B 级 ±0.012	
镍	Ni100	100	±0.1	−50～+180
	Ni300	300	±0.3	
	Ni500	500	±0.5	

1. 铂电阻

金属铂是一种理想的热电阻材料。铂容易提纯,其物理、化学性能在高温和氧化性介质中很稳定,在很宽的温度范围内都保持良好的性能,且测温精度高,所以它能用作工业测温元件和作为温度标准。

铂电阻阻值与温度变化之间的关系可以近似用下式表示:

在 0～650℃温度范围内

$$R_t = R_0(1 + At + Bt^2) \tag{3-11}$$

在 −200～0℃温度范围内

$$R_t = R_0[1 + At + Bt^2 + C(t - 100)t^3] \tag{3-12}$$

式中: R_0、R_t 分别为铂电阻在 0℃ 和 t℃ 时的电阻值; A、B、C 为常数, $A = 3.96847 \times 10^{-3}/℃$, $B = -5.847 \times 10^{-7}/℃^2$, $C = -4.22 \times 10^{-12}/℃^3$。

可以看出,它们的高次项很小,铂电阻在 0～100℃时的最大非线性偏差小于 0.5℃。

工业上常用的标准化铂电阻有两种,其公称电阻分别为 10Ω 和 100Ω,即 $R_0 = 10\Omega$,对应分度号为 Pt10；$R_0 = 100\Omega$，对应分度号为 Pt100。

各种热电阻的电阻值与温度之间的对应关系参见各自相关的分度表。在实际测量中，只要测得铂热电阻的阻值，便可从分度表中查出对应的温度值。

2. 铜电阻

由于铂为贵金属，一般在测量精度要求不高和测温范围较小时，可采用铜电阻。金属铜易加工提纯，价格便宜，互换性好，电阻温度系数大，且在使用范围内线性关系好。其缺点是电阻率小，体积大，热响应慢，机械性能较差。

铜电阻的使用温度范围为 $-50 \sim +150℃$，其电阻值与温度变化之间的关系是线性的。即

$$R_t = R_0(1 + \alpha t) \tag{3-13}$$

式中：R_0、R_t 分别为铜电阻在 0℃ 和 t℃ 时的电阻值；α 为铜电阻的温度系数，$\alpha = (4.25 \sim 4.28) \times 10^{-3}/℃$。

工业上常用的标准化铜铂电阻也有两种，其公称电阻分别为 50Ω 和 100Ω，即 $R_0 = 50\Omega$，对应分度号为 Cu50；$R_0 = 100\Omega$，对应分度号为 Cu100。相应的分度表可查阅相关资料。

3. 镍电阻

镍电阻的电阻率及温度系数比铂和铜大得多，具有灵敏度高、体积小、线性好、稳定性好、价格低廉等特点，是一种性能优良的温度传感器，可在某些领域代替价格昂贵的铂电阻。

镍电阻相应的分度号为 Ni100、Ni300、Ni500、Ni1000，对应的 R_0 分别为 100Ω、300Ω、500Ω、1000Ω。它的一般使用范围为 $-50 \sim +180℃$，比较适合于楼宇、空调等应用场合。

近年来，在低温和超低温测量方面开始采用一些较为新颖的热电阻，如铑铁电阻、铟电阻、锰电阻、碳电阻等。

有关半导体热敏电阻将在 3.4.5 节介绍。

3.4.3 热电阻的结构

工业热电阻的结构也有普通型和铠装型两种。

1. 普通型热电阻

普通型热电阻的外形结构与普通型热电偶的外形结构基本相同，它们的根本区别在内部结构，即用热电阻体代替了热电极丝。其结构如图 3-20(a)所示，主要由电阻体、绝缘瓷管、保护套管和接线盒等组成。为了避免电阻体通过交流电时产生感应电抗，电阻体均采用双线无感绕法绕制而成，如图 3-20(b)所示。

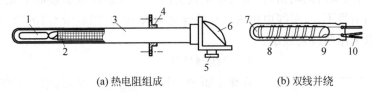

(a) 热电阻组成   (b) 双线并绕

图 3-20 普通型热电阻的结构

1—电阻体；2—瓷绝缘套管；3—不锈钢套管；4—安装固定件；5—引线口；

6—接线盒；7—芯柱；8—电阻丝；9—保护膜；10—引线端

2. 铠装热电阻

铠装热电阻的外形结构及特点也与铠装热电偶相似，是将电阻体预先拉制成型装入不锈钢细管内，内充高密度氧化物绝缘体，形成电阻体与绝缘材料和保护套管连成一体，因而

具有外径直径小、易弯曲、抗震、使用方便、测温响应快、使用寿命长等优点，适于安装在结构复杂的部位。

3.4.4 热电阻测温电路

前已表述，热电阻是将温度变化转换为电阻变化的感温器件，而作为测温仪表或测温系统来说，需要把转换后的电阻变化再转换为电压信号。常用的测温电路有两种：①桥式测温电路，②恒流源式测温电路。下面介绍广泛应用的桥式测温电路。

1. 桥路测温原理

利用不平衡电桥把电阻值的变化转换为电压信号的变化，其电路原理如图 3-21(a)所示。热电阻 R_t 和 R_1、R_2、R_3 组成电桥的 4 个臂，设计时使 $R_1 = R_2$ 且远大于 R_3 和 R_t（使流过 R_t 的电流小于 10mA 以降低热效应，且 0℃时 $R_t = R_3$），则桥路输出电压 $U_{ab} = U_{ac} - U_{bc} = I(R_t - R_3) = I \times \Delta R_t$，即 U_{ab} 与 R_t 成比例关系。

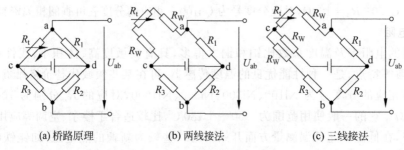

　　　(a) 桥路原理　　　　　(b) 两线接法　　　　　(c) 三线接法

图 3-21　热电阻测温桥路

2. 引线连接方式

实际测温时，热电阻感温元件常常放置在远离测温桥路的现场被测介质中。热电阻的引线电阻对测量结果有较大的影响。目前，热电阻引线方式有两线制、三线制和四线制三种。

1) 两线制接法

如果按桥路原理，把热电阻的两端各连一根引线，直接接入电桥的一个桥臂上，就形成了两线制接法，如图 3-21(b)所示。这种接法虽然配线简单，安装费用低，但引线电阻会和热电阻 R_t 一起构成有效信号转换成测量电压信号，从而影响测量精度。即便在设计施工时事先考虑了引线电阻的阻值，但引线电阻也会随一年四季环境温度的变化而带来附加误差，所以只有当引线不长（引线电阻 R_w 与桥臂电阻 R 满足 $2R_w/R \leqslant 10^{-3}$）、测温精度要求较低时，才可以采用两线制接法。

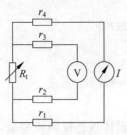

图 3-22　热电阻四线制接法

2) 三线制接法

在热电阻的一端接出两根引线，其中一根作为电源线，一根与热电阻的另一端引线，分别接入相邻的两个桥臂上，会使引线电阻随环境温度的变化互相抵消，从而消除了引线电阻的影响，如图 3-21(c)所示。这种三线制接法，测量精度高，广泛应用在生产现场中。

3) 四线制接法

在热电阻感温元件的两端各连两根引线，如图 3-22 所示。

其中两根引线与恒流源 I 相连,让热电阻 R_t 流过已知电流 I;另外两根引线将热电阻上压降 U_t 引到仪表(通常为电位差计)的测量端,电位差计测得该电压降,便可得到 $R_t(R_t=U_t/I)$。

由于是在电位差计平衡时读数,电位差计不取电流,因此两根测量引线没有电流流过,从而完全消除了引线电阻变化对测温的影响。这种高精度的测量适合于实验室的精准测温。

3.4.5 热敏电阻

热敏电阻是一种半导体感温元件,它是利用半导体的电阻值随温度的变化而显著变化的特性实现测温的。半导体热敏电阻具有电阻温度系数大、电阻率高、机械性能好、响应时间短、寿命长、构造简单等优点。缺点是复现性差、互换性差,其热电特性为非线性,给使用带来不便。但由于其性能在不断改进,稳定性已大为提高,在一些场合下热敏电阻已逐渐取代传统的温度传感器,在自动控制及电子线路的补偿电路中的应用越来越广泛。

1. 热敏电阻类型

热敏电阻是一种新型的半导体测温元件。按温度系数可分为负温度系数热敏电阻(NTC)和正温度系数热敏电阻(PTC)两大类。NTC 热敏电阻以 MF 为其型号,PTC 热敏电阻以 MZ 为其型号。

根据不同的用途,NTC 又分为两大类。第一类为负指数型,用于测量温度,它的电阻值与温度之间呈负的指数关系。另一类为负突变型,当其温度上升到某设定值时,其电阻值突然下降,多用于各种电子电路中抑制浪涌电流,起保护作用。负指数型和负突变型的温度-电阻特性曲线分别如图 3-23 中的曲线 2 和曲线 1 所示。

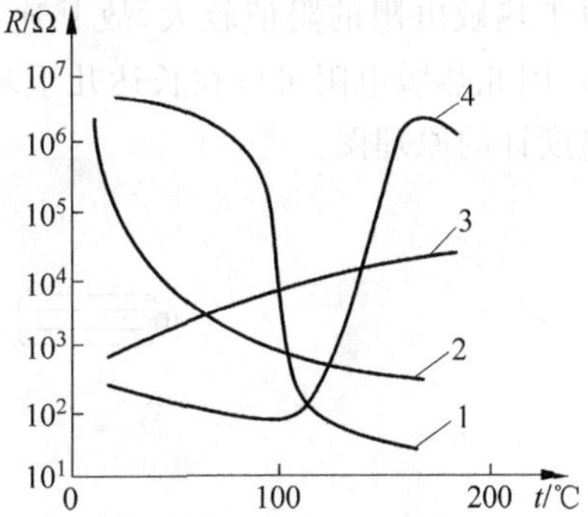

典型的 PTC 热敏电阻的温度-电阻特性曲线呈非线性,如图 3-23 中的曲线 4 所示,属突变型曲线,它在电子线路中多起限流、保护作用。当流过 PTC 的电流超过一定限度时,其电阻值突然增大。

图 3-23 各种热敏电阻的特性曲线
1—负突变型 NTC;2—负指数型 NTC;
3—线性型 PTC;4—突变型 PTC

近年来,还研制出了线性型 PTC 热敏电阻,其线性度和互换性均较好,可用于测温,其温度-电阻特性曲线如图 3-23 中的曲线 3 所示。

热敏电阻除按温度系数区分外,还有以下三种分类方法:①按结构形式可分为体型、薄膜型、厚膜型三种;②按工作形式可分为直热式、旁热式、延迟电路三种;③按工作温区可分常温区($-60\sim+200\ ℃$)、高温区($>200\ ℃$)、低温区热敏电阻三种。热敏电阻可根据使用要求封装加工成各种形状的探头,如珠状、圆片状、柱状、锥状、针状等,如图 3-24 所示。

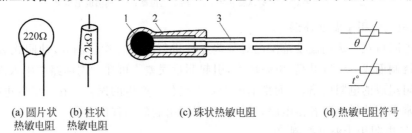

(a) 圆片状 (b) 柱状 (c) 珠状热敏电阻 (d) 热敏电阻符号
热敏电阻 热敏电阻

图 3-24 热敏电阻的结构外形及符号
1—热敏电阻;2—玻璃外壳;3—引出线

2．热敏电阻的特点

（1）热敏电阻上的电流随电压的变化不服从欧姆定律。

（2）电阻温度系数绝对值大，灵敏度高，测试线路简单，甚至不用放大器也可以输出几伏电压。

（3）体积小，重量轻，热惯性小。

（4）本身电阻值大，适用于远距离测量。

（5）制作简单，寿命长。

（6）敏电阻是非线性电阻，但用计算机进行非线性补偿，可得到满意效果。

3．热敏电阻的应用

热敏电阻在工业上的用途很广。根据产品型号不同，其适用范围也各不相同。以下列举三方面应用。

1）热敏电阻测温

作为测量温度的热敏电阻一般结构较简单，价格较低廉。没有外面保护层的热敏电阻只能应用在干燥的地方；密封的热敏电阻不怕湿气的侵蚀，可以在较恶劣的环境下使用。由于热敏电阻的阻值较大，故其连接导线的电阻和接触电阻可以忽略，测量电路多采用桥路，因此热敏电阻可以在长达几千米的远距离温度测量中应用。如图 3-25 所示为热敏电阻温度计的原理图。

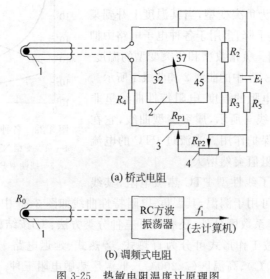

图 3-25　热敏电阻温度计原理图

1—热敏电阻；2—指针式显示器；3—调零电位器；4—调满度电位器

2）热敏电阻用于温度补偿

热敏电阻可在一定的温度范围内对某些元件进行温度补偿。例如，动圈式表头中的动圈由铜线绕制而成。温度升高，电阻增大，引起测量误差。可在动圈回路中串入由负温度系数热敏电阻组成的电阻网络，从而抵消由于温度变化所产生的误差。在三极管电路、对数放大器中也常采用热敏电阻补偿电路，补偿由于温度引起的漂移误差。

3）热敏电阻用于温度控制

将突变型热敏电阻埋设在被测物中，并与继电器组合成热电式继电器，可以组成电动机过热保护电路。其工作原理如图 3-26 所示,其中 R_t 为负温度系数热敏电阻,K 为继电器。温度正常时,R_t 阻值较大,A 点电势较低,三极管 VT 不导通,继电器不吸合;温度升高后,R_t 阻值减小,A 点电势升高,三极管导通,继电器吸合。

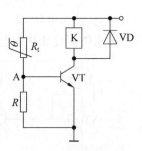

具体使用时,将热敏电阻固定在电动机绕组附近,当电动机过载或出现短路故障时,电动机绕组温度剧增,热敏电阻阻值相应减小,三极管导通,继电器吸合,控制电动机电路断开,起到过热保护的作用。若电动机恢复正常,绕组温度降低,热敏电阻阻值变大,三极管截止,继电器断开,电动机电路又被接通。

图 3-26 热电式继电器保护电路

这种简单、廉价的热电式继电器用法还可以广泛应用在空调机、微波炉、取暖器、电烘箱等家用电器中。

当然还有一些半导体材料的电阻值会随光照变化而变化,称为光敏电阻;电阻值随磁场变化而变化的,称为磁敏电阻。这些均不在本书讨论范围之内。

3.5 集成温度传感器测温

视频讲解

由于三极管 PN 结上的正向电压降是随温度上升而下降的,其变化线性度和互换性优于二极管。故可采用一对互相匹配的三极管作为温敏差分对管,利用它们的两个 U_{BE} 之差所具有的良好正温度系数,来制作集成温度传感器,即把温敏三极管和激励电路、放大电路等集成在同一个小硅片上。与其他温度传感器相比较,它具有线性度高(非线性误差约为 0.5%)、精度高、体积小、响应快、价格低等优点;缺点是测温范围窄,一般为 $-50 \sim 150 \, \text{℃}$。

3.5.1 集成温度传感器的基本工作原理

如图 3-27 所示是集成温度传感器的工作原理图。图中,VT_1 和 VT_2 是互相匹配的三极管,I_1 和 I_2 分别是 VT_1 和 VT_2 管的集电极电流,由恒流源供电。则 VT_1 和 VT_2 管的两个发射极和基极电压之差 ΔU 为

$$\Delta U = \frac{k}{q} \ln\left(\frac{I_1}{I_2} \cdot \gamma\right) T \tag{3-14}$$

式中:k 为玻耳兹曼常数;q 为电子电荷量;γ 为 VT_1 和 VT_2 管发射极的面积之比;T 为绝对温度,单位为 K。

对于确定的传感器,k、q、γ 均为常数,由式(3-14)可知只要能保证 I_1/I_2 的值为常数,则 ΔU 与被测温度 T 呈线性关系。这就是集成温度传感器的工作原理。在此基础上可以设计出不同的电路以及不同的输出类型的集成温度传感器。

集成温度传感器的输出有电压输出和电流输出两大类,下面分别作简单介绍。

3.5.2 电压输出型温度传感器

如图 3-28 所示为电压输出型温度传感器的工作原理。VT_1 和 VT_2 是性能相同的两个三极管,其集电极电流分别为 I_1 和 I_2,此时两者的发射极电压差 ΔU_{be} 为

$$\Delta U_{be} = \frac{k}{q} \ln\left(\frac{I_1}{I_2}\right) T \tag{3-15}$$

可见，输出电压 ΔU_{be} 跟被测温度 T 呈线性关系。一般情况下 ΔU_{be} 的值比较小，放大后可输出随温度变化的电压，变化量可达 $10mV/℃$。

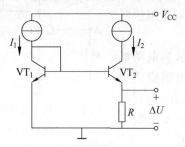

图 3-27 集成温度传感器的工作原理图

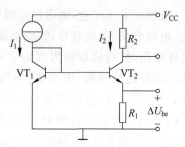

图 3-28 电压输出型温度传感器的原理图

3.5.3 电流输出型集成温度传感器

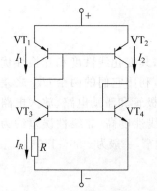

图 3-29 电流输出型温度
传感器原理图

如图 3-29 所示，VT_1 和 VT_2 是结构对称的两个三极管，其发射极电压 $U_{be1} = U_{be2}$，作为恒流源负载，VT_3 和 VT_4 是测温用的三极管，其集电极电流相等，两发射极的面积之比为 γ。由式（3-14）可知，流过电阻 R 上的电流 I_R 为

$$I_R = I_1 = \frac{\Delta U}{R} = \frac{k}{qR}(\ln Y)T \tag{3-16}$$

其中，只要 R 和 γ 一定，传感器电路的输出电流就与温度呈线性关系。通常流过传感器的输出电流应限制在 $1mA$ 左右，可通过调整 R 的大小来实现。

典型的电流输出型温度传感器主要有美国 Analog Devices 公司生产的 AD590 系列及我国生产的 SG590 系列。它们的基本电路与图 3-29 一样，只是为了提高工作性能增加了一些启动电路和附加电路。其输出电流与绝对温度成比例，在 $4 \sim 30V$ 电源电压范围内，该器件可充当一个高阻抗、恒流调节器，调节系数为 $1\mu A/K$。

如图 3-30(a)所示是 AD590 集成温度传感器的外观图，其内部含有放大电路，如配以相应的外电路，就可构成各种应用电路。图 3-30(b)是一个 AD590 测温的基本电路。AD590

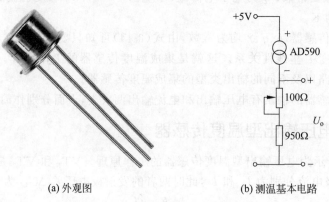

(a) 外观图　　　　　　　　(b) 测温基本电路

图 3-30 AD590 集成温度传感器

在 25℃（298.2K）时，理想输出电流为 298.2μA，但实际上会存在一定误差，可以在外电路中串联一个可调电阻进行修正，如 25℃时调整 U_T 为 298.2mV，调整好以后固定可调电阻，即可获得与温度成正比的电压输出 V_T，其灵敏度为 1mV/K。

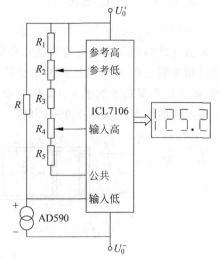

图 3-31 摄氏和华氏数字温度计电路

【例 3-2】 摄氏和华氏数字温度计。

AD590 是一个两端器件，只需要一个直流电压源，功率的需求比较低（1.5mW/5V）。其输出是高阻抗（710MΩ）的电流，因而长线上的电阻对器件工作的影响不大，适合长线传输，但要采用屏蔽线，防止干扰。

摄氏和华氏数字温度计主要由电流温度传感器 AD590、ICL7106 和显示器组成，如图 3-31 所示。ICL7106 包括模/数转换器、时钟发生器、参考电压源、BCD 的七段译码和显示驱动器等，它与 AD590 的几个电阻及液晶显示器构成一个数字温度计，而且能实现两种定标制的温度测量和显示。对摄氏和华氏两种温度均采用同一参考电压（500mV）。

对于两种温度，各电阻取值见表 3-5。

表 3-5 摄氏和华氏数字温度计电路中各电阻的取值

温度单位	R	R_1	R_2	R_3	R_4	R_5
℉	9kΩ	4.02kΩ	2kΩ	12.4kΩ	10kΩ	0
℃	5kΩ	4.02kΩ	2kΩ	5.1kΩ	5kΩ	11.8kΩ

3.6 非接触式测温

任何物体，其温度超过绝对零度，都会以电磁波的形式向周围辐射能量，温度越高辐射到周围的能量也就越多，而且两者之间满足一定的函数关系。通过测量物体辐射到周围的能量强度就可测得物体的温度，这就是非接触式温度测量的测量原理。由于非接触式温度测量利用了物体的热辐射，故也常称为辐射式温度测量。

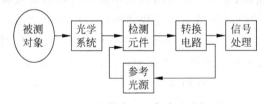

图 3-32 辐射式测温仪表组成框图

辐射式测温仪表主要由光学系统、检测元件、转换电路和信号处理等部分组成，如图 3-32 所示。光学系统包括瞄准系统、透镜、滤光片等，把物体的辐射能通过透镜聚焦到检测元件上；检测元件为光敏或热敏器件；转换电路和信号处理系统将信号转换、放大、进行辐射率修正和标度变换后，输出与被测温度相应的信号。

光学系统和检测元件对辐射光谱均有选择性，因此产生了辐射式温度计、亮度式温度计和比色温度计等几种测温仪表。

3.6.1 辐射温度计

辐射温度计依据全辐射定律,通过敏感元件感受物体的全辐射能量来测知物体的温度。辐射温度计的光学系统分为透镜式和反射镜式,检测元件有热电堆、热释电元件、硅光电池和热敏电阻。图3-33为这两种系统的示意图,透镜式系统将物体的全辐射能透过物镜及光阑、滤光片等聚焦于敏感元件;反射镜式系统则将全辐射能反射后聚焦在敏感元件上。此类温度计的测温范围在400～2000℃。

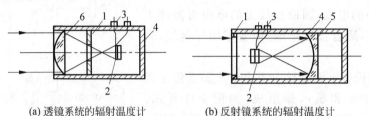

(a) 透镜系统的辐射温度计　　　　(b) 反射镜系统的辐射温度计

图3-33　透镜式和反射镜式系统的示意图

1—光阑;2—检测元件;3—输出端子;4—外壳;5—反射聚光镜;6—透镜

下面,对红外线测温仪的原理作简单说明。

红外线是太阳光线中众多不可见光线中的一种,位于可见光中红色光以外,又称为红外热辐射;红外线的波长大于可见光线,波长为$0.75～1000\mu m$。红外辐射的物理本质是热辐射,任何物体,只要其温度在绝对零度以上,都会产生红外线向外界辐射出能量,所辐射能量的大小直接与该物体的温度有关,具体地说是与该物体热力学温度的4次方成正比,用公式可表示为

$$E = \sigma\varepsilon(T^4 - T_0^4) \tag{3-17}$$

式中:E为物体在温度T时单位面积和单位时间的红外辐射总量;σ为斯特藩-玻耳兹曼常量,$\sigma = 5.67 \times 10^{-8} W/(m^2 \cdot K^4)$;$\varepsilon$为物体的辐射率,即物体表面辐射本领与黑体辐射本领的比值,黑体的辐射率$\varepsilon = 1$;T为物体的温度,单位为K;T_0为物体周围的环境温度,单位为K。

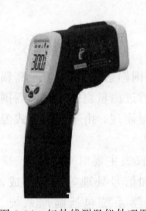

图3-34　红外线测温仪外观图

通过测量物体所发射的能量E,就可测得物体的温度T。如图3-34所示,这种红外线测温仪不需要与被测对象接触,因此属于非接触式测量。红外线测温仪可用于很宽范围的测温,从$-50℃$直至高于3000℃。在不同的温度范围,对象发出的电磁波能量的波长分布不同,在常温(0～100℃)范围,能量主要集中在中红外和远红外波长。

3.6.2 亮度温度计

亮度温度计利用物体的单色辐射亮度$L_{\lambda T}$随温度变化的原理,以被测物体光谱的一个狭窄区域内的亮度与标准辐射体的亮度进行比较来测量温度。由于实际物体的单色辐射发射系数ε_λ小于绝对黑体,即$\varepsilon_\lambda < 1$,因而实际物体的单色亮度$L_{\lambda T}$小于绝对黑体的单色亮度。由于在温度T(单位:K)时,绝对黑体的单色辐射量度$L_{\lambda T}^*$为

$$L_{\lambda T}^{*} = \frac{c_1 \lambda^{-5}}{\pi} \exp(-c_2/\lambda T) \qquad (3\text{-}18)$$

式中：c_1 为第一辐射常数，$c_1 = 2\pi c^2 h = 4.9926\text{J} \cdot \text{m}$；$c_2$ 为第二辐射常数，$c_2 = ch/k = 0.014388\text{m} \cdot \text{K}$；$\lambda$ 为波长；c 为光速；h 为普朗克常数；k 为玻耳兹曼常数。

故实际物体的单色辐射亮度为

$$L_{\lambda T} = \varepsilon_{\lambda T} \cdot L_{\lambda T}^{*} = \varepsilon_{\lambda T} \cdot \frac{c_1 \lambda^{-5}}{\pi} \exp(-c_2/\lambda T) \qquad (3\text{-}19)$$

从式(3-19)中可以看出物体的单色辐射量度 $L_{\lambda T}$ 与物体的被测温度 T 满足一一对应的函数关系，故只要能测得被测物体的 $L_{\lambda T}$ 便能得到物体的被测温度 T。

3.6.3　比色温度计

光电比色温度计是以两个波长的辐射亮度之比随温度变化的原理来进行温度测量的，如图 3-35 所示。

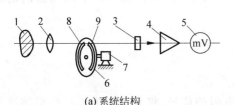
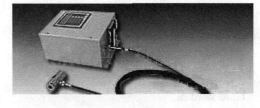

(a) 系统结构　　　　　　　　　　　　　　(b) 外观图

图 3-35　光电比色温度计

1—被测对象；2—透镜；3—光电器件；4—放大电路；
5—显示仪表；6—调制盘；7—步进电机；8,9—滤光片

被测对象 1 的辐射射线经过透镜射到由步进电机 7 带动的旋转调制圆盘(调制盘)6 上，在调制盘的开孔上附有两种颜色的滤光片 8 和 9，一般为红色和蓝色，把光线调制成交变的，从而使射到光电器件 3 上的为红、蓝色交变的光线。进而使光电器件输出与相应的红色和蓝色相对应的电信号。然后把这个信号放大并运算后送到显示仪表 5，得到被测物体的温度 T。

3.7　工程应用

现以设计基于热电阻的单片机智能温度巡检仪为例。

为了满足生产过程监控的要求，现设计一个以热电阻为传感器的智能巡回检测仪表，要求具有如下功能：与铂电阻 Pt100 配合，巡回检测 8 路温度；定点显示和巡回显示两种方式；设定超限值，一旦超限则发出报警信号且有常开接点输出；检测的每路温度转变为与之线性对应的 4~20mA 电流输出；支持 RS-485 通信方式，方便组成局域监控网络。

3.7.1　整机电路组成

8 路温度巡检仪的硬件由主机电路、前向通道、后向通道、人机接口电路、通信接口及供电电源等组成，如图 3-36 所示。其中，主机电路由 CPU、数据存储器、程序存储器、

EEPROM 存储器、定时器/计数器、通用异步串行收发器、中断控制器、WDT 定时器及通用并行接口等部件组成；前向通道电路由 Pt100 转换电路、滤波电路、多路模拟开关电路、放大电路、A/D 转换电路组成；后向通道电路由 D/A 转换电路、多路模拟开关电路、V/I 转换电路、继电器驱动电路组成；人机接口电路由按键和 LED 数码管组成；通信接口电路由 RS-485 接口电路组成；供电电源电路分别向系统数字电路提供逻辑 5V 电源，向模拟电路提供±12V 与±5V 模拟电源。

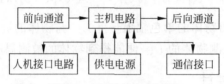

图 3-36　硬件系统方块图

　　主机电路设计的核心是选择一款恰当的嵌入式处理器，其处理速度、内含的存储器容量、内含的功能部件尽可能满足系统要求又价格不贵，因此选择 AT89C55WD 单片机和 X5045 芯片，就可以满足系统对硬件资源的需求。这里，重点分析说明热电阻测温的前向通道。

3.7.2　前向通道电路设计

1. 原理框图

　　前向通道的任务是接收温度传感器 Pt100 铂电阻的信号，将其转变为单片机能够进行处理的数字信号，由信号转换电路、动态稳零电路、多路模拟开关、阻抗匹配和放大电路、A/D 转换电路等组成。原理框图如图 3-37 所示。硬件电路如图 3-38 所示。

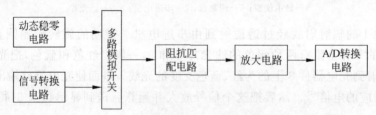

图 3-37　前向通道电路原理框图

2. 信号转换电路

　　信号转换电路由图 3-38 中的 9 个惠斯登电桥组成（图中仅绘出 3 个，其余同），实现将 8 路 Pt100 温度传感器输出的电阻信号转换为电压信号。其中，第 1 个惠斯登电桥没有外接 Pt100 电阻，而构成了动态稳零（或称数字调零）电路。余下 8 个惠斯登电桥的工作原理完全一致，这里以第 2 个电桥为例，它由 R_5、R_6、R_7、C_3、C_4 组成，来自 Pt100 的电阻信号以三线形式接到 a1、b1、c1 处，a1 接 Pt100 的一端，b1、c1 接 Pt100 的另一端，于是由 Pt100、R_5、R_6、R_7 构成一个惠斯登电桥。当检测到温度变化时，Pt100 的阻值发生变化，在 A、B 点对应产生一个变化的电压 V_{AB}，实现了 R/V（电阻/电压转换）转换。

3. 多路模拟开关

　　图 3-38 中的 CD4052(U1、U2、U3)是一个双端 4 路模拟开关，由 A、B、INH 三个控制引脚选择将 X、Y 切向 0、1、2 或 3 通道。三个 CD4052 的输出 X、Y 分别并接在一起，然后接入

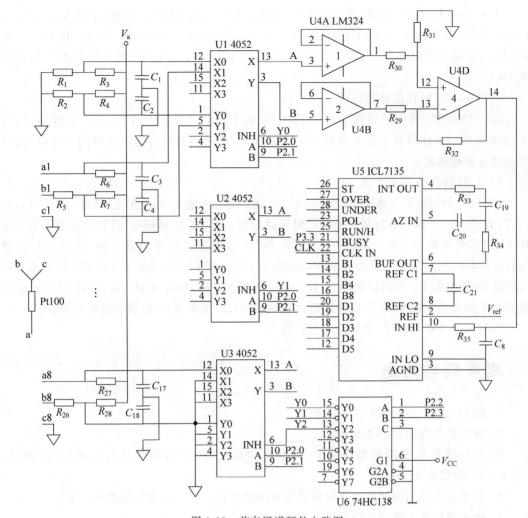

图 3-38 前向通道硬件电路图

后级的运放,三个 A 引脚均接单片机 AT89C55 的 P2.0,三个 B 引脚均接单片机 AT89C55
的 P2.1,三个 INH 引脚分别接三八译码器 74HC138 的 Y0、Y1、Y2。而 74HC138 的 Y0、
Y1、Y2 高低电平又受其控制引脚 A、B 的控制,引脚 A、B 接在单片机 AT89C55 的 P2.2、
P2.3 上。这样,利用单片机 P2.0、P2.1、P2.2、P2.3 这 4 个 I/O 口,控制三个多路开关和三
八译码器,分时将 9 个 R/V 转换桥路的输出接通后级放大电路和 A/D 转换电路。

4. 前置放大电路

图 3-38 中的 U4A、U4B 两个运放组成跟随器实现了阻抗匹配电路,解决了不同通道信号
输出阻抗不一致的问题。由 U4D、R_{29}、R_{30}、R_{31}、R_{32} 构成反相放大器,取 $R_{29}=1\text{k}\Omega$,$R_{32}=$
$13\text{k}\Omega$,反相放大器增益为 13,恰好满足后级 A/D 转换器 ICL7135 满码输出对应的模拟电压。

5. A/D 转换电路

A/D 转换电路设计的核心是 A/D 转换器的选择,选择时主要考虑三项技术指标:转换
精度、转换速度和对单片机接口资源的耗用。本设计选用美国 Intersil 公司的 ICL7135 双
向积分式 A/D 转换器。

A/D 转换硬件接口电路,是把图 3-38 中的 ICL7135 的 BUSY(21 脚)连到 AT89C55 的 P3.3/INT1,ICL7135 的 CLK1N(22 脚)同时连到 AT89C55 的 P3.3/T1 和 P1.0,即 ICL7135 仅通过两根线与 AT89C55 相接,仅占用 AT89C55 T1、T2 两个计数器及外部中断 INT1。

1) ICL7135 时钟信号的提供

ICL7135 的时钟信号直接来自 AT89C55 的 P1.0。P1.0 是 AT89C55 的复用口,当 AT89C55 的 T2 计数器工作于方波产生器方式时,通过该引脚可输出连续的方波信号,频率可通过编程确定。

2) A/D 转换结果的读取

ICL7135 的时钟信号源于 AT89C55 的 T2 计数器方波输出,同时接至 AT89C55 的 T1,利用 T1 计数器记录 BUSY 为高电平时的时钟周期数。BUSY 信号接至 AT89C55 的外部中断 INT1,其意图有两个:第一,控制 T1 计数,当 T1 计数器工作于方式 1 时,通过软件设置 GATE 控制位为"1"时,T1 计数受 INT1 控制,当 INT1(即 BUSY)为高电平时,T1 可对来自外部的脉冲(即 ICL7135 的时钟周期)计数,INT1 为低电平时,停止计数;第二,在 BUSY 信号由高电平跳变为低电平瞬间,以中断形式通知 CPU,以读出 A/D 转换后的数字码。

其他电路及驱动程序,请参考有关资料。

思考题与习题

1. 说出几种常用的测温仪表类型。

2. 简述热电偶测温的基本原理。

3. 用分度号为 S 的热电偶测温,其参比端温度为 20℃,测得热电势 $E=(t,20)=11.30\text{mV}$,试求被测温度 t。

4. 在用热电偶测温时为什么要保持参比端温度恒定? 一般都采用哪些方法?

5. 画图说明热电偶的冷端温度补偿电桥原理。

6. 常用的工业热电阻有哪几种? 各有何特点?

7. 画图说明热电阻桥式测温电路原理。

8. 以电桥法测定热电阻的电阻值时,为什么采用三线制接线方法?

9. 比较热电阻与热敏电阻的异同。

10. 简述集成温度传感器的工作原理。

11. 已知一个 AD590KH 两端集成温度传感器的灵敏度为 $1\mu\text{A}/℃$;并且当温度为 25℃时,输出电流为 $298.2\mu\text{A}$。若将该传感器按图 3-39 接入电路,问:当温度分别为 $-30℃$ 和 $+120℃$ 时,电压表的读数为多少(不考虑非线性)?

12. 简述非接触式测温的几种类型及测温原理。

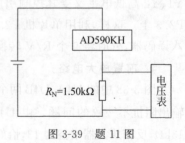

图 3-39 题 11 图

第 4 章

压 力 检 测

教学目标

通过本章的学习,读者应理解压力在工程中的应用方法以及各种压力传感器测压方式及其原理。重点要掌握电阻应变片的测压原理及特性,及其三种测量电桥电路。了解压力仪表的使用。

4.1 概述

视频讲解

压力是工业生产过程中重要工艺参数之一。许多工艺过程只有在一定的压力条件下进行,才能取得预期的效果;压力的监控也是安全生产的保证。压力的检测和控制是保证工业生产过程经济性和安全性的重要环节。压力测量仪表还广泛地应用于流量和液位的间接测量方面。

4.1.1 压力单位及表示方法

1. 压力的单位

在工程上,"压力"定义为垂直而均匀地作用于单位面积上的力(即物理学中常称的压强),通常用 p 表示,单位力作用于单位面积上,为一个压力单位。在国际单位制中,定义 1 牛顿力垂直均匀地作用在 1 平方米面积上所形成的压力为 1 帕斯卡,简称"帕",符号为 Pa。加上词头又有千帕(kPa)、兆帕(MPa)等。我国已规定帕斯卡为压力的法定单位。

曾经使用的压力单位还有工程大气压、标准大气压、巴、毫米水柱、毫米汞柱等。表 4-1 给出了各压力单位之间的换算关系。

表 4-1 压力单位换算表

单位	帕/Pa	巴/bar	工程大气压 /(kgf/cm²)	标准大气压 /atm	毫米水柱 /mmH₂O	毫米汞柱 /mmHg	磅力/平方英寸 /(lbf/in²)
帕/Pa	1	1×10^{-5}	1.019716×10^{-5}	0.9869236×10^{-5}	1.019716×10^{-1}	0.75006×10^{-2}	1.450442×10^{-4}
巴/bar	1×10^{5}	1	1.019716	0.9869236	1.019716×10^{4}	0.75006×10^{3}	1.450442×10
工程大气压 /(kgf/cm²)	0.980665×10^{5}	0.980665	1	0.96784	1×10^{4}	0.73556×10^{3}	1.4224×10

续表

单位	帕/Pa	巴/bar	工程大气压/(kgf/cm²)	标准大气压/atm	毫米水柱/mmH₂O	毫米汞柱/mmHg	磅力/平方英寸/(lbf/in²)
标准大气压/atm	1.01325×10^5	1.01325	1.03323	1	1.03323×10^4	0.76×10^3	1.4696×10
毫米水柱/mmH₂O	0.980665×10	0.980665×10^{-4}	1×10^{-4}	0.96784×10^{-4}	1	0.73556×10^{-1}	1.4224×10^{-3}
毫米汞柱/mmHg	1.333224×10^2	1.333224×10^{-3}	1.35951×10^{-3}	1.3158×10^{-3}	1.35951×10	1	1.9338×10^{-2}
磅力/平方英寸/(lbf/in²)	0.68949×10^4	0.68949×10^{-1}	0.70307×10^{-1}	0.6805×10^{-1}	0.70307×10^3	0.51715×10^2	1

2. 压力的几种表示方法

在工程上，压力有几种不同的表示方法，并且有相应的测量仪表。

(1) 绝对压力：被测介质作用在物体表面积上的全部压力，用符号 $P_{绝对压力}$ 表示。用来测量绝对压力的仪表，称为绝对压力表。

(2) 大气压力：由地球表面空气柱重量形成的压力。它随地理纬度、海拔高度及气象条件而变化，其值用气压计测定，用符号 $P_{大气压力}$ 表示。

(3) 表压力：指一般处于大气压力下的压力检测仪表所测得压力，表压力等于高于大气压的绝对压力与大气压力之差，即

$$P_{表压力} = P_{绝对压力} - P_{大气压力} \tag{4-1}$$

通常的压力测量仪表测得的压力值均是表压力。

(4) 真空度(负压)：当绝对压力小于大气压力时，表压力为负值(负压力)，其绝对值称为真空度，用符号 $P_{真空度}$ 表示，即

$$P_{真空度} = P_{大气压力} - P_{绝对压力} \tag{4-2}$$

用来测量真空度的仪表称为真空表。

(5) 差压(压差)：设备中两处的压力之差简称差压或压差。生产过程中有时直接以差压作为工艺参数，差压测量还可作为流量和物位测量的间接手段。

这几种表示方法的关系如图 4-1 所示。

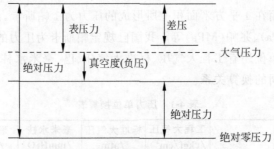

图 4-1 各种压力表示方法间的关系

4.1.2 压力检测方法及分类

根据不同工作原理，压力检测方法可分为如下几种。其中，最基本、最简单的几种方法在本节简述，其他转换为电信号远传的检测方法分述在后面各节中。

1. 重力平衡方法

1) 液柱式压力计

基于液体静力学原理,被测压力与一定高度的工作液体产生的重力相平衡,将被测压力转换为液柱高度来测量,其典型仪表是 U 形管压力计,其几种结构形式如图 4-2 所示。

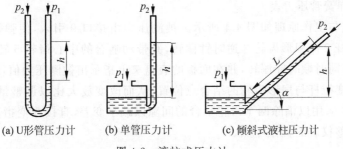

(a) U形管压力计　(b) 单管压力计　(c) 倾斜式液柱压力计

图 4-2　液柱式压力计

一般是采用充有水或水银等液体的玻璃 U 形管、单管或斜管进行压力测量的,在 U 形管两端接入不同压力时,U 形管两边管内液柱差 h 与被测压力的关系为

$$\Delta p = p_1 - p_2 = \rho g h$$

式中:ρ 为 U 形管内工作液的密度;g 为重力加速度。

显然,U 形管内的液柱差 h 与被测差压或压力成正比。

液柱式压力计的特点是结构简单、读数直观、价格低廉;但一般为就地测量,信号不能远传;可以测量压力、负压和压差;适合于低压测量,测量上限不超过 0.1～0.2MPa;精确度通常为 $\pm 0.02\%$～$\pm 0.15\%$。高精度的液柱式压力计可用作基准器。

2) 负荷式压力计

基于重力平衡原理,其主要形式为活塞式压力计。被测压力与活塞以及加于活塞上的砝码的重量相平衡,将被测压力转换为平衡重物的重量来测量。这类压力计测量范围宽、精确度高(可达 $\pm 0.01\%$)、性能稳定可靠,可以测量正压、负压和绝对压力,多用作压力校验仪表,单活塞压力计测量范围达 0.04～2500MPa,此外还有测量低压和微压的其他类型的负荷式压力计。此类测压仪表详见 4.7.3 节。

2. 机械力平衡方法

这种方法是将被测压力经变换元件转换成一个集中力,用外力与之平衡,通过测量平衡时的外力可以测知被测压力。力平衡式仪表可以达到较高精度,但是结构复杂。这种类型的压力、差压变送器在电动组合仪表和气动单元组合仪表系列中有较多应用。此类测压仪表详见第 5 章 5.3.1 节。

3. 弹性力平衡方法

这种方法利用弹性元件的弹性变形特性进行测量。被测压力使测压弹性元件产生变形,因弹性变形而产生的弹性力与被测压力相平衡,测量弹性元件的变形大小可知被测压力。此类压力计有多种类型,可以测量压力、负压、绝对压力和压差,其应用最为广泛。

弹性式压力计,由弹性元件、变换放大机构、指示机构和调整机构四部分组成,其结构组成如图 4-3 所示。

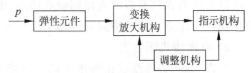

图 4-3　弹性式压力计的组成框图

其中,弹性元件是一种简易可靠的测压敏感元件,感受压力并产生形变,测压范围不同所用的弹性元件也不一样,如灵敏度依次增大的弹簧、膜片、波纹管等;变换放大机构是将弹性元件的形变进行变换和放大;指示机构用于给出压力示值;调整机构用于零点和量程的调整。根据功能不同,又有几种类型。

1) 直读式弹簧管压力表

其结构组成与工作原理如图 4-4 所示。被测压力由接口 9 引入,使弹簧管 1 自由端产生位移,通过拉杆 2 使扇形齿轮 3 逆时针偏转,并带动啮合的中心齿轮 5 转动,与中心齿轮同轴的指针 8 将同时顺时针偏转,并在面板的表盘 7 上指示出被测压力值,通过灵敏度调整螺钉 11 可以改变拉杆与扇形齿轮的结合点位置,从而改变放大比以调整量程(灵敏度),转动轴上装有游丝 6,用以消除两个齿轮啮合的间隙以减小变差,直接改变指针套在转动轴上的角度,可以调整仪表的机械零点。

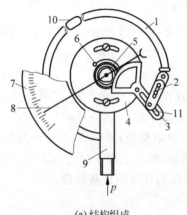

(a) 结构组成　　　　　　　　　　(b) 外观实物

图 4-4　直读式弹簧管压力表

1—弹簧管；2—拉杆；3—扇形齿轮；4—底座；5—中心齿轮；6—游丝；
7—表盘；8—指针；9—接口；10—横断面；11—灵敏度调整螺钉

此类测压仪表的特点是被测压力与弹性管自由端位移(也即压力表上刻度)呈线性关系,且结构简单、读数清晰、牢固可靠、价格低廉、测量范围宽,可用来测量几百帕到数千兆帕范围内的压力,不足之处是不具有电信号远传的功能,故广泛应用在现场测压过程中。

2) 电接点信号压力表

将直读式弹簧管压力表稍加改动,便可成为电接点信号压力表。如图 4-5 所示,压力表的指针为动触点 2,表盘上另有两根代表指示值上、下限的可调节指针,分别为静触点 4、1。当压力超过上限值时,动触点 2 和静触点 4 接触,连在外部的红色信号灯 5 的电路被接通,红灯发亮;若压力低到下限值时,2 与 1 接触,接通了绿色信号灯 3 的电路。代表上、下限值的 1、4 的位置可根据需要灵活调节。

这种压力表具有报警或控制触点功能,能在压力偏离给定范围时,及时发出信号,以提醒操作人员注意或通过中间继电器实现压力的自动控制。

3) 电远传式压力表

更进一步,将连续变化的压力信号转换成连续变化的电信号,并进行传输及显示的仪表,称为电远传式压力表。如图 4-6 所示,在直读式压力表的弹簧管自由端处设置一滑线电

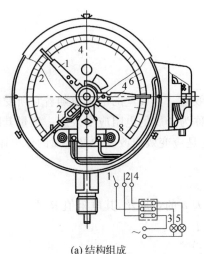

(a) 结构组成　　　　　　　　　　　(b) 外观表头

图 4-5　电接点信号压力表

1,4—静触点；2—动触点；3—绿灯；5—红灯

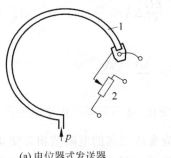
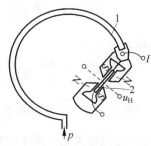

(a) 电位器式发送器　　　　　　　　(b) 霍尔片式发送器

1—弹簧管；2—电位器　　　　　　1—弹簧管；2—霍尔元件

图 4-6　电远传式压力表结构原理

阻式发送器或霍尔片式发送器，即可把被测压力值的变化转变为电阻值或电势值的变化，从而使被测值以电量传至远离测量现场的二次仪表上，以实现集中检测和远距离控制。同时，也能就地指示压力，以便于现场工作检查。

4. 物性测量方法

基于在压力的作用下，测压元件的某些物理特性发生变化的原理，简单分类如下。

（1）电测式压力计　利用测压元件的压阻、压电等特性或其他物理特性，将被测压力直接转换为各种电量来测量。多种电测式类型的压力传感器，可以适用于不同的测量场合。

（2）其他新型压力计　如集成式压力计、光纤压力计等。

详见以下各节。

4.2　应变式压力测量

用电阻应变片测量压力时，将应变片粘贴在测量压力的弹性元件表面上，当被测压力变化时，应变片的电阻值发生变化，通过测量电路测量压力的大小。电阻应变片具有体积小、

视频讲解

价格便宜等优点。

4.2.1 电阻应变片的工作原理

1. 应变效应

电阻应变片的工作原理是基于金属的应变效应。金属丝的电阻值随着它所受的机械形变（拉伸或压缩）的大小而发生相应变化的现象称为金属的电阻应变效应。测量其阻值的变化，就可以确定外界作用力的大小。需要说明的是应变效应改变的是金属的体电阻（即长度和截面积的几何尺寸）而不是电阻率。

2. 应变公式

设有一根长度为 L，横截面积为 A、电阻率为 ρ 的金属丝，其电阻值 R 为

$$R = \rho \frac{L}{A} \tag{4-3}$$

如果对金属丝长度方向（轴向）作用均匀应力 F，则 ρ、L、A 的变化（$\Delta\rho$、ΔL、ΔA）将引起金属丝电阻值 R 的微小变化 ΔR，且 ΔR 可通过对式（4-3）的全微分求得

$$\Delta R = \frac{\rho}{A}\Delta L - \frac{\rho L}{A^2}\Delta A + \frac{L}{A}\Delta\rho \tag{4-4}$$

电阻相对变化量为

$$\frac{\Delta R}{R} = \frac{\Delta L}{L} - \frac{\Delta A}{A} + \frac{\Delta\rho}{\rho} \tag{4-5}$$

其中，$\dfrac{\Delta L}{L}$、$\dfrac{\Delta A}{A}$ 是几何尺寸变化，$\dfrac{\Delta\rho}{\rho}$ 是电阻率变化，这三项都是由于应变产生的（应变用符号 ε 表示），大小与应变 ε 呈线性关系。而单位应变所引起的电阻值相对变化称为电阻丝的应变灵敏系数 K，K 与金属材料和电阻丝形状有关。显然，K 越大，单位应变所引起的电阻值相对变化越大，说明应变片越灵敏。大量实验证明，由应变引起的应变片电阻变化，主要是由几何尺寸变化决定的，在电阻丝拉伸极限内，电阻的相对变化与应变成正比，即 K 为常数。因此，式（4-5）可进一步导出应变公式

$$\frac{\Delta R}{R} = K\varepsilon \quad \text{或} \quad K = \frac{\Delta R}{R}/\varepsilon \tag{4-6}$$

4.2.2 电阻应变片的结构与种类

金属电阻应变片分为丝式应变片、箔式应变片和薄膜应变片 3 种。

金属电阻应变片的基本结构大体相同，使用最早的是丝式电阻应变片，如图 4-7 所示。将直径约为 0.025mm 的高电阻率的电阻应变丝弯曲成栅状电阻体 2，粘贴在绝缘基片 1 和覆盖层 3 之间，由引线 4 与外部电路相连。这样构成的应变片再通过黏结剂与感受被测物理量的弹性体黏结。

箔式电阻应变片是利用照相制版或光刻腐蚀技术，将电阻箔材（厚为 $1\sim10\mu m$）做在绝缘基底上，制成各种形状的应变片，如图 4-8 所示。它具有尺寸准确、线条均匀、适应不同

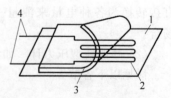

图 4-7　丝式电阻应变片的
基本结构

1—绝缘基片；2—栅状电阻体；
3—覆盖层；4—引线

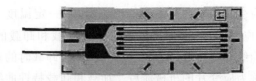

图 4-8 箔式电阻应变片

的测量要求、传递试件应变性能好、横向效应小、散热性能好、允许通过的电流较大、易于批量生产等诸多优点,因此得到了广泛应用,现已基本取代了金属丝电阻应变片。

薄膜电阻应变片是采用真空蒸镀、沉积或溅射的方法,将金属材料在绝缘基底上制成一定形状厚度在 0.1μm 以下的薄膜而形成敏感栅,最后再加上保护层。它的优点是灵敏系数高、允许电流大、工作范围广、易实现工业化生产,是一种很有前途的新型应变片。

电阻应变片必须被粘贴在试件或弹性元件上才能工作。黏结剂和黏结技术对测量结果有着直接的影响,因此,黏结剂的选择、粘贴技术、应变片的保护等必须认真做好。

4.2.3 应变片的特性

1. 初始电阻值

应变片在没有受到应力和产生变形前,在室温下测定的电阻值称为初始电阻值。应变片初始电阻值有一定的系列,如 60Ω、120Ω、250Ω、3500Ω、10000Ω,其中以 120Ω 最为常用。应变片测量电路应与电阻值的大小相配合。

2. 灵敏系数

当应变片安装在构件表面时,在其轴线方向的单向应力作用下,$\Delta R/R$ 与构件上主应力方向的应变 ε 之比,即为灵敏系数,可表示为

$$K = \frac{\Delta R/R}{\varepsilon} \tag{4-7}$$

K 值的准确度直接影响测量精度,一般要求 K 值尽量大而且稳定。实验表明电阻应变片的灵敏系数 K 在很大应变范围内是常数。

3. 横向效应

应变片的敏感栅除了有纵向丝栅外,还有圆弧形或直线形的横栅。横栅既对应变片轴线方向的应变敏感,又对垂直于轴线方向的横向应变敏感。如图 4-9 所示,当电阻应变片粘贴在一维拉力状态下的试件上时,应变片的纵向丝栅因发生纵向拉应变 ε_x,使其电阻值增加,而应变片的横栅因同时感受纵向拉应变 ε_x 和横向压应变 ε_y 使其电阻值减小,因此,应变片的横栅部分将纵向丝栅部分的电阻变化抵消了一部分,从而降低了整个电阻应变片的灵敏度。这就是应变片的横向效应。

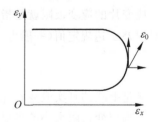

图 4-9 敏感栅的纵向应变 ε_x 和横向应变 ε_y

横向效应给测量带来了误差,其大小与敏感栅的构造及尺寸有关。敏感栅的纵栅越窄、越长,而横栅越宽、越短,则横向效应的影响越小。

4. 机械滞后

应变片粘贴在被测试件上以后，在一定温度下，作出应变片电阻相对变化 $\varepsilon_i(\Delta R/R)$（指示应变）与试件机械应变 ε_R 之间加载和卸载的特性曲线，如图 4-10 所示。实验发现这两条曲线并不重合，在同一机械应变下，卸载时的 $\varepsilon_i(\Delta R/R)$ 高于加载时的 $\varepsilon_i(\Delta R/R)$，这种现象称为应变片的机械滞后。加载和卸载特性曲线之间的最大差值 $\Delta\varepsilon$ 称为滞后值。

机械滞后产生的原因主要是应变片在承受机械应变后，其内部会产生残余变形，使敏感栅电阻发生少量不可逆变化；另外，在制造或粘贴应变片时，如果敏感栅受到不适当的变形或者黏结剂固化不充分，也是造成机械滞后产生的原因。机械滞后值还与应变片所承受的应变量有关，加载时的机械应变愈大，卸载时的滞后也愈大。所以，通常在实验之前应将试件预先加、卸载若干次，以减少因机械滞后所产生的实验误差。

5. 应变极限

应变片电阻的相对变化与所承受的轴向应变成正比这一关系只在一定的范围内成立，当试件表面的应力超过某一数值时，这个关系将不再成立。

在图 4-11 中，纵坐标代表应变片的指示应变，横坐标代表试件表面的真实应变。所谓真实应变是指由于工作温度变化或承受机械载荷，在被测试件内产生应力（包括机械应力和热应力）时所引起的表面应变。当应变量不大时，应变片的指示应变值随试件表面的真实应变的增加而线性增加。如图 4-11 中实线所示，当应变量不断增加时，实线由直线逐渐变弯，产生了非线性误差。

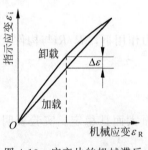

图 4-10 应变片的机械滞后

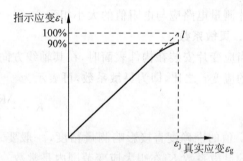

图 4-11 应变极限

应变片的应变极限就是指在一定温度下，应变片的指示应变 ε_i 与试件的真实应变 ε_g 的相对误差 δ 达规定值（一般为 10%）时的真实应变值 ε_j。此时，相对误差 δ 可表示为

$$\delta = \frac{|\varepsilon_g - \varepsilon_i|}{\varepsilon_g} \times 100\% = 10\%$$

满足上式的真实应变 ε_g 就是应变片的应变极限，即图 4-11 中的 ε_j。

影响应变极限大小的主要因素是黏结剂和基片材料传递变形的性能及应变片的安装质量。制造与安装应变片时，应选用抗剪强度较高的黏结剂和基片材料。基片和黏结剂的厚度不宜过大，并应经过适当的固化处理，才能获得较高的应变极限。

6. 温度误差及其补偿

理想情况下，电阻应变片的阻值应仅随应变变化，而不受其他因素的影响。但实际上应变片的阻值受环境温度（包括被测试件的温度）的影响很大，从而会产生很大的测量误差。这个误差称为应变片的温度误差，又称热输出。

为了补偿温度误差,最常用的补偿电路是直流电桥,如图 4-12 所示。工作应变片 R_1 安装在被测试件表面上,另选一个与 R_1 特性相同的补偿片 R_2 安装在与试件材料相同的补偿块上,补偿块与试件感受相同的温度,但不承受应变。把 R_1 和 R_2 接入电桥两相邻桥臂上,使温度变化 Δt 时,造成的电阻变化 ΔR_{1t}、ΔR_{2t} 相等,起到温度补偿作用。

另外,也可以采用热敏电阻进行补偿。如图 4-13 所示,热敏电阻 R_t 与应变片 R_1 处在相同的温度下,当应变片的灵敏度随温度升高而下降时,热敏电阻 R_t 的阻值下降,使电桥的输入电压随温度升高而增加,从而提高电桥输出电压。合理选择分流电阻 R 的值,就可以使应变片灵敏度下降对电桥输出的影响得到很好的补偿。

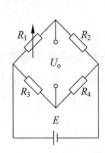
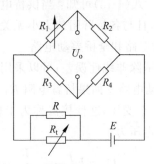

图 4-12　桥路补偿法　　　　　　图 4-13　热敏电桥补偿法

4.2.4　电阻应变片的测量电路

要把应变片的微小应变引起的微小电阻值的变化测量出来,还要把电阻的相对变化转换为电压或电流(一般为电压),以便用现成的仪器、仪表进行检测,就需要设计专门的测量电路,常用的测量电路是直流电桥和交流电桥。

1. 直流电桥

直流电桥线路由连接成环形的 4 个电阻所组成,如图 4-14 所示。

1)平衡条件

如图 4-14 所示的电路中,当 $R_L \to \infty$ 时,电桥输出电压为

$$U_o = E\left(\frac{R_1}{R_1 + R_2} - \frac{R_3}{R_3 + R_4}\right) \qquad (4\text{-}8)$$

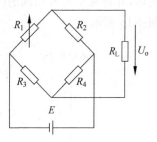

当电桥平衡时,$U_o = 0$,所以

$$R_1 R_4 = R_2 R_3 \quad 或 \quad \frac{R_1}{R_2} = \frac{R_3}{R_4} \qquad (4\text{-}9)$$

2)单臂电桥

图 4-14　直流测量电桥

若 R_1 由应变片替代,当电桥开路时,不平衡电桥输出的电压为

$$U_o = E\left(\frac{R_1 + \Delta R_1}{R_1 + \Delta R_1 + R_2} - \frac{R_3}{R_3 + R_4}\right) \qquad (4\text{-}10)$$

由于 $\Delta R_1 \ll R_1$,$\dfrac{\Delta R_1}{R_1}$ 可忽略,供桥电压 E 确定后,当 $R_1 = R_2$,$R_3 = R_4$ 时,单臂电桥的输出电压为

$$U_{\circ} = \frac{1}{4}E\frac{\Delta R_1}{R_1}\frac{1}{1+\frac{1}{2}\frac{\Delta R_1}{R_1}} \tag{4-11}$$

$$U_{\circ} \approx \frac{1}{4}E\frac{\Delta R_1}{R_1} \tag{4-12}$$

电桥灵敏度

$$S_{\mathrm{v}} = \frac{1}{4}E \tag{4-13}$$

由式(4-11)~式(4-13)可知：当供桥电压和电阻相对变化一定时,电桥的输出电压及其灵敏度也是定值,且与各桥臂阻值大小无关。

3) 半桥差动电路和全桥差动电路

为了减小或消除非线性误差,可以采用半桥差动电路和全桥差动电路实现。

(1) 半桥差动电路　如果桥臂电阻 R_1 和邻边桥臂电阻 R_2 都由应变片替代,且使一个应变片受拉,另一个受压,这种接法称为半桥差动电路,如图 4-15 所示。当电桥开路时,不平衡电桥输出的电压为

$$U_{\circ} = E\left(\frac{R_1+\Delta R_1}{R_1+\Delta R_1+R_2-\Delta R_2} - \frac{R_3}{R_3+R_4}\right) \tag{4-14}$$

若 $\Delta R_1=\Delta R_2$,$R_1=R_2$,$R_3=R_4$,则

$$U_{\circ} = \frac{1}{2}E\frac{\Delta R_1}{R_1} \tag{4-15}$$

由式(4-15)可知：$U_{\circ}$ 与 $\Delta R_1/R_1$ 呈线性关系,即差动电桥无非线性误差；且电压灵敏度 $S_{\mathrm{v}}=E/2$,比使用单只应变片提高了一倍。另外,因为两只应变片是按相反方向接入电路的,这种接法还可以起到温度补偿的作用。

(2) 全桥差动电路　如果四个桥臂电阻都由应变片替代,且使两个应变片受拉,另两个受压,并将应变符号相同的应变片接到相对的桥臂上,这种接法称为全桥差动工作电路,如图 4-16 所示。

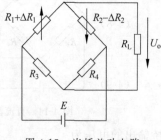

图 4-15　半桥差动电路

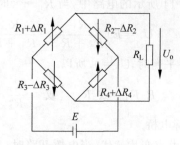

图 4-16　全桥差动电路

若满足 $\Delta R_1=\Delta R_2=\Delta R_3=\Delta R_4$,当电桥开路时,不平衡电桥输出的电压为

$$U_{\circ} = E\frac{\Delta R_1}{R_1} \tag{4-16}$$

可见,全桥差动电路也没有非线性误差。电压灵敏度 $S_{\mathrm{v}}=E$,是使用单只应变片的 4 倍,比半桥差动提高了一倍。同样,应变片由于温度变化而引起的阻值变化,也可以被补偿。

直流电桥优点很多,高稳定直流电源容易获得,输出是直流量,精度较高;其连接导线要求低,不会引起分布参数;在实现预调平衡时电路简单,仅需对纯电阻加以调整即可。

但直流电桥也存在一些缺点,如容易引入工频干扰,而且因为应变电桥输出电压都很小,后续电路要采用直流放大器,容易产生零点漂移,线路也较复杂,所以进行动态测量时难以采用直流电桥。

2. 交流电桥

由于直流放大器容易产生零漂,因此目前常采用交流放大器。相应的,用于测量应变变化而引起的电阻变化的电桥电路就采用交流电桥。交流电桥的电路结构形式与直流电桥相同,但在电路具体实现上与直流电桥有两个不同点:一是其激励电源是高频交流电压源或交流源(电源频率一般是被测信号频率的 10 倍以上);二是交流电桥的桥臂可以是纯电阻,但也可以是包含有电容、电感的交流阻抗。

由于引线产生的分布电容的容抗(引线电感忽略)、供电电源的频率及被测应变片的性能差异,将使交流电桥的初始平衡条件和输出特性都受到严重影响,因此必须对电桥预调平衡。

当电桥用交流电供电时,导线间存在分布电容,这相当于在应变片上并联了一个电容,如图 4-17(a)所示。所以在调节平衡时,除了考虑阻抗模的平衡条件,还要考虑阻抗角的平衡条件。图 4-17(b)为纯电阻交流电桥的调平电路。电容 C 为差动可变电容器。反复调节 C、R 才能达到最终的平衡。

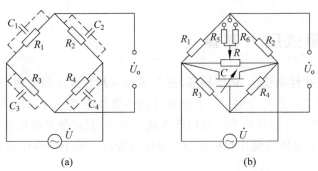

(a)   (b)

图 4-17 交流电桥平衡调节

4.2.5 应变式压力传感器的应用

应变式压力传感器,是把应变片(传感元件)粘贴在某些弹性体(敏感元件)上,并通过桥路转换电路输出相应的电量信号。在压力检测系统中再配置相应的显示记录仪表显示出被测压力。

1. 料斗秤

如图 4-18 所示,料斗秤中的货物向下拉传感器(如图 4-19 所示的 S 型拉力传感器),应变片产生形变,通过测量电路转换电信号,测出材料的重量。

2. 电子秤

如图 4-20 所示,在悬梁臂上、下两面分别固定两个应变片,受到重力后,上面两个应变片变长,下面两个应变片变短,四个应变片构成全桥差动电路,可以测量被测物的重量。

图 4-18　料斗秤　　　　图 4-19　S 型拉力传感器　　　　图 4-20　电子秤示意图

3. 应变式数显扭矩扳手

如图 4-21 所示，应变式扭矩传感器可用于汽车、摩托车、飞机、内燃机、机械制造和家用电器等领域，准确控制紧固螺纹的装配扭矩。

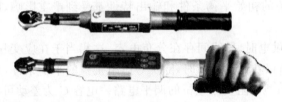

图 4-21　数显扭矩扳手

视频讲解

4.3　压阻式压力测量

金属电阻应变片性能稳定、精度较高，至今还在不断地改进和发展，并在一些高精度应变式传感器中得到了广泛的应用。这类应变片的主要缺点是应变灵敏系数较小。而 20 世纪 50 年代中期出现的半导体应变片可以改善这一不足，其灵敏系数比金属电阻应变片高约50 倍，主要有体型半导体应变片和扩散型半导体应变片。用半导体应变片制作的传感器称为压阻式传感器。

4.3.1　压阻式传感器的工作原理

1. 压阻效应

压阻式传感器的工作原理是基于半导体材料的压阻效应。压阻效应是指单晶半导体材料在沿某一轴向受外力作用时，其电阻率发生很大变化的现象。不同类型的半导体，施加载荷的方向不同，压阻效应也不一样。目前使用最多的是单晶硅半导体。

2. 应变公式

用与 4.2 节分析金属丝电阻应变效应相同的方法可以得到

$$\frac{\Delta R}{R} = \frac{\Delta L}{L} - \frac{\Delta A}{A} + \frac{\Delta \rho}{\rho}$$

同理，也能推导出类似公式：

$$\frac{\Delta R}{R} = K\varepsilon \quad 或 \quad K = \frac{\Delta R}{R}/\varepsilon$$

其中，K 为半导体材料的应变灵敏系数或称压阻系数，ε 为应变。半导体材料的电阻值变化主要是由电阻率变化引起的，而电阻率 ρ 的变化是由应变引起的。几何尺寸变化程度影响很小。半导体压力传感器与电阻应变片的应变公式也是相同的。

4.3.2 压阻式传感器类型

1. 体型半导体电阻应变片

体型半导体电阻应变片是从单晶硅或锗上切下薄片制成的应变片，结构形式如图 4-22所示。

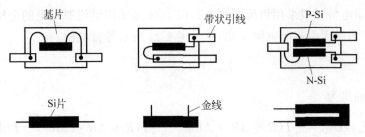

图 4-22　体型半导体应变片的结构形式

2. 扩散型压阻式压力传感器

为了克服半导体应变片粘贴造成的缺点，采用 N 型单晶硅为传感器的弹性元件，在它上面直接蒸镀半导体电阻应变薄膜，制成扩散型压阻式传感器。扩散型压阻式传感器的原理与半导体应变片传感器相同，不同之处是前者直接在硅弹性元件上扩散出敏感栅，后者是用黏结剂粘贴在弹性元件上。

图 4-23(a)是扩散型压阻式压力传感器的简单结构图，其核心部分是一块圆形硅膜片，在膜片上，利用扩散工艺设置有 4 个阻值相等的电阻，用导线将其构成平衡电桥。膜片的四周用圆环（硅环）固定。膜片的两边有两个压力腔，一个是与被测系统相连接的高压腔，另一个是低压腔，一般与大气相通。图 4-23(b)为其实物。

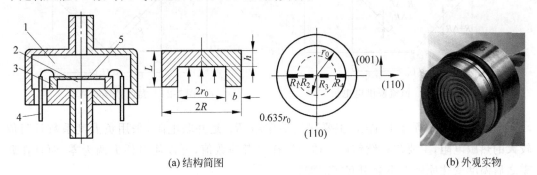

(a) 结构简图　　　　　　　　　　　　　　　　　(b) 外观实物

图 4-23　压阻式压力传感器

1—低压腔；2—高压腔；3—硅环；4—引线；5—硅膜片

扩散型压阻式压力传感器的主要优点是体积小，结构比较简单，动态响应好，灵敏度高，能测出十几帕的微压，长期稳定性好，滞后和蠕变小，频率响应高，便于生产，成本低。因此，它是一种目前比较理想的、发展较为迅速的压力传感器。

4.3.3 测量电路及温度补偿

压阻式传感器的输出方式是将集成在硅片上的 4 个等值电阻连成平衡电桥,当被测量作用于硅片上时,电阻值发生变化,电桥失去平衡,产生不平衡电压输出。但是,由于制造、温度影响等原因,电桥存在失调、零位温漂、灵敏度温度漂移和非线性等问题,影响传感器的准确性。因此,必须采取有效措施,减少与补偿这些因素影响带来的误差,提高传感器测量的准确性。

1. 测量电桥

如前所述,电桥的供电电源可采用恒压源,也可以采用恒流源。为了减少温度影响,压阻式传感器测量电桥一般采用恒流源供电。图 4-24 是采用恒流源供电的全桥差动电路。

假设 ΔR_T 为温度引起的电阻变化,对于图 4-24 所示等臂电桥,有

$$I_{ABC} = I_{ADC} = \frac{1}{2}I$$

则电桥的输出为

$$U_o = U_{BD} = \frac{1}{2}I(R + \Delta R + \Delta R_T) - \frac{1}{2}I(R - \Delta R + \Delta R_T) = I\,\Delta R \tag{4-17}$$

由式(4-17)可见,电桥的输出电压与电阻变化成正比,与恒流源电流成正比,但与温度无关,因此测量不受温度的影响。

2. 零点温度补偿

零点温度漂移是由于 4 个扩散电阻的阻值及其温度系数不一致造成的。一般用串、并联电阻的方法进行补偿,如图 4-25 所示。

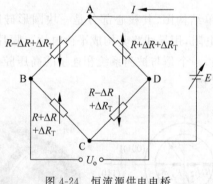

图 4-24 恒流源供电电桥

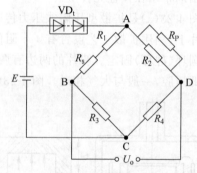

图 4-25 温度漂移的补偿

图 4-25 中,R_s 是串联电阻,主要起调零作用,R_P 是并联电阻,采用负温度系数且阻值较大的热敏电阻,主要起补偿作用。适当选择二者的数值,可以使电桥失调为零,而且在调零之后温度变化原则上不会引起零点漂移。

3. 灵敏度温度补偿

灵敏度温度漂移是由于压阻系数随温度变化引起的。温度升高时,压阻系数变小;温度降低时,压阻系数变大,说明传感器的温度灵敏系数为负值。

补偿灵敏度温漂可以利用在电源回路中串联二极管的方法。温度升高时,灵敏度降低,这时如果提高电源的电压,使电桥的输出适当增大,便可达到补偿目的。反之,温度降低时,灵敏度升高,如果使电源电压降低,电桥的输出适当减小,同样可达到补偿的目的。由于二

极管 PN 结的温度特性为负值,温度每升高 1℃时,正向压降减少 1.9～2.4mV。将适当数量的二极管串联在电桥的电源回路中,如图 4-25 所示。电源采用恒压源,当温度升高时,二极管的正向压降减小,于是电桥的桥压增加,使其输出增大。只要计算出所需二极管的个数,将其串入电桥电源回路,便可以达到补偿的目的。

用这种方法进行补偿时,必须考虑二极管正向压降的阈值,硅管为 0.7V,锗管为 0.3V,因此,要求恒压源提供的电压应有一定的提高。

4.3.4 压阻式压力传感器的应用

压阻式压力传感器的优点是制造工艺简单、线性度好,缺点是易产生温漂,不适合超低压差的精确测量。主要用于测量水压、油压、气体压力等。

1. 恒压供水系统的水压检测

如图 4-26 所示,恒压供水系统采用压阻式压力传感器检测压力,控制水压保持恒定。压阻式压力传感器内部结构如图 4-27 所示,核心部件扩散硅采用高性能的硅压阻式压力充油芯体,内部的专用集成电路将传感器毫伏信号转换成标准电压、电流或频率信号。

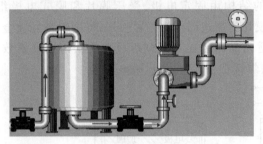

图 4-26 恒压供水系统

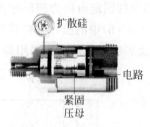

图 4-27 压阻式压力传感器内部结构

2. 汽车电子燃油喷射系统的进气压力检测

如图 4-28 所示,D 型 EFI 系统利用进气歧管绝对压力和发动机转速来计算吸入气缸的空气量。如图 4-29 所示,进气压力传感器由半导体硅片及集成处理电路组成,检测进气歧管的绝对压力,根据发动机转速和负荷的大小检测出歧管内绝对压力的变化,然后转换成电压信号送至电子控制器(ECU),ECU 依据此电压信号的大小,控制基本喷油量的大小。

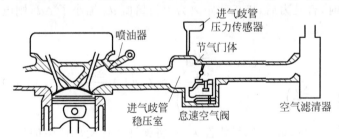

图 4-28 D(速度-密度)型 EFI 系统

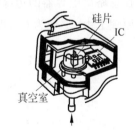

图 4-29 进气压力传感器结构图

4.4 电容式压力测量

利用敏感电容器将被测力转换成与之有一定关系的电量输出的压力传感器称为电容式压力传感器,它比压阻式传感器具有更高的温度稳定性,一般由敏感电容器和检测电路两部

视频讲解

分组成。

4.4.1 电容器的结构及电容量

由两块平行板组成一个电容器，若忽略其边缘效应，其电容量为

$$C = \frac{\varepsilon S}{d} = \frac{\varepsilon_0 \varepsilon_r S}{d} \tag{4-18}$$

式中：ε 为电容极板间介质的介电常数，$\varepsilon = \varepsilon_0 \varepsilon_r$，$\varepsilon_0$ 为真空介电常数，$\varepsilon_0 = 8.85 \times 10^{-12} F/m$，$\varepsilon_r$ 为电容极板间介质的相对介电常数；S 为两平行板所覆盖的面积；d 为两平行板之间的距离。

由式（4-18）可见，当 S，d 和 ε 中任一参数发生变化时，电容量 C 也随之发生变化，通过测量电路就可以转换为电量输出。

4.4.2 单电容压力传感器

如图 4-30 所示，单电容压力传感器的结构由固定电极、受压膜片和膜式电极组成。图 4-30(a)中的固定电极为凹形球面状；膜片为周边固定的张紧膜片，可用塑料并镀金属层制成。图 4-30(b)中的膜片为硅膜片（由适当晶向的硅片光刻形成），将其与温度系数相近的喷镀有金属电极的玻璃板采用静电方法焊接在一起，形成压敏电容器。

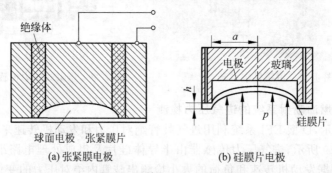

(a) 张紧膜电极   (b) 硅膜片电极

图 4-30　单电容压力传感器

在忽略单电容器的边缘效应时，若受力后，极板间距离为由初始值 d_0 缩小了 Δd，则电容量原理上由 C_0 变为 C_x，即

$$C_x = \frac{\varepsilon S}{d_0 - \Delta d} = \frac{\varepsilon S}{d_0 \left(1 - \frac{\Delta d}{d_0}\right)} = \frac{\varepsilon S \left(1 + \frac{\Delta d}{d_0}\right)}{d_0 \left(1 - \frac{(\Delta d)^2}{d_0^2}\right)} \approx C_0 \left(1 + \frac{\Delta d}{d_0}\right) \tag{4-19}$$

由式（4-19）得出，当 $|\Delta d| \ll d_0$ 时，C_x 与 Δd 近似呈线性关系，将弹性元件受压产生的位移转换为电容量的变化。

4.4.3 差动式电容压力传感器

如图 4-31 所示为典型差动式电容压力传感器结构，主要由一个中间可动膜片电极和两个在凹形玻璃上电镀的固定电极组成。当被测压力或压力差作用于中间膜片并产生位移时，两个电容器的电容量一个增大一个减小，此差动变化可以消除外界因素所造成的测量误

差。该电容值的变化经测量电路转换成与压力或压力差相对应的电流或电压的变化。若中间可动电极与左右固定电极的距离均为 d_0,活动极板移位 Δd 时,电容器 C_1 的间隙 d_1 变为 $d_0 - \Delta d$,C_2 的间隙 d_2 变为 $d_0 + \Delta d$,则

$$C_1 = \frac{\varepsilon S}{d_0 - \Delta d} = C_0 \frac{1}{1 - \dfrac{\Delta d}{d_0}} \tag{4-20}$$

$$C_2 = \frac{\varepsilon S}{d_0 + \Delta d} = C_0 \frac{1}{1 + \dfrac{\Delta d}{d_0}} \tag{4-21}$$

若位移量 Δd 很小,且 $|\Delta d| \ll d_0$ 时,上式可按级数展开后求得电容值的相对变化量为

$$\frac{\Delta C}{C_0} \approx 2 \frac{\Delta d}{d_0} \left[1 + \left(\frac{\Delta d}{d_0} \right)^2 + \left(\frac{\Delta d}{d_0} \right)^4 + \cdots \right] \tag{4-22}$$

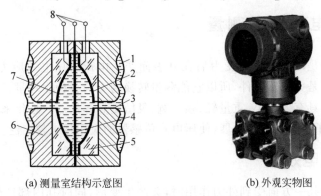

(a) 测量室结构示意图　　　　(b) 外观实物图

图 4-31　差动式电容压力传感器

1—隔离膜片;2,7—固定电极;3—硅油;4—测量膜片;5—玻璃层;6—底座;8—引线

若略去式(4-22)的高次项,则 $\dfrac{\Delta C}{C_0}$ 与 $\dfrac{\Delta d}{d_0}$ 近似为线性关系。差动式电容压力传感器的非线性误差比单电容压力传感器的非线性误差大大降低,但还是比压阻式压力传感器的非线性误差大一些。

4.4.4　电容式传感器的测量电路

单电容和差动式电容压力传感器的测量电路可以参考 8.2.2 节。

4.4.5　电容式压力传感器的应用

一般电容式压力传感器受温度影响小,能耗低,相对灵敏度高于压阻式传感器,通常能获得 $30\% \sim 50\%$ 的电容变化量,而压阻器件的电阻变化量为 $2\% \sim 5\%$。主要用于测量血压、青光眼眼内压力等,也可测量液体、空气等压力。

1. 电子血压计

如图 4-32 所示,电子血压计使用的主流传感器是静电式电容压力传感器,其优点是线性度好,易于进行温度补偿。但目前全球只有少数几家公司能制造这种传感器。

2. 电容式差压传感器

电容式差压传感器是目前广泛使用的一类差压测量仪表。如图 4-33 所示,电容式差压

传感器的高压侧和低压侧通过管道与密闭的储液罐相连，当液体的密度恒定时，差压传感器的输出与液位高度成比例关系，其测量原理详见 6.2 节静压式液位计。

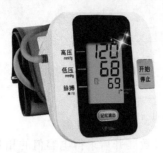

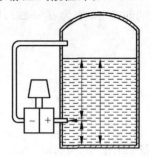

图 4-32　血压计　　　　　　　图 4-33　差压液位计

视频讲解

4.5　压电式压力测量

压电式传感器是以某些晶体受力后在其表面产生电荷的压电效应为转换原理的传感器。压电传感元件是力敏感元件，所以它能测量转换为力的各种物理量。

压电式传感器具有体积小、重量轻、频带宽、灵敏度高等优点。近年来，压电测试技术发展迅速，特别是电子技术的迅速发展，使压电式传感器的应用越来越广泛。

4.5.1　压电效应

当某些物质沿某一方向受到外力作用时，会产生变形，同时其内部产生极化现象，此时在这种材料的两个表面产生符号相反的电荷，如图 4-34 所示。当外力去掉后，它又重新恢复到不带电的状态，这种现象被称为压电效应。当作用力方向改变时，电荷极性也随之改变。这种机械能转换为电能的现象称为"正压电效应"或"顺压电效应"。

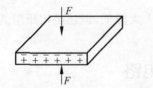

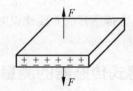

图 4-34　正（顺）压电效应示意图

反之，当在某些物质的极化方向上施加电场时，这些物质在某一方向上将产生机械变形或机械压力；当外加电场撤去时，这些变形或应力也随之消失。这种电能转换为机械能的现象称为"逆压电效应"或"电致伸缩效应"。

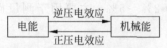

图 4-35　压电效应的可逆性

压电效应的这种可逆性如图 4-35 所示。利用这一特性可以实现机械能和电能的相互转换。

具有压电效应的物质称为压电材料。在自然界中大多数晶体都具有压电效应，但大多数晶体的压电效应都很微弱。随着对压电材料的深入研究，人们发现石英晶体和人造压电陶瓷、压电半导体是性能较好的压电材料。

4.5.2　压电式传感器的测量电路

1. 压电式传感器的等效电路

当压电式传感器中的压电晶体承受被测机械应力的作用时,在它的两个极面上出现极性相反但电量相等的电荷。因此,可把压电传感器看成一个电荷源与一个电容并联的电荷发生器,如图 4-36(a)所示。

当两极板聚集异性电荷时,板间就呈现出一定的电压,其大小为

$$U_{\mathrm{a}} = \frac{q}{C_{\mathrm{a}}} \qquad (4\text{-}23)$$

式中：q 为极板上聚集的电荷电量；C_{a} 为两极板间等效电容。

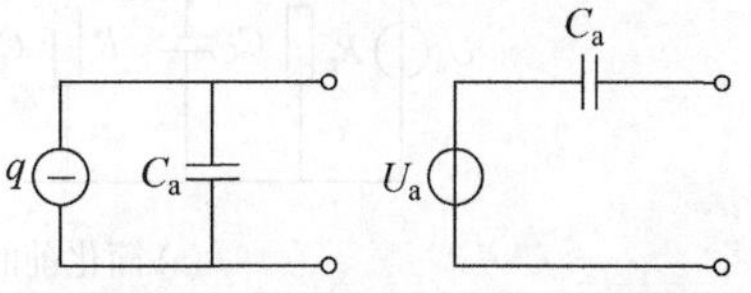

压电式传感器还可以等效为电压源 U_{a} 和一个电容 C_{a} 的串联电路,如图 4-36(b)所示。由等效电路可知,只有在外电路负载为无穷大,且内部无漏电时,电压源才能保持长期不变。如果负载不是无穷大,则电路就会按指数规律放电,只有外力以较高频率不断地作用,传感器的电荷才能得以补充。这对于静态标定以及低频准静态测量极为不利,所以压电式传感器不适宜静态测量。

实际使用时,压电式传感器通过导线与测量仪器相连接,连接导线的等效电容 C_{C}、前置放大器的输入电阻 R_{i}、输入电容 C_{i} 对电路的影响就必须一起考虑进去。当考虑了压电元件的绝缘电阻 R_{a} 以后,压电式传感器完整的等效电路可表示成如图 4-37(a)所示的电压源等效电路和如图 4-37(b)所示的电荷源等效电路,这两种等效电路是完全等效的。

(上文中)

(a) 电荷源等效电路　　(b) 电压源等效电路

图 4-36　压电式传感器的等效电路

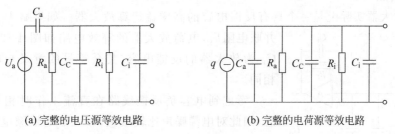

(a) 完整的电压源等效电路　　　　　　　　(b) 完整的电荷源等效电路

图 4-37　压电式传感器的完整等效电路

2. 压电式传感器的测量电路

压电式传感器的内阻抗很高,而输出的信号微弱,因此一般不能直接显示和记录,须将电信号经高输入阻抗的前置放大器放大后再进行传输、处理和测量。根据压电式传感器的两种等效电路,其前置放大器也采用两种形式:一种是电压放大器,一般称作阻抗变换器,其输出电压与输入电压(传感器的输出电压)成正比;另一种是电荷放大器,其输出电压与输入电荷成正比。这两种放大器的主要区别是:使用电压放大器时,测量系统对电缆电容的变化很敏感,连接电缆长度的变化明显影响测量系统的输出;而使用电荷放大器时,电缆长度变化的影响几乎可忽略不计。但与电压放大器相比,电荷放大器价格要高得多,电路也较复杂,调整起来也较困难。

1）电压放大器

压电式传感器接电压放大器的等效电路如图 4-38（a）所示，图 4-38（b）是简化后的等效电路，其中，U_i 为放大器输入电压。

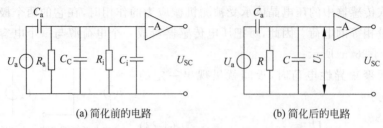

(a) 简化前的电路　　　　　　　(b) 简化后的电路

图 4-38　压电式传感器接放大器的等效电路

如果在压电元件上施加正弦力 $F = F_m \sin\omega t$，其压电系数为 d，则产生的电荷为 $q = dF_m \sin\omega t$，其电压值为

$$U_a = \frac{q}{C_a} = \frac{dF_m \sin\omega t}{C_a} \tag{4-24}$$

令 $\tau = R(C_a + C_c + C_i)$，称为测量回路的时间常数，并令 $\omega_0 = 1/\tau$，则输入电压幅值为

$$U_{im} = \frac{dF_m \omega R}{\sqrt{1 + (\omega/\omega_0)^2}} \approx \frac{dF_m}{C_a + C_c + C_i} \tag{4-25}$$

可见，如果 $\omega/\omega_0 \gg 1$，即作用力变化频率与测量回路时间常数的乘积远大于 1 时，前置放大器的输入电压 U_{im} 与频率无关。一般认为 $\omega/\omega_0 \geqslant 3$ 时，可近似看作输入电压与作用力频率无关。这说明，在测量回路时间常数一定的条件下，压电式传感器具有相当好的高频响应特性。

2）电荷放大器

电荷放大器实际上是一个具有反馈电容的高增益运算放大器。如果略去 R_a 和 R_i 的

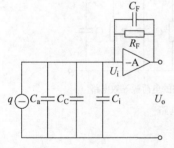

图 4-39　电荷放大器等效电路

并联电阻后，电荷放大器的等效电路如图 4-39 所示，图中 C_F 为放大器的反馈电容，其余符号的意义与电压放大器相同。

考虑到电容负反馈线路在直流工作时相当于开路状态，因此对电缆噪声比较敏感，放大器的零漂也比较大。为了减小零漂，提高放大器工作稳定性，一般在反馈电容的两端并联一个大电阻 R_F（$10^{10} \sim 10^{14}\ \Omega$）来提供直流反馈，用以稳定放大器的直流工作点。省略推导过程，电荷放大器的输出电压为

$$U_o = \frac{-Aq}{C_i + C_c + C_a + (1+A)C_F} \tag{4-26}$$

当 $A \gg 1$，而 $(1+A)C_F \gg (C_i + C_c + C_a)$ 时，式（4-26）可简化为

$$U_o \approx -\frac{q}{C_F} \tag{4-27}$$

由式（4-27）可以看出，当 A 足够大时，输出电压与 A 无关，电荷放大器的输出电压仅与传感器产生的电荷量 q 及放大器的反馈电容 C_F 有关，改变 C_F 的大小便可得到所需的电压

输出(C_F 一般取值范围为 $100\sim10^4\,\mathrm{pF}$)。而传感器本身的电容 C_a 和电缆电容 C_C 将不影响电荷放大器的输出。

4.5.3 压电式压力传感器的应用

压电式压力传感器是一种能量转换型(发电型)的传感器,其优点是体积小、结构坚固、输出信号大、频率响应较高,工作频率范围较宽,广泛用于冲击、振动及动态力的测量。实际使用中必须采取严格的绝缘措施,并采用低电容、低噪声的电缆。

1. 金属加工切削力的测量

如图 4-40 所示是压电式单向测力传感器的结构图,图 4-41 是利用压电(陶瓷)传感器测量刀具切削力的示意图。由于压电陶瓷元件自振频率高,特别适合测量变化剧烈的载荷。图 4-41 中压电传感器位于车刀前部的下方,当切削加工时,切屑力通过车刀传给压电传感器,压电传感器将切削力转换为电信号输出。

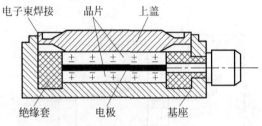

图 4-40 单向压电传感器的结构

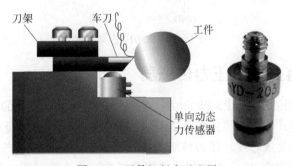

图 4-41 刀具切削力示意图

2. 火炮膛内压力的测量

如图 4-42 所示,发射药在膛内燃烧形成压力完成炮弹的发射。膛内压力的大小,不仅决定着炮弹的飞行速度,而且与火炮、弹丸的设计有关。如图 4-43 所示,膛内压力在极短时间内产生变化。

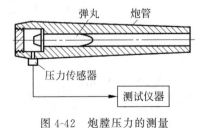

图 4-42 炮膛压力的测量

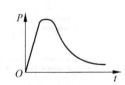

图 4-43 炮膛压力 P 与时间 t 的关系

4.6　集成式压力测量

集成式压力传感器，是将微机械加工技术和微电子集成工艺相结合的一类新型集成化传感器，有压阻式、微电容式、微谐振式等。

4.6.1　压阻式集成压力传感器

压阻式集成压力传感器 MPX2010 是将半导体硅压力传感器和薄膜电阻网络集成在同一个硅材料上，利用激光修正技术对电阻进行修整，以实现精确的量程校正、零位偏差校正和温度补偿。因此，具有精度高、补偿效果好、稳定性好、漂移小等特点。其内部框图如图 4-44 所示，由惠斯登电桥、薄膜温度补偿和校正电路组成。输入的压力范围为 $0\sim10\text{kPa}$，其输出与外加压力成正比。

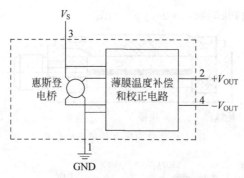

图 4-44　MPX2010 内部框图

4.6.2　电容式集成压力传感器

电容式集成压力传感器 MPXY8020A 是基于 MEMS 技术集成的压力和温度传感器，主要包括硅集成电容式的压力检测单元、温度检测单元和接口电路，是主要为测量汽车胎压和胎温而设计的高度集成芯片。压力传感器是一个使用表面微机械的电容转换器，温度传感器由一个热敏电阻构成，接口电路和传感器集成在同一个芯片里。如图 4-45 所示，压力信号的转换调节由一个电容-电压转换器和一个受控的放大器构成，放大器可以进行偏置和增益的微调，还具有灵敏度和偏置的温度补偿的微调作用，这些微调参数都保存在EEPROM 微调寄存器中。该芯片能够测量的压力为 $250\sim450\text{kPa}$，并利用 SPI 串行方式与外部连接。

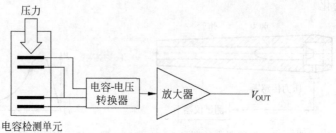

图 4-45　电容-电压转换电路

4.7 压力检测仪表的使用

4.7.1 测压仪表的选用

视频讲解

温度检测仪表的测量范围(量程)主要由温度敏感元件决定。也就是说,一旦选定了敏感元件,温度检测仪表的量程也就基本确定了。另外,温度检测仪表的准确度的大小也主要由敏感元件决定。但是,压力测量范围很宽,小的和大的要差好几个数量级,为了保证压力测量的准确度,应选择量程合适的压力仪表。同时压力仪表根据使用的要求不同,有一系列准确度等级可选。因此,压力仪表的选择比温度检测仪表的选择更重要。总体上在压力仪表的选用时,应根据生产工艺对压力检测的要求、被测介质的特性、现场使用环境等条件,本着节约的原则合理地考虑仪表的量程、准确度等级和类型。

1. 仪表量程的选择

为了保证敏感元件能在其安全的范围内可靠地工作,同时考虑到被测对象可能发生的异常超压情况,对仪表的量程选择必须留有足够的余地。但是,仪表的量程选的过大也不好。

一般在被测压力较稳定的情况下,最大工作压力不应超过仪表满量程的3/4;在被测压力波动较大或测脉动压力时,最大工作压力不应超过仪表满量程的2/3。为了保证测量准确度,最小工作压力不应低于满量程的1/3。当被测压力变化范围大,最大和最小工作压力可能不能同时满足上述要求时,选择仪表量程应首先满足最大工作压力条件。

目前我国出厂的压力(包括差压)检测仪表有统一的量程系列,它们是1kPa、1.6kPa、2.5kPa、4.0kPa、6.0kPa 以及它们的 10^n 倍数(n 为整数)。

2. 仪表准确度等级的选择

压力检测仪表的准确度等级主要根据允许的最大误差来确定,即要求仪表的基本误差应小于实际被测压力允许的最大绝对误差。另外,在选择时应坚持节约的原则,只要仪表的准确度能满足生产的要求,就不必追求用过高准确度等级的仪表。

【例 4-1】 有一个压力容器在正常工作时压力范围为 $0.4 \sim 0.6\text{MPa}$,要求使用弹簧管压力表进行检测,并使测量误差不大于被测压力的 4%,试确定该表的量程和准确度等级。

解:由题意可知,被测对象的压力比较稳定,设弹簧管压力表的量程为 A,则根据最大工作压力有

$$A > 0.6\text{MPa} \div \frac{3}{4} = 0.8\text{MPa}$$

根据最小工作压力有

$$A < 0.4\text{MPa} \div \frac{1}{3} = 1.2\text{MPa}$$

所以,其量程 A 应为

$$0.8\text{MPa} < A < 1.2\text{MPa}$$

根据仪表的量程系列,可选用测量范围为 $0 \sim 1.0\text{MPa}$ 的弹簧管压力表。

由题意可知,被测压力的允许最大绝对误差为

$$\Delta_{max} = 0.4\text{MPa} \times 4\% = 0.016\text{MPa}$$

这就要求所选仪表的相对百分误差为

$$\delta_{\max} < \frac{0.016}{1.0-0} \times 100\% = 1.6\%$$

按照仪表的准确度等级，可选择 1.5 级的压力表。该仪表的基本误差为 1.0MPa×1.5%=0.015MPa，小于允许的最大绝对误差 0.016MPa，故所选仪表满足测量要求。

3. 仪表类型的选择

压力检测仪表类型的选择主要应考虑以下几方面。

（1）被测介质的性质　对腐蚀性较强的介质应使用像不锈钢之类的弹性元件或敏感元件；对氨气、氧气、乙炔等介质应选用专用的压力仪表。

（2）对仪表输出信号的要求　对于只需要观察压力变化的情况，应选用如弹簧管压力表那样的直接指示型的仪表；如需将压力信号远传到控制室或其他电动仪表，则可选用电远传式压力检测仪表（如各种压力/差压变送器）或其他具有电信号输出的仪表（如霍尔压力传感器等）；如果要检测快速变化的压力信号，可选用压电式压力传感器等物性型压力检测仪表。

（3）使用的环境　对于爆炸性较强的环境，应选择防爆型压力仪表；对于温度特别高或特别低的环境，应选择温度系数小的敏感元件以及其他变换元件。

对于差压检测仪表，除了考虑差压测量范围外还需要考虑高、低压侧的实际工作压力，即静压力大小。所选差压检测仪表的额定静压值应是实际工作压力的 1.5～2.0 倍。

4.7.2　测压仪表的连接

到目前为止，几乎所有的压力测量都是接触式的。也就是说，在测量时需要被测压力传递到压力检测仪表的引压入口，并进入测量室。因此一个完整的压力检测系统包括：取压口，即在被测对象上开设的专门引出介质压力的孔或装置；引压管路，即连接取压口与压力仪表引压入口的管路，使被测压力传递到压力仪表；压力检测仪表。根据被测介质的性质不同和测量要求的不同，压力检测系统有的非常简单（如图 4-46 所示），有的比较复杂。为了保证准确测量压力，检测系统中有时还需要增加一些辅件。

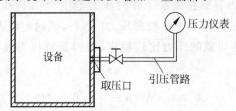

图 4-46　一个简单的压力仪表连接示意

4.7.3　测压仪表的校验

测压仪表在出厂前均需进行检定，使之符合精度等级要求。使用中的仪表则应定期进行校验，以保证测量结果有足够的准确度。标准仪表的选择原则是，其允许绝对误差要小于被校仪表允许绝对误差的 1/3～1/5，这样可以认为标准仪表的读数就是真实值。如果被校仪表的读数误差小于规定误差，则认为它是合格的。

常用的压力校验仪器有液柱式压力计、活塞式压力计或配有高精度标准表的压力校验泵。现以活塞式压力计为例,它基于重力平衡原理,即被测压力与活塞及加于活塞上的砝码的重量相平衡,将被测压力转换为平衡重物的重量来测量。如图 4-47 所示,活塞、活塞筒和砝码构成测量变换部分。活塞与砝码的重力作用于密闭系统内的工作液体,当系统内工作液体的压力与此重力相平衡时,活塞会浮起并旋转。此时系统内的压力为

$$p = \frac{mg}{S_0} \tag{4-28}$$

式中:p 为系统内的工作液体压力;m 为活塞与砝码的总质量;g 为重力加速度;S_0 为活塞的有效面积。

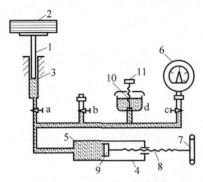

图 4-47　活塞式压力校验系统

1—测量活塞;2—砝码;3—活塞筒;4—螺旋压力发生器;5—工作液;6—被校压力表;7—手轮;
8—丝杆;9—工作活塞;10—油杯;11—进油阀;a、b、c—切断阀;d—进油阀

对于一般的活塞压力计,其有效面积为常数。由螺旋压力发生器推动工作活塞,在承重托盘上加适当的砝码,工作液体就可处于不同的平衡压力下,此压力可以作为标准压力用以校验压力表。

思考题与习题

1. 简述"压力"的定义、单位及各种表示方法。

2. 某容器的顶部压力和底部压力分别为 -50kPa 和 300kPa,若当地的大气压力为标准大气压,试求容器顶部和底部处的绝对压力以及顶部和底部间的差压。

3. 弹性式压力计的测压原理是什么? 常用的弹性元件有哪些类型?

4. 简述电阻应变片的工作原理。

5. 若按桥臂不同的工作方式,直流电桥可分为哪几种? 各自的输出电压如何计算?

6. 如图 4-48 所示为等强度梁测力系统,R_1 为电阻应变片,其灵敏系数 $K = 2.05$,未受应变时 $R_1 = 120\Omega$。当梁受力 F 时,应变片承受的平均应变 $\varepsilon = 800\mu$。求:①应变片电阻变化量 ΔR_1 和电阻相对变化量 $\Delta R_1 / R_1$;②将电阻应变片 R_1 置于直流电桥的一个桥臂,若电桥供电电压为 3V,求电桥输出电压。

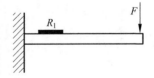

图 4-48　等强度梁测力系统

7. 简述应变效应和压阻效应的区别。

8. 简述压阻式传感器测量电桥工作原理。

9. 简述单电容压力传感器和差动压力传感器的区别。

10. 什么是压电效应？什么是正压电效应和逆压电效应？

11. 画出压电传感器在测量系统中的等效电路。

12. 压电式传感器的电压放大器电路的工作原理。

13. 简述测压仪表的选择原则。

14. 被测压力变化范围为 0.5～1.4MPa，要求测量误差不大于压力示值的 ±5％，可供选用的压力表的量程规格有 0～1.6MPa，0～2.5MPa，0～4.0MPa，而压力表的精度等级有 1.0，1.5 和 2.5 几种。试选择合适量程和精度的仪表。

第 5 章

流 量 检 测

教学目标

通过本章的学习,读者应理解瞬时流量和累积流量的概念以及各种流量检测方法。重点要掌握椭圆齿轮流量计、节流式流量计、转子流量计、涡轮流量计的检测原理与应用特点以及实际工程中的流量计算问题。

5.1 概述

视频讲解

流量是判断生产过程的工作状态、衡量设备的运行效率以及评估经济效益的重要指标。在大多数工业生产中,常用检测和控制流量来确定物料的配比与耗量,实现生产过程的自动化与最优化。同时,对其他过程参数(如温度、压力、液位等)的控制,常常是通过对流量的检测与控制实现的。另外,日常生活中的水、气、油等的耗量也是用流量来计量的。因此,流量是控制生产过程达到优质高产和安全生产以及进行经济核算所必需的一个重要参数。

5.1.1 流量的概念

1. 流量定义

工程上,流量是指单位时间内通过管道某一截面的流体数量,又称瞬时流量;而在某一时段内通过管道某一截面的流体数量,称为累积流量,或称累积总量。

2. 流量表达式

流体数量可以用体积流量和质量流量来表示。体积流量是以体积表示,也即单位时间内流过某截面流体的体积数;质量流量是以质量表示,也即单位时间内流过某截面流体的质量数。两种流量的表达式为

$$q_v = \mathrm{d}V/\mathrm{d}t = vA\,(\mathrm{m^3/s}) \tag{5-1}$$

$$q_m = \mathrm{d}M/\mathrm{d}t = \rho vA\,(\mathrm{kg/s}) \tag{5-2}$$

式中: q_v 为体积流量,$\mathrm{m^3/s}$; q_m 为质量流量,$\mathrm{kg/s}$; V 为流体体积,$\mathrm{m^3}$; M 为流体质量,kg; t 为时间,s; ρ 为流体密度,$\mathrm{kg/m^3}$; v 为流体平均流速,$\mathrm{m/s}$; A 为流通截面面积,$\mathrm{m^2}$。

体积流量与质量流量的关系为

$$q_m = \rho q_v \tag{5-3}$$

则流量和总量之间的关系是

$$Q_v = \int_t q_v \, dt \tag{5-4}$$

$$Q_m = \int_t q_m \, dt \tag{5-5}$$

式中：Q_v 为体积总量；Q_m 为质量总量；t 为测量时间。总量的单位就是体积或质量的单位。

3. 工作条件对流体密度的影响

流体的性质各不相同。例如，液体和气体在可压缩性上差别就很大，其密度受温度、压力的影响也相差悬殊。对于液体，压力变化对密度的影响非常小可以不计，温度对密度的影响会有一些；而对于气体，温度和压力变化对密度的影响则很大。因此在检测气体流量时，必须同时检测流体的温度和压力。为了便于比较，一般要将在工作状态下测得的体积流量换算成标准状态下（温度为 20℃，压力为 101325Pa 即 1 个标准大气压）的体积流量，用符号 q_{vn} 表示，单位符号为 Nm³/s。其算式为

$$q_{vn} = q_m / \rho_n \tag{5-6}$$

$$q_{vn} = q_v \rho / \rho_n \tag{5-7}$$

式中：ρ 为气体在工作状态下的密度；ρ_n 为气体在标准状态下的密度。

5.1.2 流量的检测方法

生产过程中各种流体的性质不同，如黏度、腐蚀性、导电性，流体的工作条件状态也不同，如高温、高压，有时是气液两相或液固两相的混合流体，所以很难用一种原理或方法检测不同流体的流量，也即流量检测的方式很多，其分类是一个错综复杂的问题。

1. 流量仪表的分类

流量检测方式可以归为体积流量检测和质量流量检测两种方式。前者测得流体的体积流量值，后者可以直接测得流体的质量流量值。测量流量的仪表统称为流量计，又可以细分为两种称谓：用于测量瞬时流量的仪表称为流量计，而用于测量累积流量的仪表称为计量表或总量计。流量计通常由一次装置和二次仪表组成。一次装置安装于流道的内部或外部，根据流体与之相互作用关系的物理定律产生一个与流量有确定关系的信号，这种一次装置亦称流量传感器。二次仪表则显示相应的流量值大小。

流量仪表的种类繁多，各适合于不同的工作场合。按检测原理分类的典型流量仪表如表 5-1 所示。

表 5-1 流量仪表的分类

类　　别		仪 表 名 称
体积流量计	容积式流量计	椭圆齿轮流量计、腰轮流量计、皮膜式流量计等
	差压式流量计	节流式流量计、浮子（转子）流量计、均速管流量计、弯管流量计、靶式流量计等
	速度式流量计	涡轮流量计、涡街流量计、电磁流量计、超声波流量计等
质量流量计	推导式质量流量计	体积流量经密度补偿或温度、压力补偿间接求得质量流量等
	直接式质量流量计	科里奥利质量流量、热式质量流量、冲量式质量流量等

2. 流量仪表的主要技术参数

虽然流量计的类型很多，但它们具有一些共同的测量特性与技术指标。

（1）流量范围　流量计可测的最大流量与最小流量的范围。在这个范围内，仪表在正

常使用条件下示值误差不应超过最大允许误差。

（2）量程与量程比（范围度）　流量范围内最大流量与最小流量值之差称为量程，最大流量与最小流量的比值称为量程比（范围度），一般表达为几比 1，量程比的大小受仪表的原理结构限制。

（3）测量精确度与误差　仪表的精度等级是根据允许误差的大小来划分的。流量计在出厂时均要进行标定，所标出的精确度为基本误差，在现场使用中会由于偏离标定条件而带来附加误差，所以流量计的实际测量精确度为基本误差与附加误差的合成。

（4）压力损失　安装在流体管道中的流量计实际上是一个阻力件，流体通过时将产生压力损失而带来一定的能源消耗，从而造成测量成本的增加。因此，压力损失的大小是流量仪表选型的一个重要技术指标。

5.2　容积式流量计

视频讲解

容积式流量计，又称定排量流量计。它是利用机械测量部件使被测流体连续充满具有一定容积的空间，然后再不断将其从出口排放出去，根据排放次数及容积来测量流体体积的总量。容积式流量计具有很高的测量精度，且管道安装条件要求较低，受流体流动状态影响小，测量范围度很宽，因而适合测量各种液体和气体尤其是高黏度、低雷诺数的流体（雷诺数是流体流动中惯性力与黏性力比值的量度，依据雷诺数的大小可以判别流动特征）。

容积式流量计按其测量部件分类，可分为椭圆齿轮流量计、刮板流量计、双转子流量计、旋转活塞流量计、往复活塞流量计、圆盘流量计、液封转筒式流量计、湿式气量计及膜式气量计等。下面介绍应用最为广泛的椭圆齿轮流量计。

5.2.1　椭圆齿轮流量计

椭圆齿轮流量计由一对相互啮合的椭圆形齿轮和仪表壳体构成，其工作原理如图 5-1 所示。被测流体由左向右流动，在图 5-1(a)所示位置时，椭圆齿轮 A 在进出口差压 $\Delta p = P_1 - P_2$ 作用下，产生一个绕轴的顺时针转矩，使齿轮 A 顺时针方向旋转，并把齿轮 A 与外壳之间的半月形固定容积内（图中阴影部分）的流体排出，同时带动齿轮 B 逆时针方向旋转。在图 5-1(b)位置时，齿轮 A、B 均受到转矩，并继续沿原来方向转动。当两轮旋转 90°，处于图 5-1(c)位置时，齿轮 B 在差压 Δp 作用下产生一个绕轴的逆时针转矩，使齿轮 B 逆时针方向

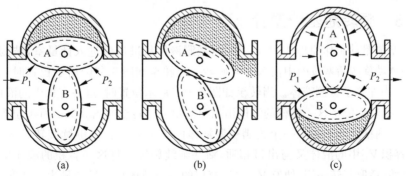

图 5-1　椭圆齿轮流量计工作原理

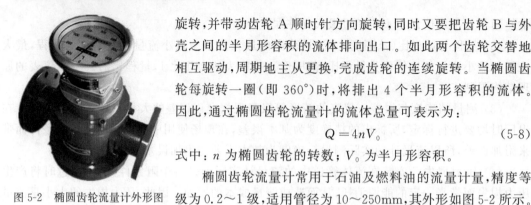

图 5-2　椭圆齿轮流量计外形图

旋转，并带动齿轮 A 顺时针方向旋转，同时又要把齿轮 B 与外壳之间的半月形容积的流体排向出口。如此两个齿轮交替地相互驱动，周期地主从更换，完成齿轮的连续旋转。当椭圆齿轮每旋转一圈（即 360°）时，将排出 4 个半月形容积的流体。因此，通过椭圆齿轮流量计的流体总量可表示为：

$$Q = 4nV_0 \tag{5-8}$$

式中：n 为椭圆齿轮的转数；V_0 为半月形容积。

椭圆齿轮流量计常用于石油及燃料油的流量计量，精度等级为 0.2～1 级，适用管径为 10～250mm，其外形如图 5-2 所示。

5.2.2　腰轮流量计

腰轮流量计（又称罗茨流量计）的检测原理与椭圆齿轮流量计基本相同，只是转子为腰轮，且腰轮上没有齿，因此腰轮之间不是直接相互啮合运动，而是由套在壳体外的与腰轮同轴上的啮合齿轮驱动，如图 5-3 所示。另外，腰轮的组成有两种：一种是如图 5-3(a)所示的一对腰轮形式；另一种是相互呈 45°角的两对腰轮组合形式，如图 5-3(b)所示，组合式腰轮构成的腰轮流量计更适合大流量测量的场合。腰轮流量计产品外形如图 5-4 所示。

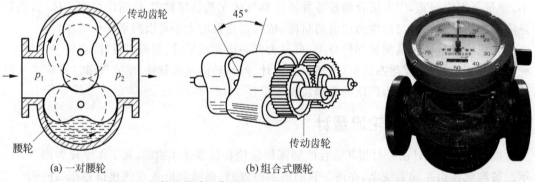

(a) 一对腰轮　　　　　　　　(b) 组合式腰轮

图 5-3　腰轮流量计工作原理　　　　　　　　图 5-4　腰轮流量计外形图

腰轮流量计主要用于测量液体流量，也可测量气体流量。液体型的准确度等级一般为 0.2～0.5 级，气体型一般为 1.0 级、1.5 级；液体型的适用管径一般为 15～500mm，气体型一般为 25～300mm。

5.2.3　旋转活塞流量计

旋转活塞流量计工作原理如图 5-5 所示，被测液体从进口处进入计量室，被测流体进、出口的压力差推动旋转活塞按图中箭头方向旋转。当转至如图 5-5(b)所示位置时，活塞内腔新月形容积 V_1 中充满了被测液体。当转至如图 5-5(c)所示位置时，这一容积中的液体已与出口相通，活塞继续转动便将这一容积的液体由出口排出。当转至如图 5-5(d)所示位置时，在活塞外面与测量室内壁之间形成了一个充满被测液体的容积 V_2。活塞继续旋转又转至图 5-5(a)位置，这时容积 V_2 中的液体又与出口相通，活塞继续旋转又将这一容积的液体由出口排出。如此周而复始，活塞每转一周，便有 $V_1 + V_2$ 容积的被测液体从流量计排出。活塞转数既可由机械计数机构计出，也可转换为电脉冲由电路计出，流量计产品外形如图 5-6 所示。

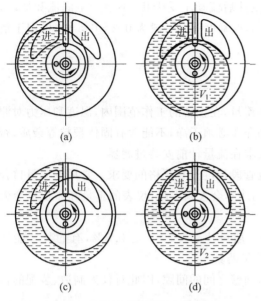

图 5-5　旋转活塞流量计工作原理　　　　　图 5-6　旋转活塞流量计外形图

　　旋转活塞流量计适合测量小流量液体的流量。它具有结构简单、工作可靠、精度高(可达 0.5 级)、受黏度影响小等优点。由于零部件不耐腐蚀,故只能测量无腐蚀性的液体,如重油或其他油类。现多用于小口径的管路上测量各种油类的流量。

5.2.4　刮板流量计

　　刮板流量计工作原理如图 5-7 所示,测量部分主要由可旋转的转子、刮板和流量计壳体组成,刮板数有两对(4 个)和三对(6 个)之分。在流量计进出口压差作用下,流体推动刮板和转子旋转。旋转过程中,刮板沿着一种特殊的轨迹成放射状地伸出或缩回。当相邻的两个刮板均伸出到壳体内壁时,这两个刮板、转子及壳体内壁之间便形成一个计量室。转子每旋转一周,排出 4 个(两对刮板时)或 6 个(三对割板时)计量室容积的流体。刮板式流量计测量液体流量时,根据结构形式可分凸轮式和凹线式,仪表外形如图 5-8 所示。

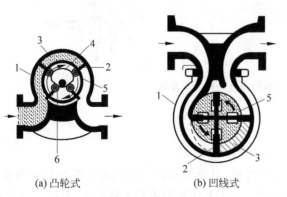

(a) 凸轮式　　　　　　(b) 凹线式

图 5-7　刮板流量计工作原理

1—壳体;2—刮板;3—计量室;4—凸轮;5—转子;6—滚轮

图 5-8　刮板流量计外形图

由于刮板的特殊运行轨迹,流体通过流量计后流动不受干扰,不会产生涡流和振动,噪声小。刮板式流量计口径一般为 50～300mm,准确度等级一般为 0.2～0.5 级,可用于清洁或带有微细粉状杂质的液体流量计量。

5.2.5　容积式流量计的应用

容积式流量计适宜测量较高黏度的液体流量,在正常的工作范围内,温度和压力对测量结果的影响很小,但是在使用时要注意,被测介质必须干净,不能含有固体颗粒等杂质,否则会使仪表磨损或卡住,甚至损坏仪表,为此要求在流量计前安装过滤器。

容积式流量计在安装时,对仪表前、后直管段长度没有严格的要求。常用的测量口径在 10～150mm 左右,当测量口径较大时,仪表的成本会大幅提高,仪表的重量和体积也会大大增加,造成维护的不方便。

容积式流量计具有较高的测量准确度,一般可达 ±0.2%～±0.5%,有的甚至能达到 ±0.1%,量程比通常为 10∶1,常用作标准计量器具。

由于仪表的准确度主要取决于壳体与活动壁之间的间隙,因此对仪表制造、装配的精度要求高,传动机构也比较复杂。

容积式流量计的显示方式有就地显示和远传显示两种,如图 5-9 所示。就地显示是将转子的转数 n 通过轴输出,并经一系列齿轮减速及转速比调整机构之后,直接带动仪表的指针和机械计数器,以实现流量和总量的显示。

远传显示是通过减速与转速比调整机构后,用电磁原理或光电原理等将转子的转速转换成一个个电脉冲远传,进一步通过电子计数器可进行流量的计算,或通过频率-电压(电流)转换器转换成与瞬时流量对应的标准电信号。

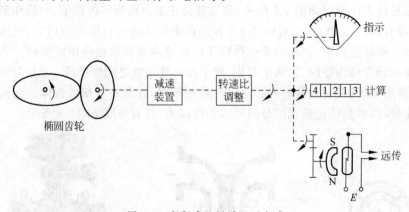

图 5-9　容积式流量计显示方式

视频讲解

5.3　差压式流量计

差压式流量计是根据流体流经节流元件时,其动能和静压能相互转换导致在节流元件上下游产生压力差来实现流量检测的仪表。产生差压的装置有多种形式,包括节流装置、动压管、均速管、弯管等。其他形式的差压式流量计还有靶式流量计、浮子流量计等。

5.3.1　节流式流量计

节流式流量计可用于测量液体、气体或蒸气的流量。这种流量计是应用历史最长、最成熟和最广泛的差压式流量计,在工程中几乎可作为差压式流量计的代名词。

1. 节流式流量计的组成

节流式流量计由节流装置、引压管路和差压变送器(或差压计)组成,如图 5-10 所示。

1) 节流装置

节流装置是将流体的流量值转换为差压信号,整套节流装置由节流元件、取压装置和上下游测量管组成。其中节流元件是设置在管道中能使流体产生局部收缩的部件,常用的节流元件有孔板、喷嘴、文丘里管等;取压装置是节流元件上下游静压的取出装置;测量管是节流元件上下游所规定直管段长度的一部分。

2) 引压管路

引压管路用于传输差压信号,将节流装置和差压变送器连接起来。取压阀和平衡阀称为三阀组件,用

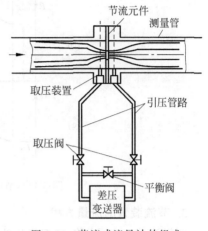

图 5-10　节流式流量计的组成

来开停车时平衡差压变送器两端测量室气压而不至于单侧压力过大损坏测量膜片。

3) 差压变送器(或差压计)

差压变送器(或差压计)用于测量差压信号,并将其转换为标准电流信号输出,供显示、记录或控制用。

2. 节流装置的测量原理

节流装置测量流量是以流体连续性方程(质量守恒定律)和伯努利方程(能量守恒定律)为基础的。下面以标准节流装置中应用最多的节流元件——孔板为例,说明其工作原理。

孔板是垂直安装在水平管道中的一个圆盘,其中心处开有一规定大小的流孔。当稳定流动的流体沿水平方向流经节流孔板处时,由于孔板的障碍作用,使流体一部分动能转化为静压能,图 5-11 给出了流体流经孔板时的流速和压力分布。流体在孔板上游的截面 1 前,以一定的流速 v_1 充满管道平行连续的流动,其静压力为 p_1;当流体流过截面 1 后,由于受到孔板的阻挡,流体开始收缩运动并通过孔板,在惯性作用下,位于截面 2 处的流体达到最小收缩截面,此处流速最大为 v_2,静压最低为 p_2。随后流体摆脱节流孔板的影响又逐渐地扩大,达到截面 3 后,完全恢复到原来的流通面积,此时的流速 $v_3 = v_1$,但由于摩擦和撞击等原因损失了部分静压 δp 而为静压力 p_3。

根据能量守恒定律,对于不可压缩的理想流体,在管道任一截面处的流动的动能和静压能之和是恒定的。并且在一定条件下互相转化。由此可知,当表征流体动能的速度在节流装置的前后发生变化时,表征流体静压能的静压力也将随之发生变化。因而,当流体在截面 2 处流体截面达到最小,而流速 v_2 达到最大时,此处的静压力 p_2 最小。这样在节流装置前后就会产生静压差 $\Delta p = p_1 - p_2$。而且,管道中流体流量越大,截面 2 处的流速 v_2 也就越大,节流装置前后产生的静压差也就越大。只要我们测出孔板前后的压差 Δp,就可知道流量的大小。这就是节流装置测量流量的基本原理。

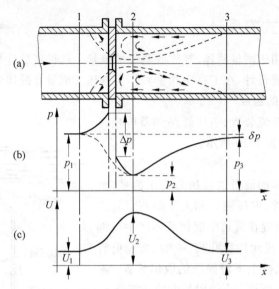

图 5-11　节流孔板前后流速和压力分布情况

3. 节流装置的流量方程

假设流体为不可压缩的理想流体，在节流件上游入口处流体流速为 v_1，静压为 p_1，密度为 ρ_1；在流体最小收缩截面处的流体流速为 v_2，静压为 p_2，密度为 ρ_2，根据伯努利方程，截面 1、2 处沿管中心的流体存在以下能量关系：

$$\frac{p_1}{\rho_1} + \frac{v_1^2}{2} = \frac{p_2}{\rho_2} + \frac{v_2^2}{2} \tag{5-9}$$

而流体的连续性方程式为

$$A_1 v_1 \rho_1 = A_2 v_2 \rho_2 \tag{5-10}$$

式中：A_1 为管道截面积；A_2 为流体最小收缩截面积。

由于节流件很短，可以假定流体的密度在流经节流装置时没有变化，即 $\rho_1 = \rho_2 = \rho_3$；用节流装置开孔面积 A_0 代替最小收缩截面面积 A_2。

经推导，最后获得节流装置前后静压差与流量的定量关系式为

$$q_v = \alpha \varepsilon A_0 \sqrt{\frac{2\Delta p}{\rho}} \tag{5-11}$$

$$q_m = \alpha \varepsilon A_0 \sqrt{2\rho \Delta p} \tag{5-12}$$

式中：A_0 为开孔面积；α 为流量系数，它与节流装置的结构形式、取压方式、开孔直径、流体流动状态（雷诺数）、节流装置的开孔截面积与管道截面积之比，以及管道粗糙度等因素有关，对于标准节流装置，α 值可直接从有关手册中查出；ε 为体积膨胀校正系数，可压缩流体（气体和蒸气）体积膨胀系数 $\varepsilon < 1$，不可压缩性的液体 $\varepsilon = 1$；Δp 为节流装置前后实际测得的静压差。

由以上流量计算公式可以看出，根据所测的差压来计算流量其准确与否的关键在于 α 的取值，对于国家规定的标准节流装置来说，在某些条件确定后其值可以通过有关手册中查到的一些数据计算得到。对于非标准节流装置，其值只能通过实际来确定。所以节流装置的设计与应用是以一定的应用条件为前提的，一旦条件改变，就不能随意套用，必须另行计

算。否则,将会造成较大的测量误差。

由式(5-10),当 $\alpha,\varepsilon,\rho,F_0$ 均已选定,并在某一工作范围内均为常数时,流量与差压的平方根成正比,即 $Q=k\sqrt{\Delta p}$。所以,这种流量计测量流量时,为了得到线性的刻度指示,就必须在差压信号之后加入开方器或开方运算。否则,流量标尺的刻度将是不均匀的,并且在起始部分的刻度很密,即误差将增大。

4. 节流装置类型

节流装置按其标准化程度可分为标准型和非标准型两大类。

1) 标准节流装置

标准节流装置是按照标准文件设计、制造、安装和使用,无须进行实际校准即可用来测量流量并估算测量误差的节流装置,在实际应用中大多采用标准节流装置。

如图 5-12 所示,全套标准节流装置由节流件、取压装置、节流件上游侧第一、二阻力件、下游侧第一阻力件及它们之间的直管段所组成。标准节流装置同时规定了它们适应的流体种类,流体流动条件,以及对管道条件、安装条件、流动参数的要求,如果设计制造、安装使用都符合规定的标准,则可不必通过实验标定。

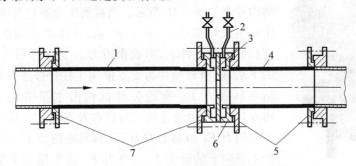

图 5-12　全套标准节流装置

1—上游直管段;2—导压管;3—孔板;4—下游直管段;5,7—法兰;6—取压环室

目前,国际上规定的标准节流装置有孔板、文丘里管和喷嘴(见图 5-13)。孔板是一块中心开有圆孔的金属薄圆平板,圆孔的入口朝着流动方向,并有尖锐的直角边缘,圆孔直径 d 由所选取的差压计量程而定。孔板结构简单,易于加工和装配,对前后在管段的要求低,但是孔板压力损失较大,可达最大压差 $50\%\sim90\%$,而且抗磨损和耐腐蚀能力较差。文丘里管则正好相反,其加工复杂、要求有较长的直管段,但压力损失小,只有最大压差的 $10\%\sim20\%$,而且比较耐磨损和防腐蚀。文丘里管具有圆锥形的入口收缩段和喇叭形的出口扩散段。喷嘴是由两个圆弧曲面构成的入口收缩部分和与之相接的圆筒形喉部组成,喷嘴的性能正好介于孔板和文丘里管之间,可根据各种节流装置的特点,从实际需要加以选择。

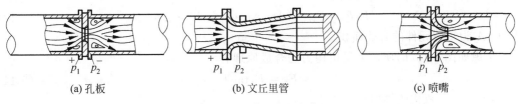

(a) 孔板　　　　　　　(b) 文丘里管　　　　　　　(c) 喷嘴

图 5-13　3 种标准节流装置

2）非标准节流装置

非标准节流装置是成熟度较差、尚未列入标准文件的节流装置，它主要用于特殊介质或特殊工况下的流量检测。它们的估算方法与标准节流装置基本相同，只是所用数据不同，这些数据可以在有关手册查到。但非标准节流装置在使用前要进行实际标定。典型的非标准节流装置包括 1/4 圆喷嘴、锥形入口孔板等。

目前，对各种节流装置取压的方式均有不同，即取压孔在节流装置前后的位置不同，即使在同一个位置上，为了达到压力均衡，也采用不同的方法。实际上，对标准节流装置的每种节流元件的取压方式都有明确规定。以孔板为例，通常采用的取压方式有角接取压、法兰取压、径距取压等，取压孔大小及各部件尺寸均有相应规定，可以查阅有关手册。

5. 差压变送器（差压计）

节流装置前后的压差测量是用差压变送器或差压计来实现的。下面以 DDZ-Ⅲ 型差压变送器为例予以说明。差压变送器基于力矩平衡原理，主要由机械部件和振荡放大电路两部分组成。

图 5-14　差压变送器外形图

DDZ-Ⅲ 型差压变送器的实物外观如图 5-14 所示，其内部结构原理如图 5-15 所示。当被测压力通过高压室和低压室的比较生成压差 $\Delta p = p_1 - p_2$ 后，该压差作用在具有一定有效面积的敏感元件上，形成作用力 F_1。该作用力作用在主杠杆的下端，以密封膜片为支点推动主杠杆按逆时针方向偏转，其结果形成力 F_1 推动矢量机构沿水平方向移动。由于如图 5-16(a) 所示矢量机构的存在及其力的合成作用，以及水平方向的力 F_1 由向上的力 F_2 和斜向的力 F_3 合成，于是力 F_1 产生有向上的分力 F_2。分力 F_2 的作用是牵引副杠杆以 O_2 为支点按顺时针方向偏转，使固定在副杠杆上的检测片移近差动变压器，使其气隙减小，此时差动变压器的输出电压增大，并通过放大器使采用标准制式 4~20mA 的输出电流 I_0 增大。同时输出电流流过反馈线圈，在永久磁钢的作用下产生反馈力 F_f，该反馈力作用在副杠杆上使其按逆时针方向偏转。于是，当反馈力 F_f 与作用力 F_2 在副杠杆上形成的力矩达到平衡时，杠杆系统保持稳定状态，从而最终使输出电流信号能反映被测差压的大小。

注意，这里的调零弹簧作用在副杠杆的下端，用以调整弹簧张力使其达到零点调整的目的；零点迁移弹簧作用在主杠杆的上端，用以调整弹簧张力使其抵消预先加在杠杆上的差压（如液位测量中正、负迁移量）。

根据以上分析并简化可得杠杆及矢量机构的受力分析结果，如图 5-17 所示。于是以 O_1 为支点的杠杆存在力矩关系为

$$F_1 l_1 = F_i l_i = A \cdot \Delta p \cdot l_i = A l_i \cdot \Delta p \tag{5-13}$$

式中：A 为敏感元件的有效面积。

考虑如图 5-16(b) 所示矢量机构力的合成原理有

$$F_2 = F_1 \tan\theta \tag{5-14}$$

式中：θ 为矢量机构的倾斜角。

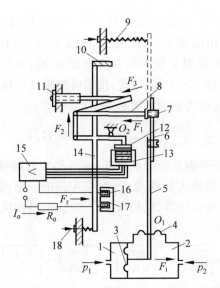

图 5-15 DDZ-Ⅲ型差压变送器工作原理示意图

1—高压室；2—低压室；3—膜片或膜盒；4—密封膜片；5—主杠杆；6—过载保护簧片；

7—静压调整螺钉；8—矢量机构；9—零点迁移弹簧；10—平衡锤；11—量程调整螺钉；12—检测片；

13—差动变压器；14—副杠杆；15—放大器；16—反馈线圈；17—永久磁钢；18—调零弹簧

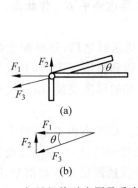

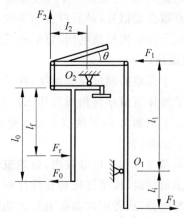

图 5-16 矢量机构示意图及受力分析   图 5-17 杠杆矢量机构受力图

考虑当分力 F_2 作用在副杠杆上时变送器达到平衡状态，于是以 O_2 为支点的形成力矩平衡关系为

$$F_2 L_2 + F_0 Z_0 \approx F_f l_f \tag{5-15}$$

式中：F_0 表示由调零元件产生的零点调整作用力。

再考虑反馈线圈的特性有输出电流 I_o 与反馈力 F_f 之间的关系为

$$F_f = \pi DWB \cdot I_o \tag{5-16}$$

式中：D 为线圈平均直径；W 为线圈匝数；B 为磁场磁感应强度。

所以，综合以上 4 个关系式可得

$$I_o = \frac{l_i l_2 A \cdot \tan\theta}{l_1 l_f \cdot \pi DWB} \cdot \Delta p + \frac{l_0}{l_i \cdot \pi DWB} \cdot F_0 = \frac{K_i \cdot \tan\theta}{K_f} \cdot \Delta p + \frac{K_o}{K_f} \cdot F_0 \tag{5-17}$$

式中：输入系数 $K_i = l_1 l_2 A/l_1 l_f$；输出系数 $K_o = l_0/l_i$；反馈线圈系数 $K_f = \pi DWB$。

由此可见，变送器的输出电流 I_o 与被测压差 Δp 成正比，具有线性特性。同时当调整矢量机构的倾斜角 θ 和反馈线圈系数中的线圈匝数 W 时，可使变送器的量程改变。一般地，矢量机构的倾斜角 θ 可在 $4° \sim 15°$ 间调整，反馈线圈匝数可最大变换为 3 倍，于是变送器的最大量程与最小量程的比值可达到的倍数为

$$\frac{\tan 15°}{\tan 4°} \times 3 = 3.8 \times 3 = 11.4$$

在以上分析的机械力矩平衡系统的基础上，振荡放大电路可将差动变压器上检测片的微小位移转换为电压信号，并放大转换为 $4 \sim 20$mA 的电流信号。它相当于位移检测和功率放大电路，因而主要由差动变压器、低频振荡器、检波电路和功率放大器 4 部分组成，其功能模块结构如图 5-18 所示。

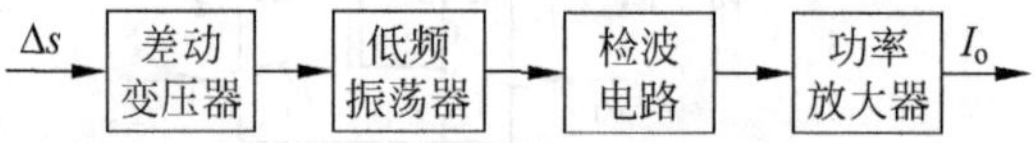

图 5-18　DDZ-Ⅲ型差压变送器功能模块框图

当被测压差 Δp 经力矩平衡系统转换成差动变压器上检测片的位移 Δs 后，差动变压器将该位移转变为变压器的输出电压。同时借助变压器输出端的电感效应，与配接电容形成低频振荡回路，从而使振荡频率与变压器输出电压保持相应的对应关系。检波电路从低频振荡器中获取交变信号，最后再由功率放大电路放大成标准的输出电流，并由串接在输出回路上的电阻分压取出反馈电压，以形成反馈力矩使变送器达到平衡工作状态。

6. 流量显示

作为一个完整的测量控制系统，在节流装置、差压变送器之后，还要配上显示仪表。即节流装置把流体流量 q 转换成差压 Δp，通过引压管传送到差压变送器，差压变送器将差压信号转换为电流输出 I，显示仪表接收电流信号通过内部的标度变换，以标尺或数字的形式显示出流量的数值。

由流量基本方程式可以看出，被测流量 q 与差压 Δp 成平方根关系，对于直接配用差压变送器显示流量时，流量标尺是非线性的。为了得到线性刻度，应在差变之前加一个开方器或开方运算电路，或者用内部带有开方功能的差压流量变送器接受压差信号，则变送器的输出电流即与流量成为线性关系。

【例 5-1】　某管路介质的流量变化为 $0 \sim 100$t/h，选用一台量程匹配的 DDZ-Ⅲ差压变送器与标准孔版配套测量流量，已知标准孔板的输出差压信号为 $0 \sim 25$kPa，对应差变输出为 $4 \sim 20$mA。工艺要求在 80t/h 报警，问：

（1）内带开方器的差变的报警设定在多少 mA？

（2）不带开方器的差变的报警设定在多少 mA？

（3）此时标准孔板的输出差压信号为多少 kPa？

解：（1）内带开方器的差变：

因为 $q \propto \sqrt{\Delta p}$，而 $\sqrt{\Delta p} \propto I$，所以 $q \propto I$，流量与差变输出电流呈线性关系；对应差变输出 $4 \sim 20$mA 时的流量量程范围为 $0 \sim 100$t/h，对应 80t/h 则有

$$\frac{80-0}{100-0} = \frac{I-4}{20-4}, \quad I = (0.8 \times 16) + 4 = 12.8 + 4 = 16.8\text{mA}$$

可得,内带开方器的差变的 80t/h 报警设定在 16.8mA。

（2）不带开方器的差变:

因为 $q \propto \sqrt{\Delta p}$,则 $q^2 \propto \Delta p$,而 $\Delta p \propto I$,所以 $q^2 \propto I$,流量与差变输出电流成平方关系,因而,对应差变输出 4～20mA 时的流量量程范围为 0～100t/h,对应 80t/h 则有

$$\frac{(80-0)^2}{(100-0)^2} = \frac{I-4}{20-4}, \quad I = (0.64 \times 16) + 4 = 10.24 + 4 = 14.24\text{mA}$$

可得,不带开方器的差变的 80t/h 报警设定在 14.24mA。

（3）此时标准孔板的输出差压信号只与流量有关,与差变无关,即

$$q \propto \sqrt{\Delta p}, \quad q^2 \propto \Delta p, \quad \frac{(80-0)^2}{(100-0)^2} = \frac{\Delta p - 0}{25-0}, \quad \Delta p = 0.64 \times 25 = 16\text{kPa}$$

此时标准孔板的输出差压信号为 16kPa。

7. 安装使用

标准节流装置的流量系数,都是在一定的条件下通过严格的实验取得的,因此对管道选择、流量计的安装和使用条件均有严格的规定。在设计、制造与使用时应满足基本规定条件,否则难以保证测量准确性。

1）标准节流装置的使用条件

节流装置仅适用于圆形测量管道,在节流装置前后直管段上,内壁表面应无可见坑凹、毛刺和沉积物,对相对粗糙度和管道圆度均有规定。管径大小也有一定限制($D_{最小} \geqslant 50\text{mm}$)。

2）节流式流量计的安装

节流式流量计应按照手册要求进行安装,以保证测量精度。节流装置安装时要注意节流件开孔必须与管道同轴,节流件方向不能装反。管道内部不得有突入物。在节流件装置附近,不得安装测温元件或开设其他测压口。

3）取压口位置和引压管路的安装

与测压仪表的要求类似,应保证差压计能够正确、迅速地反映节流装置产生的差压值。引压导管应按被测流体的性质和参数要求使用耐压、耐腐蚀的管材,引压管内径不得小于6mm,长度最好在 16m 以内。引压管应垂直或倾斜敷设,其倾斜度不得小于 1∶12,倾斜方向视流体而定。

4）三阀组件必装

差压计用于测量差压信号,其差压值远小于系统的工作压力,因此,导压管与差压计连接处应装截断阀,截断阀后装平衡阀。在仪表投入时平衡阀可以起到单向过载保护作用。在仪表运行过程中,打开平衡阀,可以进行仪表的零点校验。

5）辅件视情况而定

在差压信号管路中还有冷凝器、集气器、沉降器、隔离器、喷吹系统等附件,可查阅相关手册。

6）几种敷设方式

根据被测流体和节流装置与差压计的相对位置,差压信号管路有不同的敷设方式。差压计的安装示意图见图 5-19。其中,图 5-19(a)为被测流体是液体而差压计分别在管道的下、上方的情况,以保证导压管中充满液体;图 5-19(b)为被测流体是气体而差压计分别在管道的上、下方的情况,要保证导压管中仅有气体,以减少测量误差;图 5-19(c)为被测流体

是蒸气时的情况，在靠近节流装置处安装冷凝器是为了保证两导压管内的冷凝水位在同一高度上。

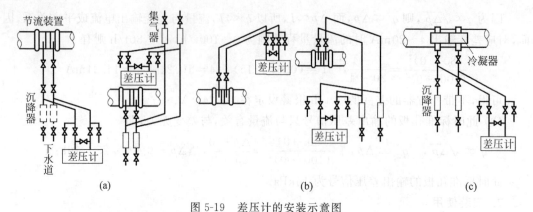

(a)　　　　　　　　　　　　(b)　　　　　　　　　　　　(c)

图 5-19　差压计的安装示意图

5.3.2　转子流量计

转子流量计也是利用节流原理测量流体的流量，是以差压不变，通过节流面积的变化来测量流量的大小，故又称恒压降、变节流面积流量计（上节的节流式流量计是基于变压降、恒节流面积的原理），也称浮子流量计。

1. 测量原理

转子流量计测量主体由一根从下向上逐渐扩大的垂直锥形管和一只可以沿着锥形管中心线上下自由浮动的转子（或称浮子）组成，如图 5-20 所示。被测流体从锥形管下端流入，经过转子与锥形管壁间的环隙，从上端流出。这时作用在转子上的力有三个：流体对转子向上的差压动力、转子在流体中的浮力和转子自身的重力。当这三个力达到平衡时，转子就平稳地浮在锥管内某一位置上，转子在锥管中的位置与流体流经锥管的流量的大小成一一对应关系。

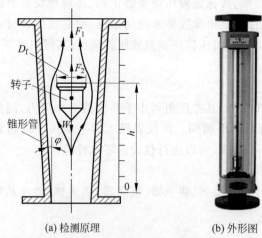

(a) 检测原理　　　　(b) 外形图

图 5-20　转子流量计检测原理

2. 流量公式

根据转子在锥形管中的受力平衡条件，可以写出力平衡公式：

$$\Delta p \cdot A_f + V_f \rho g = V_f \rho_f g \tag{5-18}$$

式中：Δp 为差压；A_f、V_f 分别为转子的截面积、体积；ρ、ρ_f 分别为流体密度、转子密度。

将此恒压降公式代入节流流量方程式 $q_v = \alpha \varepsilon A_0 \sqrt{\dfrac{2\Delta p}{\rho}}$，则有

$$q_v = \alpha A_0 \sqrt{\frac{2gV_f(\rho_f - \rho)}{\rho A_f}} \tag{5-19}$$

式中：A_0 为环隙面积，它与转子高度 h 相对应；α 为流量系数。

对于小锥度锥形管，近似有 $A_0 = ch$，系数 c 与浮子和锥形管的几何形状及尺寸有关。则流量方程式为

$$q_v = \alpha ch \sqrt{\frac{2gV_f(\rho_f - \rho)}{\rho A_f}} \tag{5-20}$$

式(5-20)给出了流量 q_v 与转子高度 h 之间的关系，这个关系近似于线性。

流量系数 α 与流体黏度、转子形状、锥形管与转子的直径比以及流速分布等因素有关，每种流量计有相应的界限雷诺数，在低于此值情况下 α 不再是常数。流量计应工作在 α 为常数的范围，即大于一定的雷诺数范围。

3. 刻度换算

流量方程式(5-20)中含有流体密度 ρ，仪表制造厂不可能按照各种流体密度刻制不同的流量标尺。针对这种非通用性仪表，按国家规定，转子流量计在流量刻度时是在标准状态（20℃、0.101325MPa 压力）用水（对液体）或空气（对气体）介质进行标定的。所以，当被测介质或工况改变时，应对仪表刻度进行修正。

对于一般液体介质而言，当温度和压力变化时，流体的黏度变化不大，只需进行密度校正。根据上述流量方程式(5-20)，容易得到修正式为

$$q_v' = q_{v0} \sqrt{\frac{(\rho_f - \rho')\rho_0}{(\rho_f - \rho_0)\rho'}} \tag{5-21}$$

式中：ρ_f 为转子密度，ρ_0 为标定介质密度，ρ' 为被测介质的实际密度；q_{v0} 为标定刻度流量，q_v' 为被测介质的实际流量。

对于气体介质，由于 $\rho_f \gg \rho'$、$\rho_f \gg \rho_0$，上式可以简化为

$$q_v' = q_{v0} \sqrt{\frac{\rho_0}{\rho'}} \tag{5-22}$$

式中：ρ_0 为标定状态下空气密度，ρ' 为被测气体密度。

【例 5-2】 用转子流量计来测量某油品的流量，其密度为 780kg/m^3。当流量计读数为 $3.23\text{m}^3/\text{h}$ 时，求该油品的实际流量。设转子的密度为 7900kg/m^3。

解： 由题意知，该转子流量计的读数是出厂时以标准状态下的水的流量进行刻度的，当被测介质变化时，流量计的读数不能代表实际流量。由式(5-21)知，实际流量为

$$q_v' = 3.2 \times \sqrt{\frac{(7900-780) \times 998.3}{(7900 - 998.3) \times 780}} = 3.68\text{m}^3/\text{h}$$

由此可以看到，由于被测介质的密度的变化，流量计的读数值与实际流量之间存在较大的差别，在使用时要特别注意。

4. 信号显示

转子流量计根据显示方式的不同可分为两类：一类是直接指示型的转子流量计，其锥

形管一般由玻璃制成,并在管壁上标有流量刻度,因此可以直接根据转子的高度进行读数,这类流量计也称玻璃转子流量计;另一类为电远传转子流量计,如图 5-21 所示,它主要由金属锥形管、转子、连动杆、铁芯、差动线圈和电子线路等组成,当被测流体的流量变化时,转子在锥形管内上下移动,由于转子、连动杆和铁芯为刚性连接,转子的运动将带动铁芯一起产生位移,从而改变差动变压器的输出,通过电子线路将信号放大后可使输出与流量成一一对应关系的电压或电流信号。

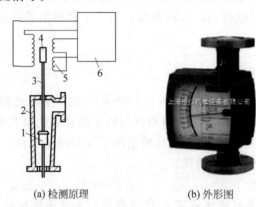

(a) 检测原理　　　　　(b) 外形图

图 5-21　电远传转子流量计

1—转子;2—锥管;3—连动杆;4—铁芯;5—差动线圈;6—电子线路

5. 应用特点

(1) 转子流量计主要适用于中小管径,小的可以为几毫米,最大一般不超过 100mm。

(2) 转子流量计通常用于较低雷诺数的中小流量的检测,相同口径下可测最小流速比节流式的流量计要小,而且量程比可达 10∶1。

(3) 流量计结构简单,使用方便,工作可靠,仪表前直管长度要求不高,但要求垂直安装。

(4) 流量计的测量准确度易受被测介质密度、黏度、温度、压力、纯净度、安装质量等的影响,正常情况下流量计的基本差约为仪表量程的 $\pm1\%\sim\pm2\%$。

(5) 使用时,当被测介质为非标准状态下的水或空气时,流量计的指示值要进行修正。

视频讲解

5.4　速度式流量计

速度式流量计的测量原理均基于与流体流速相关的各种物理现象,仪表的输出与流速有确定的关系,即可知流体的体积流量。工业生产中使用的速度式流量计种类很多,它们各有特点和适用范围。本节介绍两种应用较普遍、有代表性的流量计。

5.4.1　涡轮流量计

涡轮流量计是由涡轮流量传感器与显示仪表两部分构成。涡轮流量传感器是利用安装在管道中可以自由转动的叶轮感受流体的速度变化,从而测定管道内的流体流量。

1. 测量原理

涡轮流量传感器主要由涡轮叶片、导流器、磁电感应转换器、放大器及外壳组成,如图 5-22 所示。其测量原理描述如下:在管形壳体 4 的内壁上装有导流器 2,一方面促使流体沿轴线方向平行流动,另一方面支撑了涡轮的前后轴承,涡轮1上装有高导磁性的螺旋桨形叶片,管壁外装有磁钢和线圈组成的磁电感应转换器3和前置放大器5。当流体通过涡轮叶片与管道之间的间隙时,由于叶片前后的压差产生的力推动叶片使涡轮旋转。在涡轮旋转的同时,高导磁性的叶片就周期性地扫过磁钢,使该路的磁阻发生周期性的变化,线圈中的磁通量也跟着发生周期性的变化,线圈中便感应出交流电信号。交变信号的频率与涡轮的转速成正比,也即与流体的体积流量成正比。这个电信号经前置放大器放大整形后,便成为标准脉冲频率电信号,可直接送往计算机的计数口或数字输入通道,以测量瞬时流量或累计总量。

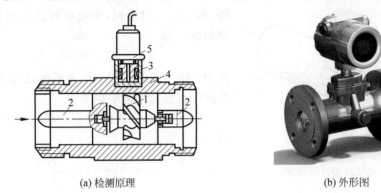

(a) 检测原理　　　　　　　　　　　　　　(b) 外形图

图 5-22　涡轮流量计

1—涡轮;2—导流器;3—磁电感应转换器;4—外壳;5—前置放大器

2. 流量方程式

涡轮流量计所测的流量 q_v 与其信号脉冲频率 f 成正比关系,表达式为

$$q_v = f/k \quad 或 \quad f = kq_v \tag{5-23}$$

式中:q_v 为流体的体积流量;f 为信号脉冲频率,即每单位时间发出的脉冲数;k 为仪表系数,为通过流量计每升体积流量所产生的脉冲数。

仪表系数 k 与流量计的涡轮结构等因素有关。理想情况下,k 恒定不变,则 q_v 与 f 呈线性关系。但实际情况是涡轮有轴承摩擦力矩、电磁阻力矩、流体对涡轮的黏性摩擦阻力等因素,所以 k 并不严格保持常数,特别是在流量很小的情况下。

3. 使用特点

涡轮流量计测量精度高,可以达到0.5级以上;反应迅速,可测脉动流量;耐高压,不受干扰;安装方便,线性度好;输出信号为电频率信号,特别适用于与二次显示仪、PLC、DCS等计算机控制系统配合使用。

涡轮流量计的主要缺点是高速转动的轴承易磨损,降低了长期运行的稳定性,影响使用寿命。通常涡轮流量计主要应用与测量精度要求高、流量变化快的场合,还用作标定其他流量计的标准仪表。

涡轮流量计一般应水平安装,并保持前后要有一定的直管段。为保证被测介质洁净,表前应加装过滤器。如果被测液体易气化或含有气体时,要在表前装上消气器。

5.4.2　电磁流量计

电磁流量计是基于电磁感应原理工作的流量测量仪表。它能测量具有一定电导率的液体的体积流量。由于它的测量精度不受被测液体的黏度、密度及温度等因素变化的影响,且测量管道中没有任何阻碍液体流体的部件，所以几乎没有压力损失。适当选用测量管中绝缘内衬和测量电极的材料，就可以测量各种腐蚀性(酸、碱、盐)溶液的流量，尤其在测量含有固体颗粒的液体，如泥浆、纸浆、矿浆等的流量时，更显示出其优越性。

1. 电磁流量计的工作原理

图 5-23 为电磁流量计原理图。在磁铁 N-S 形成的均匀磁场中，垂直于磁场方向有一个直径为 D 的管道，管道由不导磁材料制成，管道内表面衬挂绝缘衬里。当导电的液体在导管中流动时，导电液体切割磁力线，于是在和磁场及其流动方向垂直的方向上产生感应电动

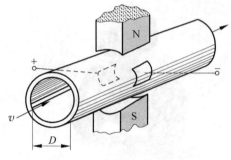

图 5-23 电磁流量计原理图

势，如安装一对电极，则电极间产生和流速成比例的电位差

$$U = BDv \qquad (5\text{-}24)$$

式中：D 为管道内径；B 为磁场磁感应强度；v 为液体在管道中的平均速度。

由式(5-24)可得到 $v = U/BD$，则体积流量为

$$q_v = \frac{\pi D^2}{4} \cdot v = \frac{\pi D}{4} \cdot U \qquad (5\text{-}25)$$

从式(5-25)可见，流体在管道中流过的体积流量和感应电动势成正比，欲求出 q_v 值，应进行除法运算 U/B。电磁流量计是运用霍尔元件实现这一运算的。

采用交变磁场以后，感应电动势也是交变的。这不但可以消除液体极化的影响，而且便于后面环节的信号放大，但增加了感应误差。

2. 电磁流量计的结构

电磁流量计由外壳、励磁线圈及磁轭、电极和测量导管四部分组成，如图 5-24 所示。磁场是用 50Hz 电源励磁产生，励磁线圈有以下三种绕制方法。

(1) 变压器铁芯型，适用于直径 25mm 以下的小口径变送器。

(2) 集中绕组型，适用于中等口径，它有上、下两个马鞍形线圈，为了保证磁场均匀，一般加极靴，在线圈的外面加一层磁轭。

(3) 分段绕制型，适用于大于 100mm 口径的变送器，分段绕制可减小体积，并使磁场均匀。

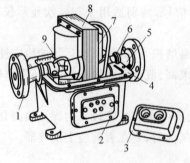

(a) 内部结构

(b) 外形图

图 5-24 电磁流量计外形图

1—法兰盘；2—外壳；3—接线盒；4—密封橡皮；5—导管；6—密封垫圈；7—励磁线圈；8—铁芯；9—调零电位器

电极与被测液体接触，一般使用耐腐蚀的不锈钢和耐酸钢等非磁性材料制造，通常加工成矩形或圆形。

为了能让磁力线穿过，使用非磁性材料制造测量导管，以免造成磁分流。中小口径电磁流量计的导管用不导磁的不锈钢或玻璃钢等制造；大口径的导管用离心浇铸的方法把橡胶和线圈、电极浇铸在一起，可减小因涡流引起的误差。金属管的内壁挂一层绝缘衬里，防止两个电极被金属导管短路，同时还可以防腐蚀，衬里一般使用天然橡胶（60℃）、氯丁橡胶（70℃）、聚四氟乙烯（120℃）等。

视频讲解

5.5　质量流量计

前面介绍的流量计都是用于流体的体积流量的测量。由于流体的体积是流体温度、压力和密度的函数，在流体状态参数变化的情况下，采用体积流量测量方式会产生较大误差。因此，在生产过程和科学实验的很多场合，以及作为管理和核算等方面的重要参数，流体质量流量的检测更为重要。目前质量流量计主要分为推导式、直接式和补偿式三大类。本节介绍推导式质量流量测量和直接式质量流量测量。

5.5.1　推导式质量流量测量

推导式质量流量计是采用测量体积的流量计与密度计的结合，并加以运算得出质量流量信号的测量仪表。体积流量计可以是差压式，也可以是速度式；密度计可以是核辐射式、超声波式，也可以是振动管式。

1. ρq_v^2 检测器与密度计组合的形式

利用节流流量计或差压流量计与连续测量密度的密度计组合测量质量流量的组成原理如图 5-25 所示。流量计检测出与管道中流体的 ρq_v^2 成正比的信号 x，由密度计检测出与 ρ 成正比的信号 y。

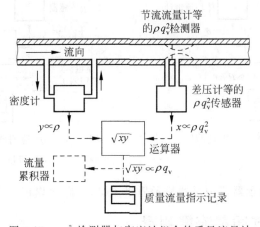

图 5-25　ρq_v^2 检测器与密度计组合的质量流量计

由于差压式流量计测得的信号 x 正比于介质的差压 Δp，密度计测量的信号 y 正比于测量介质的密度。将 x、y 同时送到乘法器运算，可得到 $xy \propto \rho^2 q_v^2$，再将其送至开平方运算器后得质量流量。质量流量表达式为

$$q_m = \sqrt{xy} = k\sqrt{\rho^2 q_v^2} = k\rho q_v \qquad (5\text{-}26)$$

将 q_m 信号送至累积器即可得到总质量流量。

2. 体积流量计与密度计的组合形式

容积、漩涡、电磁式等流量计可测量管道中的体积流量 q_v，将它与密度计组合可构成质量流量计。目前，实际使用的种类很多，如由体积流量计和浮子式密度计组合、涡轮流量计和浮子式密度计组合、电磁流量计与核辐射密度计组合等。

现以涡轮流量计与密度计组合而成的质量流量计为例来说明此类流量计的工作原理，如图 5-26 所示。涡轮流量计检测出与管道内流体的体积流量 q_v 成正比的信号 x，由密度计检测出与流体的密度 ρ 成正比的信号 y，经乘法器后得质量 $q_m = xy = k\rho q_v$，若求 t 时间内流过的总质量流量，需将 q_m 信号送至累积器即得累积流量

$$q_{m\text{总}} = \int_0^t q_v \mathrm{d}t \qquad (5\text{-}27)$$

3. ρq_v^2 检测器与体积流量计组合的形式

将测量 ρq_v^2 的差压式流量计与测量体积流量 q_v 的涡轮、电磁、容积或漩涡式等流量计组合，通过乘除器进行 $\rho q_v^2 / q_v$ 运算而得出质量流量，现以涡轮流量计与差压式流量计组合为例来说明其工作原理。

ρq_v^2 检测器与体积流量计组合的质量流量计如图 5-27 所示，从差压式流量计检测到的量 x 与 ρq_v^2 成正比，从涡轮流量计检测到的量 y 与 q_v 成正比。两者之比为质量流量，即得

$$q_m = \frac{x}{y} = k\frac{\rho q_v^2}{q_v} = k\rho q_v \qquad (5\text{-}28)$$

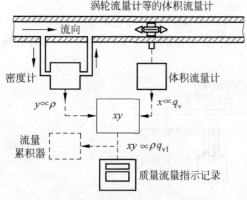

图 5-26　体积流量计和密度计组合的质量流量计

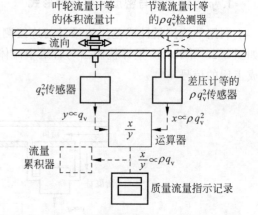

图 5-27　ρq_v^2 检测器与体积流量计组合的质量流量计

输出信号一路送指示器或记录器显示质量流量，一路送累积器得累积流量。

5.5.2　直接式质量流量测量

在质量流量测量中有时需直接测出质量流量，以提高测量精度和反应速度。科里奥利力（简称科氏）质量流量计就是一种直接式质量流量计。它是根据牛顿第二定律建立的力、加速度和质量的关系，来实现对质量流量的测量。

科氏质量流量计结构如图 5-28 所示。两根几何形状和尺寸完全相同的 U 形检测管 2，平行、牢固地焊接在支承管 1 上，构成一个音叉，以消隙外界振动的影响。两检测管在电磁励磁器 4 的激励下，以其固有的振动频率振动，两检测管的振动相位相反。由于检测管的振动，在管内流动的每一流体微团都得到一科氏加速度，U 形管受到一个与此加速度相反的科氏力。由于 U 形管的进、出侧所受的科氏力方向相反，而使 U 形管发生扭转，其扭转程度与 U 形管框架的扭转刚性成反比，而与管内瞬时的质量流量成正比。在音叉每振动一周过程中，位于检测管的进流侧和出流侧的两个电磁检测器各检测量一次，输出一个脉冲，其脉冲宽度与检测管的扭摆度即瞬时质量流量成正比。利用一个振动计数器使脉冲宽度数字化，并将质量流量用数字显示出来，再用数字积分器累积脉冲的数量，即可获得一定时间内质量流量的总量。检测管受力及运动如图 5-29 所示。

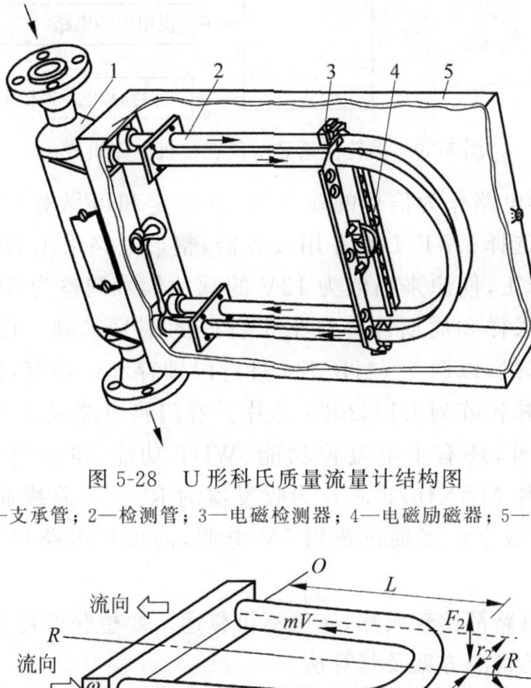

图 5-28　U 形科氏质量流量计结构图

1—支承管；2—检测管；3—电磁检测器；4—电磁励磁器；5—壳体

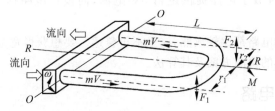

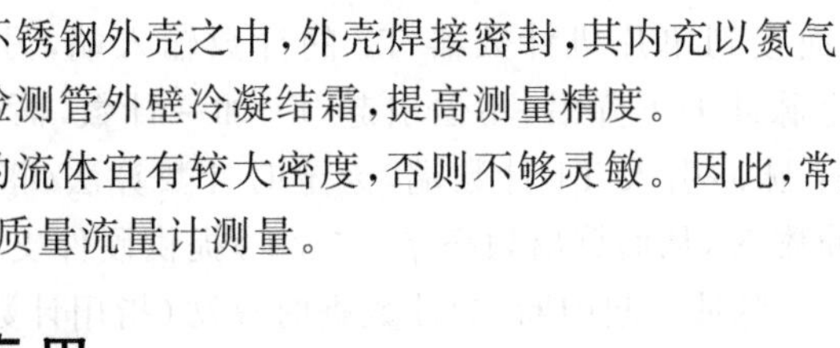

图 5-29　检测管受力及运动图

整个传感器置入不锈钢外壳之中，外壳焊接密封，其内充以氮气，以保护内部元器件，防止外部气体进入而在检测管外壁冷凝结霜，提高测量精度。

适合科氏流量计的流体宜有较大密度，否则不够灵敏。因此，常用于测量液体流量。气体密度太小，可用其他质量流量计测量。

5.6　工程应用

现以基于单片机的涡轮流量计显示仪表设计为例。

各种流量计，准确地说是流量传感器或变送器把流体流量转变为电信号之后，还需要有接收电信号的显示或控制仪表。本节以涡轮流量传感器为例，设计一款低成本、高精度的单片机流量显示仪表（系统）。

5.6.1 整机电路组成

涡轮流量显示仪表可以是以 AT89C52 单片机为核心部件，外配信号接收器和放大整形电路、显示驱动电路、RS-485 通信接口电路、供电电源电路、看门狗及电压监控电路等组成，其整机的硬件电路组成如图 5-30 所示。

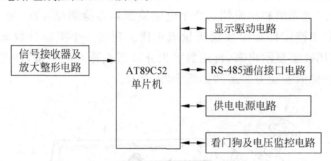

图 5-30　涡轮流量显示仪表整机电路组成

信号接收器和整形电路作为信号的输入级，其稳定和可靠对保证整个仪表的准确度非常重要，接收器可以选择 LWF-T 型专用接收器，整形电路采用 OP07 放大器，通过对脉冲的电压调整和边缘修正，使原来幅值为 12V 的脉冲信号调整为 5V，整形后的脉冲信号边缘更整齐，为后级的采样和周期计算打下了良好的信号基础。LED 显示驱动电路，可以采用动态扫描显示方式，以两片 74HC374 进行段锁存和位锁存，段驱动采用 8 只 NPN 三极管，位驱动采用达林顿阵列 ULN2003 芯片。看门狗电路采用 X5045 芯片，除了内部具有 EEPROM 存储器外，还有上电复位功能、WDT 功能、电源电压监控功能。通信方面，可以简单到采用一片 MAX487E 芯片为收发器的 RS-485 总线通信接口电路即可。供电电源电路分别向系统数字电路提供逻辑 5V 电源，向模拟电路提供 ±12V 与 ±5V 模拟电源。

实际上，其他外围电路都比较成熟，这里不再赘述。要想获得宽范围脉冲频率的精确测量，关键在于脉冲频率的检测方案及其算法。

5.6.2 检测电路

检测硬件电路如图 5-31 所示，来自涡轮流量传感器的脉冲信号，经滤波、整形、光电隔离等信号处理后，一方面接到单片机计数器 T1 的计数输入端，另一方面接到外部中断 INT0 的输入端。在每个脉冲的下降沿，不但引起 T1 加一计数，而且引起外部事件中断。这一方案的设计意图是：脉冲引入 T1 计数端，为定时计数算法（指在固定的测量周期 T 内，利用计数器记录脉冲数 N，从而算出频率 $f = N/T$）提供硬件支持；脉冲引入 INT0 外部中断输入端，每接到一个脉冲引起中断，为计数查时算法（指用计数器记录固定个脉冲数 K，查询记录 K 个脉冲所花费的时间 t，从而算出频率 $f = K/t$）提供硬件支持。前者算法的最大误差是一个脉冲，所以一般适于高频脉冲测量场合；后者算法的精度取决于定时器的最小定时间隔，所以只适用于低频脉冲测量场合。

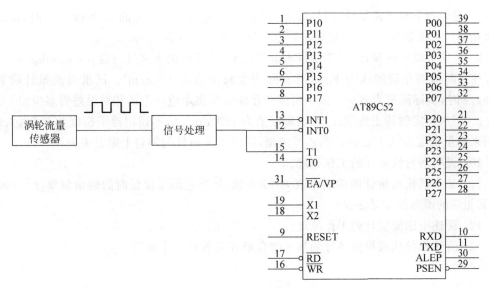

图 5-31 检测硬件电路

5.6.3 检测算法

限时定数算法是将定时记数法与记数查时法糅合在一起,既能在高频段又能在低频段实现脉冲频率的精确测量。算法原理如图 5-32 所示,每到固定的时间 T(取 $T=2\mathrm{s}$)后,以下一个脉冲的下降沿为记录时刻,此时计数器刚好记录下这一个脉冲,同时引起 INT0 中断。在 INT0 中断服务程序里,从 T1 计数器取出计数值 K、从定时器中取出 T1 计数器记录 K 个脉冲所花费的时间 t,从而算出频率 $f=K/t$。关于程序编制请读者参考有关文献。

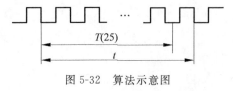

图 5-32 算法示意图

思考题与习题

1. 什么是瞬时流量和累积流量? 它们有几种表示方法? 相互之间的关系是什么?

2. 简述流量检测方法,列举不同检测方法对应的典型流量计。

3. 以椭圆齿轮流量计为例,说明容积式流量计的工作原理。

4. 说明节流式流量计组成及各部分作用。

5. 简述差压式流量计的工作原理。

6. 有一台 DDZ-Ⅲ差压变送器与标准孔版配套测量流量,差压变送器的量程为 16kPa,输出为 4～20mA,相应测量范围为 0～50t/h,工艺要求在 40t/h 报警,问:

(1)带开方器的差变的报警设定在多少毫安?

(2)不带开方器的差变的报警设定在多少毫安?

7. 有一台节流式流量计,满量程为 10kg/s,当流量为满刻度的 65% 和 30% 时,试求流量值在标尺上的相应位置(距标尺起始点),设标尺总长度为 100mm。

8. 有一节流式流量计,用于测量水蒸气流量,设计时的水蒸气密度 $\rho = 8.93kg/m^3$。但实际使用时被测介质的压力下降,使实际密度减小为 $8.12kg/m^3$。试求当流量计读数为 8.5kg/s 时,实际流量为多少? 由于密度变化使流量指示值产生的相对误差为多少?

9. 用水标定的转子流量计,其满刻度值为 $1000dm^3/h$,不锈钢浮子密度为 $7.92g/cm^3$,现用来测量密度为 $0.79g/cm^3$ 的乙醇流量,问浮子流量计的测量上限是多少?

10. 说明涡轮流量计的工作原理。

11. 某一涡轮流量计的仪表常数 $k = 100$ 次/l,当它测量流量时的输出频率 $f = 400Hz$ 时,其相应的瞬时流量是多少?

12. 简述电磁流量计的工作原理。

13. 简述推导式质量流量计的基本组合形式及各自工作原理。

第 6 章

物 位 检 测

教学目标

通过本章的学习,读者应理解物位的概念以及物位的基本检测方法,重点掌握静压式、浮力式液位计以及超声波式、电容式物位计的工作原理及应用,了解射频式物位计以及物位开关的测量方法。

6.1 概述

视频讲解

物位检测,在工业生产过程中具有重要地位。通过测量物位来确定容器或储罐里的原料、半成品或成品的数量,从而保证生产中各环节之间的物料平衡或进行经济核算。另外,物位测量可以及时了解生产的运行情况,以便将物位控制在一个合理的范围内,确保安全生产以及产品的数量和质量。

6.1.1 物位的定义

物位主要是指容器或设备中物料的表面位置,具体包括液位、料位和界位。

(1) 液位:容器中液体介质的液面高低位置。在很多场合下,物位测量通常指的是液位测量。

(2) 料位:容器中所存储的块状、粉末状、颗粒状物料堆积高度的表面位置。

(3) 界位:也称为相界面位置,即容器中两种不同介质在静止或扰动不大情况下的相互分界面的位置。例如,容器中两种互不相溶的液体形成的分界面,称为液-液相界面;容器中互不相溶的液体和固体之间的分界面,称为液-固相界面。

综上所述,物位是液位、料位以及界位的总称。对物位进行测量、指示的仪表,称为物位检测仪表。

6.1.2 常用物位检测方法

由于被测对象种类繁多,检测的条件和环境也千差万别,因此物位检测的方法很多,以满足不同生产过程的测量要求。常用的物位检测方法可以分为以下几种。

(1) **按测量方式分**:主要包括连续测量和定点测量。其中,前者是指连续测量物位的变化;后者是指只测量物位是否达到上限、下限或某个特定的位置,一般用来监视、报警、输出控制信号,这种定点测量用的仪表被称为物位开关。

（2）按工作原理分：主要包括直读式、静压式、浮力式、电气式以及机械接触式物位测量方法,具体含义如下。

直读式——根据流体的连通性原理,在设备容器上开一条侧壁窗口或外接旁通玻璃管,以直接观察测量液位。

静压式——根据流体静力学原理,液柱或物料堆积高度的变化,对容器底部某点产生的静（差）压力的变化来测量物位。这类仪表有压力式、差压式和吹气式。

浮力式——根据阿基米德定律来测量液位,包括恒浮力式和变浮力式两种方法。前者是通过浮子高度随液位升降变化来测量液位,后者是通过液体对沉浸在液体中的浮筒（也称为沉筒）的浮力变化来测量液位。

电气式——把敏感元件置于被测介质中,物位的变化引起其电气参数（如电阻、电容、磁场等）的变化,通过测量电量便可知物位。

机械接触式——通过测量探头与物料表面接触时的机械力来对物位进行测量。这类仪表有重锤式、旋翼式和音叉式。

此外,还有辐射式、声学式、光学式、射线式、微波式、激光式、射流式、光纤维式等多种物位测量方法。

本章主要介绍静压式、浮力式、超声波式、电容式、射频式物位测量方法以及物位开关的工作原理。

视频讲解

6.2　静压式液位计

静压式液位计是石油、化工生产过程中应用较广的一种液位检测仪表,具有结构简单、测量准确度较高、线性度较好等特点。除用于多种容器内液位的连续测量外,还可用于界位的连续测量。

6.2.1　测量原理

静压式液位计根据液体的液位与液柱高度产生的静压力成正比的原理来完成对液位的测量。当被测介质密度不变时,通过测量参考点的压力即可测得相应液位的大小。图 6-1 为静压式液位计的实物图。

静压式液位计的测量原理如图 6-2 所示,图 6-2(a)为敞口容器,将压力计与容器底部相连,根据流体静力学原理,所测压力与液位的关系为

$$P = \rho g H \rightarrow H = P/\rho g \qquad (6-1)$$

当液体介质的密度 ρ 是已知且在一定条件范围内保持恒定,就可以根据测得的压力计算出液位高度 H。

图 6-1　静压式液位计实物图

显然,在测量受压密闭容器中的液位时,由于介质上方容器内的气体压力变化会产生附加静压力,所以需要采用差压式液位计（变送器）,如图 6-2(b)所示。差压变送器的高压侧与容器底部的取压管相连,低压侧与液面上方容器的顶部相连。从图 6-2(b)中可以看到,差压变送器高、低压侧所感受

的压力分别为

$$P_高 = P_气 + \rho g H, \quad P_低 = P_气, \quad 压差为 \Delta P = P_高 - P_低 = \rho g H$$

所以

$$H = \Delta P / \rho g \tag{6-2}$$

综上所述,利用静(差)压原理测量液位,就是把液位测量转化为压力或压差测量,因此各种压力或差压式仪表,都可以用来测量液位。

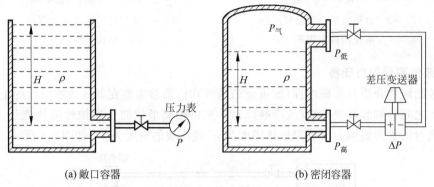

(a) 敞口容器　　　　　　　　　　　　　　(b) 密闭容器

图 6-2　静(差)压式液位计的测量原理图

6.2.2　零点迁移

上述情形,在液位 $H = 0$ 时,作用在差压变送器正、负压室的压力是相等的,即 $\Delta P = 0$,这就是一般的"无迁移"情况。但是,当容器底部与差压变送器的取压口不在同一水平高度,即当液位 $H = 0$ 时,差压变送器正、负压室接受的差压 $\Delta P \neq 0$,则会产生额外的静压误差,这时就需要进行零点迁移。所谓零点迁移,是指通过调整差压变送器内的迁移弹簧张力(详见 5.3.1 节),以对感压元件施力抵消这个额外的静压,从而使差变的输出零点与零液位(而不是零差压输入)对应一致。据此,零点迁移改变了差变测量范围的上、下限,相当于测量范围的平移,而不改变量程大小。

通常,零点迁移有正迁移和负迁移两种情形。

1. 液位测量的正迁移

当差压变送器的取压口低于容器底部时,需要对液位测量进行正迁移。如图 6-3 所示,这里 P_Λ 为密闭容器液体上方的气体压力。

从图 6-3 中可以看到,此时差压变送器正、负压室的压力分别为

$$p_1 = p_\Lambda + \rho g h + \rho g h_0$$

$$p_2 = p_\Lambda$$

因此,差压变送器中测量的差压为

$$\Delta p = p_1 - p_2 = \rho g h + \rho g h_0 \tag{6-3}$$

从差压式中可以看到,对比无迁移情况,Δp 多了一项压力 $\rho g h_0$,它作用在差压变送器的正压室上,因此称之为正迁移量。为了使零液位和液位上限仍能与差压变送器的输出电流下限和上限相对应,就必须调整差变中迁移弹簧的张力以抵消 $\rho g h_0$ 的影响,使差压变送器的压力测量范围变为 $\rho g h_0 \sim (\rho g h_0 + \rho g h_{max})$(对应液位从零液面到上限液面的压力),这样就相当于将差压变送器原有的差压输入零点迁移到 $\rho g h_0$ 处,迁移后差压变送器(DDZ-Ⅲ型)的输出电流范围保持不变,依旧为 $4 \sim 20mA$,如图 6-4 所示。

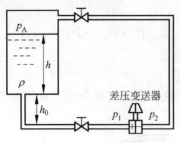

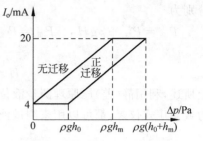

图 6-3　取压口低于容器底部的
液位测量原理图

图 6-4　正迁移后差压变送器的
输入输出特性

2. 液位测量的负迁移

当被测液体介质具有腐蚀性（或可凝结蒸气）时，通常需要在差压式液位计的正、负压室与取压点之间分别装设隔离罐（或冷凝罐），并充以隔离液以防止腐蚀性液体或气体进入液位计造成对仪表的腐蚀。设被测液体密度为 ρ，隔离液的密度为 ρ_1，如图 6-5 所示。

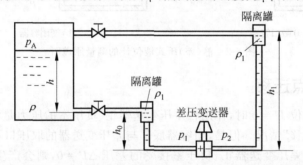

图 6-5　介质具有腐蚀性或可凝结蒸气的液位测量原理图

从图 6-5 中可以看到，此时差压变送器正、负压室的压力分别为

$$p_1 = p_A + \rho g h + \rho_1 g h_0$$

$$p_2 = p_A + \rho_1 g h_1$$

因此，差压变送器中测量的差压为

$$\Delta p = p_1 - p_2 = \rho g h - \rho_1 g (h_1 - h_0) \tag{6-4}$$

从差压式中可以看到，对比无迁移情况，Δp 多了一项压力 $-\rho_1 g(h_1-h_0)$，它作用在差压计的负压室上，因此称之为负迁移量。为了使零液位和液位上限仍能与差压变送器的输出电流下限和上限相对应，就必须调整差变中迁移弹簧的张力以抵消 $-\rho_1 g(h_1-h_0)$ 的影响，使差压变送器的压力测量范围变为 $-\rho_1 g(h_1-h_0) \sim [\rho g h_{\max} - \rho_1 g(h_1-h_0)]$（对应液位从零液面到上限液面的压力），这样就相当于将差压式液位计原有的差压输入零点迁移到 $-\rho_1 g(h_1-h_0)$ 处，迁移后差压变送器（DDZ-Ⅲ型）的输出电流范围保持不变，依旧为 4～20mA，如图 6-6 所示。

这里需要注意：由图 6-4 和图 6-6 可知，正、负迁移只是改变了差压变送器测量范围的上、下限值，而不改变其量程的大小。

综上所述，可以总结出在无迁移、正迁移、负迁移三种情况下，液位、差压信号输入、差变电流输出信号之间的关系，如表 6-1 所示。

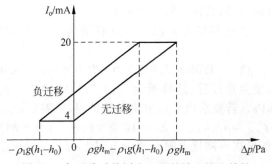

图 6-6 负迁移后差压变送器的输入输出特性

表 6-1 液位、差压信号输入、差变电流输出信号间的关系

项目		液位 h/mm	差压信号输入 $\Delta p/kPa$	差变电流输出 I_o/mA
无迁移		0	0(例：0mmH$_2$O)	4
		h_{max}	Δp_{max}(例：5000mmH$_2$O)	20
正迁移	迁移前	0	$\rho g h_0 > 0$ （例：2000mmH$_2$O）	>4 （例：10.4mA）
		h_{max}	$>\Delta p_{max}$（$\Delta p_{max} + \rho g h_0$） （例：(5000+2000)mmH$_2$O）	>20
	迁移后	$0 \sim h_{max}$ （$h_0 = 200m$）	$\rho g h_0 \sim \rho g h_0 + \rho g h_{max}$ （2000~7000mmH$_2$O）	$4 \sim 20$
负迁移	迁移前	0	$-(\rho_1 g h_1 - \rho_1 g h_0) < 0$	<4
		$<\Delta p_{max}$	<20	
	迁移后	$0 \sim h_{max}$	$-\rho_1 g(h_1 - h_0) \sim$ $\rho g h_{max} - \rho_1 g(h_1 - h_0)$	$4 \sim 20$

下面将具体举例，来进一步说明零点迁移的计算问题。如图 6-7 所示，在密闭容器中，取压口低于容器底部的距离为 h_1，且与负压室连接的隔离罐中隔离液的高度为 h_2，已知 $\rho_1 = 1200kg/m^3$，$\rho_2 = 950kg/m^3$，$g = 9.8m/s^2$，$h_1 = 1.0m$，$h_2 = 5.0m$，当密闭容器中的液位变化范围在 $h = 0 \sim 3.0m$ 时，请求出差压液位计的迁移量和量程各是多少？

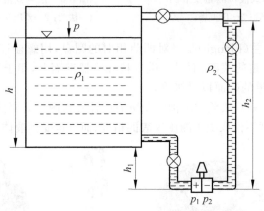

图 6-7 具有零点迁移的液位测量结构图

分析图 6-7 可知，由于取压口低于容器底部，因此存在一定的正迁移量；又由于存在与负压室相连接的隔离罐，因此该测量图中也存在一定的负迁移量，最终差压液位计如何迁移

要看两种迁移量比较后的结果，具体求解过程如下。

解：从图 6-7 中可知，正迁移量为 $\rho_1 g h_1$，负迁移量为 $-\rho_2 g h_2$，因此该液位测量系统的总迁移量为

$$Z_0 = \rho_1 g h_1 - \rho_2 g h_2 = 1200 \times 9.8 \times 1.0 - 950 \times 9.8 \times 5.0 = -34790 \text{Pa}$$

因此该液位测量系统为负迁移，迁移量为 -34.79kPa，也就是说该差压液位计的测量下限 Δp_{min} 为 -34.79kPa。若要求出差压液位计的量程，还需要知道测量上限，具体求解为

$$测量上限\ \Delta p_{max} = \rho_1 g h_{max} + Z_0 = 1200 \times 9.8 \times 3.0 - 34790 = 490 \text{Pa}$$

因此，差压液位计的量程＝测量上限—测量下限＝$\Delta p_{max} - \Delta p_{min} = 0.49 - (-34.79) = 35.28 \text{kPa}$。

6.2.3 安装方式

实际工程中，静压式液位计有两种主要的安装方式：引压管（压力表）式和法兰式。

1. 引压管（压力表）式

如图 6-8 所示，引压管式主要通过引压管引出正、负端压力，然后用压力表直接测压。

2. 法兰式

对于有腐蚀性或含有结晶颗粒以及黏度大、易凝固的液体介质，为防止引压管线被腐蚀或堵塞的问题，工程中是采用法兰式差压变送器的方式，它分为单法兰式和双法兰式两种结构。如图 6-9 所示，金属感压膜盒安装在法兰中，插入容器内直接与介质接触，感压膜盒与差变测量室之间则由带保护套管的毛细管相通，管内充满硅油以传递液柱压力。

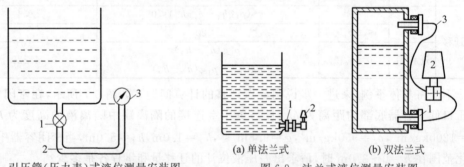

图 6-8　引压管（压力表）式液位测量安装图　　　　图 6-9　法兰式液位测量安装图
1—旋塞阀；2—引压管；3—压力表　　　　　　　1—法兰；2—差压变送器；3—毛细管

如图 6-10 所示，法兰（Flange）是一对凹凸相对的圆盘，用螺栓连接，用垫片密封。一对圆盘分别焊接在圆形管道的端面，而另一端焊接在容器壁面上，用于管道与容器之间的连接（或者焊接在另一个管道的端面以对接管道）。

图 6-11 为单法兰式和双法兰式结构的差压液位计实物图。需要注意的是，在使用差压计检测液位时，其测量精度不仅取决于测压仪表的精度，而且也受到液体温度对其密度的影响。

图 6-10　法兰实物的正反两面　　　　图 6-11　单法兰、双法兰结构的差压液位计实物图

6.3　浮力式液位计

浮力式液位计,通常包括恒浮力式和变浮力式液位计。其中,前者是通过浮子随液面升降变化来测量液面的位移,而后者是通过液面升降对浮筒产生浮力大小的变化来测量液位的高低。常用的恒浮力式液位计主要有钢带浮子式液位计、磁浮子式液位计;常用的变浮力式液位计主要有浮筒式液位计。

6.3.1　钢带浮子式液位计

钢带浮子式液位计是一种简单的液位计,一般只能就地显示,不能远传。图 6-12 为钢带浮子式液位计的实物图和工作原理图,钢带浮子式液位计主要包括浮子、定滑轮、平衡重锤以及刻度标尺(标尺的下端代表高水位)等部分构成。当液位计静止时,由受力平衡原理可知:

$$浮子的重力＝浮子受到的浮力＋拉力（注意：忽略滑轮摩擦阻力）$$

当液面下降时,由于浮子浸入液体的深度减小,因此向上的浮力减小,于是浮子随着液面高度的降低而向下运动,此时用于指示刻度标尺的平衡重锤相应的向上运动,当再次平衡时,刻度标尺向上运动的位移大小,就是液面下降的位移大小,从而测出液位的变化。同理,当液位上升时,浮子浸入液体的深度变大,向上浮力增加,此时平衡重锤向下运动,当再次平衡时,刻度标尺增加的示数就恰好反映了液位升高的程度。

6.3.2　磁浮子式液位计

图 6-13 为磁浮子式液位计的实物图。该液位计的测量原理是以磁性浮子为测量元件,通过磁耦合装置将容器内液位的变化,传送到现场指示器或远传到其他二次仪表。

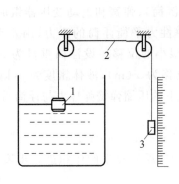
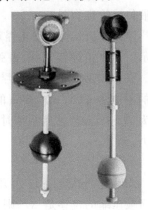

图 6-12　钢带浮子式液位计的实物图和工作原理图
1—浮子;2—定滑轮;3—平衡重锤

图 6-13　磁浮子式液位计的实物图

图 6-14 为磁浮子式液位计的安装与内部结构图,在容器内插入下端封闭的不锈钢管,管内固定一长条形绝缘板,板上紧密排列着舌簧管和电阻。在不锈钢管外,套有一个可上下滑动的圆珠形浮子,其内装有环行永磁铁氧体即磁环,磁环的两面分别设有 N 极和 S 极。

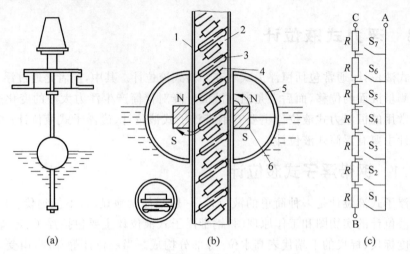

图 6-14　磁浮子式液位计的安装与内部结构图

1—导管；2—条形绝缘板；3—舌簧管；4—电阻；5—浮子；6—磁环

当装有磁环的浮子随液位上下移动时，由于磁力的作用，使得处于管中的舌簧管吸合导通，而其他的舌簧管则处于开路状态。把不锈钢管内的所有电阻和舌簧管按图 6-14(c)连接，则随着液位的升降，AC 间或 AB 间的阻值就相继改变。只要配上相应的检测电路，就可将电阻值变为标准的电流信号（若在 CB 间接入恒定的电压，A 端可得到与液位高度成比例的电压信号）。该磁浮子式液位计的特点是结构简单，显示清晰直观。

6.3.3　浮筒式液位计

浮筒式液位计是一种变浮力式液位计。作为检测元件的浮筒为圆柱形，部分浸没于液体之中，通过浮筒被液体浸没的高度不同，而引起的浮力变化来检测液位。图 6-15 为浮筒式液位计的实物图。

浮筒式液位计主要由浮筒（或称沉筒）、弹簧和差动变压器组成，其结构原理如图 6-16所示。浮筒由弹簧悬挂，由弹簧的弹性力平衡浮筒的浮力，用差动变压器测量浮筒的位移。在检测液位的过程中浮筒只有很小的位移。设浮筒重量为 w，截面积为 $A(\mathrm{m}^2)$，弹簧的刚度为 $k(\mathrm{N/m})$，弹簧的压缩位移为 $x(\mathrm{m})$，液体密度为 $\rho(\mathrm{kg/m}^3)$，浮筒没入液体高度为 H。当浮筒达到平衡时，则有向下的压缩弹簧弹性力与浮筒重力之和等于向上的浮筒浮力，即

$$kx + w = \rho g A H \tag{6-5}$$

当液位的高度由 H 再升高 ΔH 时，浮筒浸没的体积进一步增加，故向上的浮力增大，弹簧被压缩的位移是 Δx，则有

$$k(x + \Delta x) + w = \rho g A(H + \Delta H - \Delta x) \tag{6-6}$$

式(6-5)与式(6-6)相减得

$$\Delta H = (1 + k/\rho g A)\Delta x \tag{6-7}$$

式(6-7)表明液位高度变化与弹簧变形位移量成正比。同时，浮筒连杆带动铁心同步上移，便会在差动变压器二次线圈上得到一个差动电压信号，从而间接得到电压与液位高度之间的函数关系，完成了液位的测量。

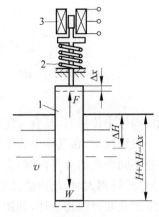

图 6-15　浮筒式液位计的实物图

图 6-16　浮筒式液位计的原理图
1—浮筒；2—弹簧；3—差动变压器

下面具体举例说明浮力式液位计的应用。如图 6-17 所示为汽车的油量表及工作原理图，通过浮球连接了一个阻值为 R 的滑动变阻器，整个回路中油量表实际上就相当于一个电流表。当用油量不同时，浮子所受到的浮力大小产生变化，此时带动指针指向滑动变阻器的不同位置，从而使回路中电流随液位的高低同步变化，来提示司机当前所驾驶汽车的实际油量。

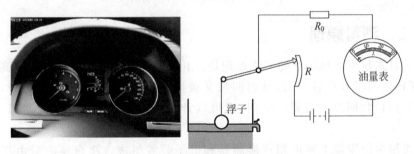

图 6-17　汽车的油量表及工作原理图

6.4　超声波物位计

用超声波测量物位是利用回声测距的原理进行的。超声波检测是利用不同介质的不同声学特性对超声波传播的影响来探查物体和进行测量的一门技术。由于其具有无损检测的优越特性，因而广泛应用在颗粒状、粉状、块状等固态物体的料位检测、废水（中水）处理中的液位检测、金属部件的厚度检测和金属探伤等方面。

6.4.1　声波的组成

超声波（Ultrasonic）是声波的一种。声波是一种机械振动波，包括次声波、可闻声波以及超声波，其频率分布如图 6-18 所示。

超声波是指频率超过 20kHz 的一种机械振动波，它的特点是能量集中、穿透力强、指向性好。超声波的频率越高，其声场方向性越强，与光波的反射和折射特性就越接近。超声波

视频讲解

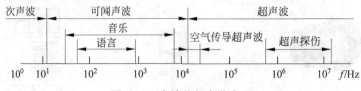

图 6-18　声波的频率分布图

在气、液、固体中传播时,具有一定的传播速度,但是在不同介质中传播时也会被吸收一部分能量。一般情况下,在气体中传播的超声波衰减最大,固体中衰减最小。特别是,当超声波穿过两种不同介质的分界面时,会发生反射和折射。若相界面两侧的声阻抗(声速与介质密度之积)差距特别大时,超声波几乎不进行折射,全部表现为反射。根据这一特性,制成了各类回波反射式超声波物位计,如图 6-19 所示。

图 6-19　超声波物位计实物图

6.4.2　测量原理

回波反射式超声波物位计的工作原理是:由超声换能器(又称探头)发出高频超声波脉冲,遇到相界面时被反射回来,反射回波又被换能器接收,并转换成电信号,若测量出发射超声波到接收回波所需的时间,就可以计算出从探头到相界面的距离,进而测得物位。

压电式超声换能器主要由超声换能器和电子装置组成。超声换能器由压电材料制成,超声波的发射和接收过程遵循逆压电效应和压电效应。逆压电效应是指将交变电压加在晶体两个端面的电极上,沿晶体厚度方向将产生与所加交变电压同频率的机械振动,向外发射超声波;压电效应是指当压电晶体受到外力(声波声压)作用时,晶体两端将会产生与外力同步变化的极性相反的电荷。电子装置接收和处理经过超声换能器转换回来的电信号。

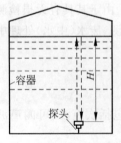

图 6-20　回波式超声波物位计工作原理图

如图 6-20 所示,置于容器底部的超声换能器向液面发射短促的超声波脉冲,经过一定的时间 Δt 后,从液面处产生的反射回波又被超声换能器接收。因此,若声波在水中的传播速度为 v,则由超声换能器到液面的距离 H,可用以下公式求得:

$$H = \frac{1}{2} v \Delta t \tag{6-8}$$

上述计算公式说明,从超声换能器发射到接收到超声波脉冲所需要的时间间隔与超声换能器到被测介质表面的距离成正比。

根据超声波传播介质的不同,超声波物位计可以分为气介式、液介式和固介式,如图 6-21 所示。而根据结构形式的不同,超声波液位计又可以分为一体化超声波液位计、分体式超声波液位计、分体式超声波料位计等多种。

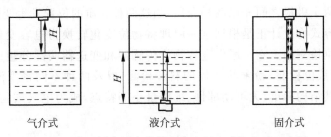

气介式　　　　　　　　　液介式　　　　　　　　　固介式

图 6-21　在不同介质中传播的各类超声波物位计示意图

无论何种形式的超声波液位计,其优点都是非接触式测量,无机械可动部分、寿命长、安装维修方便,适用于有毒、高黏度、腐蚀性强的各种液体、粉末、块状介质;但是,其缺点在于电路复杂、价格较高。另外,在实际测量的过程中,还要实时进行温度补偿。因为声波传播速度很容易随介质的温度而变化,所以需要及时进行温度补偿,从而使液位测量更加精确。

6.4.3　应用举例

一个带有温度补偿功能的超声波液位计装置结构图如图 6-22 所示。从图中可以看到,在液面上方安装气介式超声探头,由于空气中的声速随温度改变会造成温漂,所以在传输的路径中设置了一个反射性良好的小板作标准参照物,以便计算修正。上述方法除了可以用于测量液位外,还可以用于测量粉体和粒状体的物位。

【例 6-1】　从液晶显示屏上测得 $t_0 = 2\text{ms}$,$t_{h1} = 5.6\text{ms}$,且水底与超声探头的间距 $h_2 = 10\text{m}$,反射小板与探头的间距 $h_0 = 0.6\text{m}$,求液位 H。

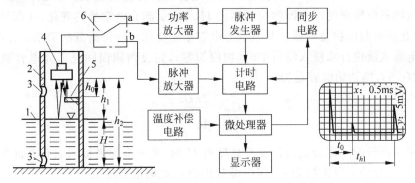

图 6-22　带温度补偿的超声波液位计装置结构图

1—液面;2—直管;3—通孔;4—空气超声探头;5—反射小板;6—电子开关

解:由于超声波在相同介质中的传播速度相同,因此速度

$$c = \frac{2h_0}{t_0} = \frac{2h_1}{t_{h1}} \quad \frac{h_0}{t_0} = \frac{h_1}{t_{h1}}$$

则

$$h_1 = \frac{t_{h1}}{t_0} h_0 \approx \left(\frac{5.6}{2.0} \times 0.6\right)\text{m} = 1.68\text{m}$$

所以液位 $H = h_2 - h_1 = (10 - 1.68)\text{m} = 8.32\text{m}$。

视频讲解

6.5　电容式物位计

在电容器的两个极板之间充以两种介质，当这两种介质的位置发生变化时，会引起电容量发生变化。电容式物位计正是根据这一原理将物位变化转换为电容变化，再通过测量电容变化来实现物位检测的。它一般由电容物位传感器和变送器两部分组成，适用于各种导电、非导电液体的液位检测，粉末状物体的料位检测，以及两种不同密度液体的界位检测。电容式物位计因其结构简单、无可动部件、维护量小等特点，成为电气式物位计中应用较广泛的一种物位计。

6.5.1　测量原理

电容式物位传感器根据圆筒形电容器原理进行工作。它由两个同轴圆筒形极板组成内、外电极，中间充以绝缘物质构成圆筒形电容器，如图 6-23 所示。该圆筒形电容器的电容量 C 可表示为

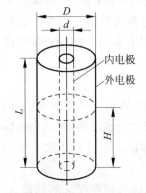

图 6-23　圆筒形电容器结构图

$$C = \frac{2\pi\varepsilon L}{\ln\dfrac{D}{d}} \tag{6-9}$$

式中：L 是内、外电极的长度，m；ε 是内、外电极之间介质的介电常数，F/m；D 是外电极的内径，m；d 是内电极的外径，m。

实际测量中，由于 D 和 d 是几何尺寸，一般固定不变，因此电容量 C 的大小取决于电极的长度 L 和介电常数 ε。

若将圆筒形电容器作为传感器（探头）插入被测物料中，那么电极被物料所浸没的深度即物位的高低 H 将会引起介电常数的变化，从而导致电容量的变化，由此便可测出物位高低。其电容器电容量的变化与物位高低的关系可作如下推导。

当该电容式液位计未浸入物料中时（物位为零），假设两圆筒间充以介电常数为 ε 的空气，根据式(6-9)，则初始电容量为

$$C_0 = \frac{2\pi\varepsilon L}{\ln\dfrac{D}{d}} \tag{6-10}$$

当两圆筒电极的一部分被物料浸没高度为 H 时，则两金属极板间的介电常数将发生变化，其中浸没部分的介电常数为 ε_1、露出部分仍为 ε，此时电容量为

$$C = \frac{2\pi\varepsilon_1 H}{\ln\dfrac{D}{d}} + \frac{2\pi\varepsilon(L-H)}{\ln\dfrac{D}{d}} = C_0 + \frac{2\pi H(\varepsilon_1 - \varepsilon)}{\ln\dfrac{D}{d}}$$

则有

$$\Delta C = C - C_0 = \frac{2\pi(\varepsilon_1 - \varepsilon)}{\ln\dfrac{D}{d}} H \tag{6-11}$$

在一定条件下，$\dfrac{2\pi(\varepsilon_1 - \varepsilon)}{\ln\dfrac{D}{d}}$ 为常数，则 ΔC 与 H 成正比，测得电容的变化量即可得知物位。

根据被测介质的不同性质,电容式物位传感器在具体结构和测量方式上有所差异。下面以液体和固体颗粒(粉末状物体)为例分别说明液位和料位的测量方法和传感器形式。

6.5.2 电容式液位计

电容式液位计可以测量导电和非导电液体的液位。

当测量非导电介质的液位时,可用同心套筒电极构成非导电液体的电容式液位计,如图 6-24 所示;也可以在容器中心设内电极,金属容器壁作为外电极,从而形成同心电容器。

当测量导电液体时,可用外包绝缘套管的金属棒做内电极,而液体介质本身即外电极,从而构成导电液体的电容式液位计。这时液位的变化是引起内、外极板长度的改变,从而使电容量发生变化,如图 6-25 所示。

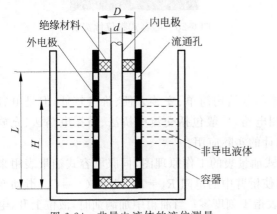

图 6-24 非导电液体的液位测量

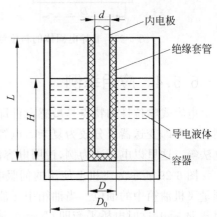

图 6-25 导电液体的液位测量

在实际应用中,需要注意介质浓度、温度变化可能引起的介电常数变化,如图 6-26 所示为电容式液位计的实物图。

图 6-26 电容式液位计实物图

6.5.3 电容式料位计

用电容法还可以测量固体块状颗粒体和粉料的料位。由于固体间磨损较大,容易"滞留",可用电极棒及容器壁组成电容器的两极来测量非导电固体料位。图 6-27 所示给出了非导电固体料位计的示意图,而实物图如图 6-28 所示。

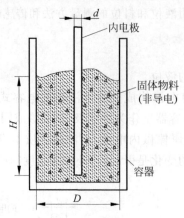

图 6-27　非导电固体的料位测量　　　　图 6-28　电容式料位计实物图

6.5.4　应用举例

电容式物位计的特点是敏感元件即传感部分结构简单、安装方便、价格较低,但是电容测量电路即变送器部分较为复杂。电容检测电路,一般包括交流电桥法、谐振电路法、充放电法等。这里以电桥法为例,说明电容液位计的实际应用。

图 6-29 所示为飞机上使用的伺服电容式油量表的工作原理图,伺服电容式油量表用来测量飞机油箱中的油位。当油箱中无油时,使桥臂中的电阻 $R_3=R_4$,电容 $C_x=C_0$,滑动变阻器 $R_P=0$,这时电桥平衡即 $U_{bd}=0$,油量表指于刻度零;当油箱中加满油时,液位上升,电容 C_x 的值增大,电桥失去平衡,U_{bd} 经运算放大器放大后驱动伺服电机正转,通过减速箱减速后带动指针停留在最大转角 θ 处,与此同时通过减速箱和滑动变阻器 R_P 之间的机械连接结构使 R_P 增大,当 R_P 增大到一定程度时,使电桥再次平衡,伺服电机停转;当油箱中的油料被使用时,油位将降低,此时电容量 C_x 减小,又使电桥失去平衡,从而带动伺服电动机反转,指针从最大转角 θ 处逆时针偏转(示值减小),同时减速箱带动 R_P 的滑动臂移动,当

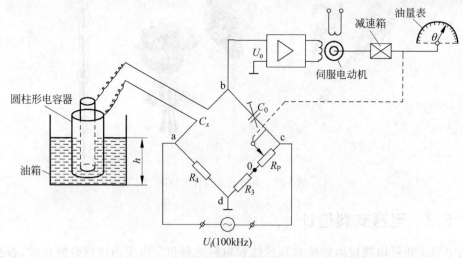

图 6-29　飞机使用的伺服电容式油量表的工作原理图

阻值减小到一定程度时,电桥又达到新的平衡状态,伺服电动机停转,指针停留在新位置处。

6.6 射频式物位计

射频导纳式物位计是一种从电容式物位计发展而来的防挂料、可靠性高、准确度好、适用范围广的新型物位计。它是电容式物位计的升级,通常电容式物位计对黏性物料的物位测量存在误差,而射频导纳式物位计可以有效解决电容物位计的挂料问题,从而使测量更加准确。图 6-30 所示为射频导纳式物位计的实物图。

图 6-30 射频导纳式物位计的实物图

射频导纳技术主要是射频和导纳两个关键词。其中,射频是指高频无线电波谱,而导纳是指电学中阻抗的倒数,具体可以包括阻性、容性以及感性成分。因此,射频导纳技术可以理解为通过高频无线电波对导纳的大小进行测量。当射频导纳式物位计工作时,仪表的传感器与罐壁及待测介质形成一定的导纳值;当待测介质的物位发生变化后,其导纳值也发生相应的变化,由电路单元将测量的导纳值转换为物位信号输出,来实现物位测量。通常,射频导纳式物位计具有以下特点:

(1) 能对导电、黏性物料的物位进行测量;

(2) 稳定性高,不易受待测介质特性变化的影响,如黏度、化学成分、电特性等;

(3) 应用范围广,可测全部四类介质液体、固体、浆料、界面物位;

(4) 可以对表面有较多泡沫的介质物位进行测量。

射频导纳技术由于引入了电容以外的测量参量,尤其是电阻参量,从而使物位计测量信号的信噪比提高,这使仪表的分辨力、准确性、可靠性以及应用范围都得到了较大的提升。例如,对一个强导电性物料的容器而言,由于物料是导电的,对变送器探头来说表现为一个纯电容。然而,随着容器不断排料,变送器探杆上将不断产生新的挂料,而挂料具有一定的阻抗,因此原来的纯电容就变成了现在的电容与电阻组成的复阻抗,从而使物位的测量更加精确。

在这里需要特别注意:对于一些导电介质物位的测量,一定要在安装过程中做好防护工作。当安装在危险场合时,需要在其供电回路上加安全栅;有时安装要求更高,需要进行隔爆安装。

6.7 物位开关

在物位检测过程中,有些工况不需要对物位进行连续检测,只需要检测物位是否达到上限、下限或某个特定位置,这种定点测量用的仪表被称为物位开关。通过各类物位开关,可以检测出固体颗粒状物料、浆料或者固液、液液分界面的高度是否达到某一预定位置以及判断出物料的有无等情况,并输出相应的开关量进行物位指示,一般用来监视、报警或输出控制信号。物位开关的特点是简单、可靠、使用方便,适用范围广。

6.7.1　测量原理及分类

根据被测对象的不同,物位开关也有不同的种类,各类物位开关的工作原理与相应的连续物位测量仪表类似。表 6-2 给出了几种物位开关的特点及示意图。

表 6-2　物位开关

分 类	示 意 图	与被测介质接触部	分 类	示 意 图	与被测介质接触部
浮球式		浮球	电导式		电极
振动叉式		振动叉或杆	核辐射式		非接触
微波穿透式		非接触	运动阻尼式		运动板

图 6-31 所示依次为浮球式、电导式、音叉式、微波式、阻旋式、核辐射式物位开关的实物图。

图 6-31　各类物位开关实物图

以下仅介绍微波式和电导式两种物位开关。

6.7.2　微波式物位开关

微波式物位开关是一种根据微波特性来检测物位的器件或装置。微波是指波长为 1mm～1m 的电磁波,具体包括分米波、厘米波、毫米波三个波段。微波在电磁波谱图中的位置如图 6-32 所示。微波既具有电磁波的性质,又不同于普通的无线电波和光波。相对于波长较长的无线电波而言,微波的特点如下:

(1) 具有良好的定向辐射能力,且相关装置容易实现;

(2) 微波信号易于被各类障碍物所反射;

(3) 绕射能力弱;

(4) 在传输的过程中不易受到强光、火焰、烟雾、灰尘的影响;

(5) 介质的介电常数大小与介质对微波的吸收能力成正比,水对微波的吸收能力最强。

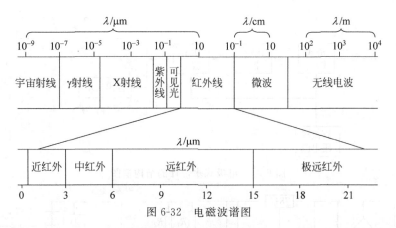

图 6-32 电磁波谱图

微波式物位开关,通过微波具有良好的定向辐射能力,且根据各类待测物易于反射或吸收微波,从而来完成物位的定点检测。如图 6-33 所示,当被测物位较低时,发射天线发出的微波束全部由接收天线接收,经检波、放大与给定电压比较后,发出正常工作信号;当被测物位升高到给定高度以上,发射天线发出的微波束部分被物体反射,部分被吸收,接收天线接收到的微波功率就相应减弱,经检波、放大与给定电压比较,低于给定电压值,则物位开关发出被测物位置高于设定物位的异常信号。

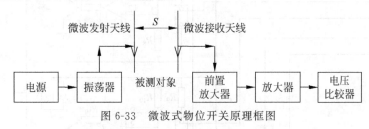

图 6-33 微波式物位开关原理框图

6.7.3 电导式物位开关

电导式物位开关是利用液体介质具有一定的导电性能,判断液体是否与电极探针接触,当液体与探针接触时,物位开关的输入阻抗变小;当液体离开探针时,物位开关的输入阻抗变大。利用此原理制成的电导式物位开关,适用于轻工、化工、食品、水处理等行业的自动给水、排水控制及各种导电液体的上、下限位的检测与报警。

1. 结构框图

通常,非纯净水具有一定的电阻特性。本节根据这种特性,设计一种电导式物位开关(也可称为电极式水位计)。该系统由桥式电阻构成输入电路,然后采用比较电路判断水位是否到达设定电极的位置,从而低成本准确地测出同一水池中不同测量点的水位状态,并通过继电器控制开关点位输出到 PLC 中。

图 6-34 给出了电导式物位开关(也可称为电极水位计)的结构框图,由桥式输入电路、比较器、功率放大、继电器、开关输出、直流稳压电源、输出显示等部件组成。

2. 电路原理图

图 6-35 是一台测量 4 个限位的电极式水位计的电路原理图。检测电极与公共电极之间的电阻值因电极探头是否接触到水位而呈现出无穷大或者为 $10\sim20\mathrm{k}\Omega$ 的电阻值(与水的浑浊程度有关),而这个电阻又是比较器前桥路的一个桥臂电阻。因此,当水位到达某个

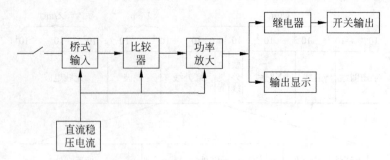

图 6-34　电极式水位计的结构框图

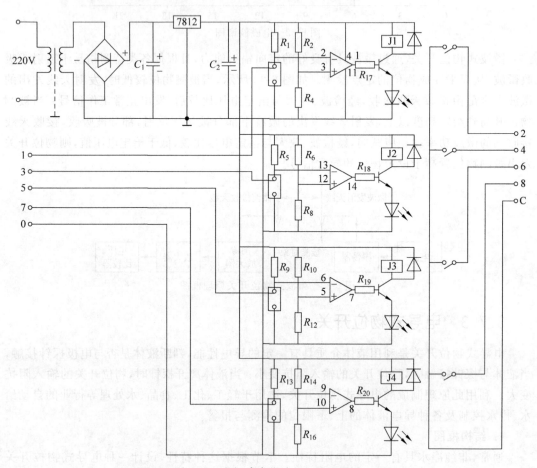

图 6-35　电极式水位计的电路原理图

电极时，就会触发比较器翻转输出一个高电平，从而导通三极管使继电器得电，输出一个水位到限的接点信号到 PLC 中，同时点亮发光二极管。对应电极探头 1、3、5、7 相应的输出接点为 2、4、6、8，C 为公共端。

图 6-36 为电极式水位计的仪表板。

3. 配线图

电极式水位计包括探头与仪表盒两部分。仪表盒固定在墙体上，盒下部有 3 个穿线孔，自左向右分别穿过探头导线、电源与信号电缆，全部用 PVC 套管保护。探头采用白钢棍，一端接引入导线，另一端直接入水，电源与信号电缆来自于控制柜。水位计的配线如图 6-37 所示。

图 6-36　电极式水位计的仪表板

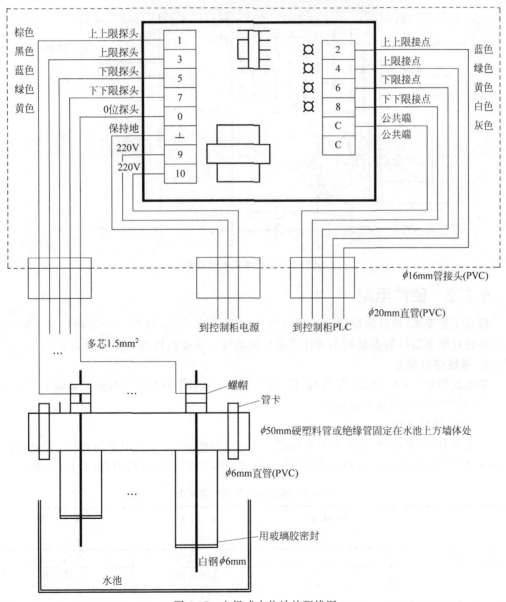

图 6-37　电极式水位计的配线图

6.8　工程应用

一个水槽水位上、下限的检测和控制，是生产过程或日常生活中非常普遍的问题，本节设计一个以单片机为核心、配以 3 个电极和接口电路的水槽水位的位式控制系统。

6.8.1　系统概述

通过水槽水位的高低变化来启停水泵，从而达到对水位的控制目的，这是一种常见的工艺控制。如图 6-38 所示，可在水槽内安装 3 个金属电极 A、B、C，它们分别代表水位的下下限、下限与上限。工艺要求：当水位升到上限 C 以上时，水泵应停止供水；当水位降到下限 B 以下时，应启动水泵供水；当水位处于下限 B 与上限 C 之间，水泵应维持原有的工作状态。

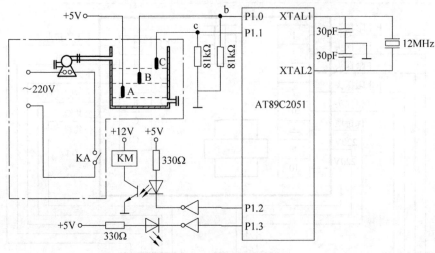

图 6-38　水槽水位控制电路

6.8.2　硬件电路

根据工艺要求，设计的控制系统硬件电路如图 6-38 所示，这是一个用单片机采集水位信号并通过继电器控制水泵的小型计算机控制系统。主要组成部分的功能如下。

1. 系统核心部分

采用低档型 AT89C2051 单片机，用 P1.0 和 P1.1 端作为水位信号的采集输入口，P1.2 和 P1.3 端作为控制与报警输出口。

2. 水位测量部分

电极 A 接＋5V 电源，电极 B、C 各通过一个电阻与地相连。b 点电平与 c 点电平分别接到 P1.0 和 P1.1 输入端，可以代表水位的各种状态与操作要求，共有 4 种组合，如表 6-3 所示。

表 6-3　水位状态及操作要求表

c(P1.1)	b(P1.0)	水　位	操　作
0	0	B 以下	水泵启动
0	1	B、C 之间	维持原状
1	0	系统故障	故障报警
1	1	C 以上	水泵停止

当水位降到下限 B 以下时，电极 B 与电极 C 在水面上方悬空，b 点、c 点呈低电平，这时应启动水泵供水，即是表 6-3 中第一种组合；当水位处于下限与上限之间，由于水的导电作用，电极 B 连到电极 A 及+5V，则 b 点呈高电平，而电极 C 仍悬空则 c 点为低电平，这时不论水位处于上升或下降趋势，水泵都应继续维持原有的工作状态，见表 6-3 中第二种组合；当水位上升达到上限时，电极 B、C 通过水导体连到电极 A 及+5V，因此 b 点、c 点呈高电平，这时水泵应停止供水，如表 6-3 中第四种组合；还有表 6-3 中第三种组合，即水位达到电极 C 却未达到电极 B，即 c 点为高电平而 b 点为低电平，这在正常情况下是不可能发生的，作为一种故障状态，在设计中还是应考虑的。

3. 控制报警部分

由 P1.2 端输出高电平，经反相器使光耦隔离器导通，继电器线圈 KM 得电，常开触点 KA 闭合，启动水泵运转；当 P1.2 端输出低电平，经反相器使光耦隔离器截止，继电器线圈 J 失电，常开触点断开，则使水泵停转。由 P1.3 端输出高电平，经反相器变为低电平，驱动一支发光二极管发光进行故障报警。

6.8.3　程序设计

水槽水位控制程序流程如图 6-39 所示。

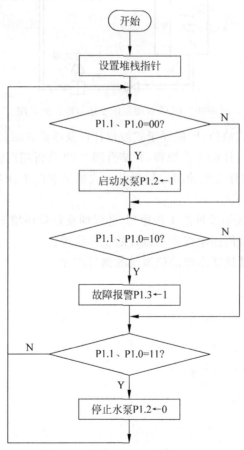

图 6-39　水槽水位控制程序流程图

思考题与习题

1. 请简述物位的含义以及物位的检测方法有哪些。

2. 在静压式液位测量的过程中，有时为什么要进行零点迁移？请比较正迁移和负迁移两者有何区别？

3. 如图 6-40 所示，某车间欲用 DDZ-Ⅲ型差压变送器连续测量容器内的液位高度 h，但取压口低于容器底部（液位零面）h_0，为了使液位的零点和满量程仍能与差压变送器的输出下限和上限（即 4~20mA）相对应，请回答下面问题：

（1）需要采取何种措施？

（2）说明其理由以及具体实施过程。

（3）根据图中参数符号，画图说明此时的差压变送器输入输出特性（即变送器输出 4~20mA 直流信号时，对应的输入测量范围）。

（4）若液位高度处于量程的 50%，此时差压变送器对应输出的电流为多少？

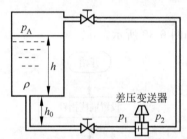

图 6-40　DDZ-Ⅲ型差压变送器液位测量图

4. 请分析钢带浮子式液位计、磁浮子式液位计以及浮筒式液位计测量原理的异同。

5. 请简述超声波物位计的工作原理，并结合图 6-22 分析超声波液位计的工作过程。

6. 请结合图 6-29，解释飞机使用的伺服电容式油量表的工作过程，并说明电容式物位计的测量原理。

7. 请写出射频导纳式物位计的工作原理，并说明在危险环境下如何进行安装。

8. 如图 6-35 所示，请简述电极式水位计的工作原理。

9. 如图 6-38 所示，请简述水箱液位系统的测量原理。

第 7 章

成分分析检测

教学目标

通过本章的学习,读者应理解气体成分分析与物性检测的基本概念与方法,重点掌握热导式、红外式气体分析仪、氧量分析仪、色谱仪以及湿度的检测原理,了解半导体气敏传感器的实际应用。

7.1 概述

视频讲解

前面章节的内容,已经详细介绍了温度、压力、流量、物位等工业生产过程中 4 种主要参数的检测原理与方法。本章将介绍第 5 种参数即物质成分的分析与检测。通过各类成分分析仪表,可以掌控生产过程中的原料、中间产品及最终产品的性质及其含量,配合其他参数的测量与控制,更易于使生产过程达到提高生产质量,促进生产效率,降低原料与能源消耗的目的。同时,在保证生产安全和防止环境污染方面更有其重要的作用。

7.1.1 成分分析原理及分类

成分分析仪表是专门用来测定物质化学成分的一类仪表。所谓物质的化学成分,是指一种化合物或混合物是由哪些种类的分子、原子或原子团所组成,以及这些分子、原子或原子团的含量是多少。一般情况下,成分分析的对象是气体,而物性检测主要针对的是空间湿度或液体浓度等指标。通常,成分分析的目的是确定混合气体中各组分的含量或其中某一组分的含量。其基本的分析原理是根据混合气体中待测组分的某一化学或物理性质,比其他组分有较大差别;或待测组分在特定环境中,表现出化学物理性质的不同来检测待测组分。

成分分析仪表的类型,根据分析方法的不同,总体分为两大类即离线分析仪表(Off-line Analyzer)和在线分析仪表(On-line Analyzer)。其中,离线分析是指定期取样,通过实验室测定的实验室分析方法;在线分析是指在生产过程中,连续测定被测组分的含量或性质的自动分析仪表,又称为过程分析仪表,它更加适合工业生产过程的监测与控制。

如果按照成分测量的物理或化学原理进行具体分类,成分分析仪表包括以下 9 类:

(1) 热学式　热导式、热化式、热谱式分析仪等;

(2) 光学式　红外、紫外吸收式光学分析仪,光散射、光干涉式光学分析仪等;

（3）电化学式　电导式、电量式、电位式、电解式、酸度计（pH 计）、离子浓度计等；

（4）色谱式　气相色谱仪、液相色谱仪等；

（5）物性测量式　湿度计、密度计、水分计、黏度计等；

（6）射线式　X、γ、β射线分析仪、微波分析仪、同位素分析仪等；

（7）磁学式　磁性氧气分析仪、核磁共振仪等；

（8）电子光学式和离子光学式　电子探针、离子探针、质谱仪等；

（9）其他式　半导体气敏传感器、晶体振荡式分析仪等。

本章主要选择广泛应用于工业生产过程中的部分在线分析仪表（如热导式气体分析仪、红外式气体分析仪、半导体气敏传感器、氧量分析仪、色谱仪、湿度检测等）进行介绍。

7.1.2　自动分析仪表系统的构成

各类成分分析仪表尽管工作原理不同、结构复杂程度也不完全一致，但都是由一些共同的基本环节组成的。如图 7-1 所示是自动分析仪表系统的结构组成框图，它包括采样系统和分析仪表两大部分。其中，采样系统由自动取样装置和预处理系统组成；分析仪表主要由传感器、信号处理单元、显示单元以及整机自动控制单元组成。各组成部分功能如下：

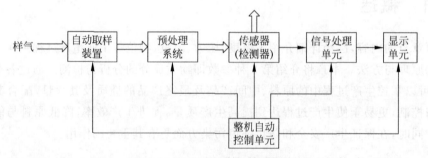

图 7-1　自动分析仪表系统结构

（1）自动取样装置是采样系统与工业现场的接口，主要功能是从工业生产设备中自动、快速地提取待分析样品；

（2）预处理系统是分析仪表的参数入口，主要功能是在采样系统中通过加热、冷却、气化、减压、过滤等方法，对待分析样品进行预先处理，从而为各类分析仪表提供符合技术要求的试样；

（3）传感器的主要功能是把被测组分信息，根据不同原理转换为相应的电信号，从而提供给信号处理单元进一步使用（注意：有些成分分析专用的一体化传感器，内部集成了取样和预处理装置，因此可以省略前两部分）；

（4）信号处理单元主要用于对各类传感器提供的微弱信号进行放大、变换、补偿以及运算，为显示单元和整机控制单元提供关键信息，它是分析仪表的大脑；

（5）显示单元通过曲线、图像、文字将测量分析结果直观反映给用户，属于人机接口；

（6）整机自动控制单元，主要用于控制以上 5 部分的协调工作，从而使取样、试样制备、信号转换、信号处理以及测量结果的显示，成为一个自动连续可控的有机整体，保证自动分析仪表系统具有较高的可靠性以及较好的环境适应能力，准确监测、分析待测成分。

视频讲解

7.2 热导式气体分析仪

热导式气体分析仪主要用于分析混合气体中 H_2、CO_2、SO_2、NH_3 等气体的浓度。其工作原理是利用混合气体的总热导率,随被测组分的含量而变化的原理制成的自动连续气体分析仪。在具体测量各组分含量时,需要满足被测组分的热导率与其他组分的热导率有较大差别,而其他组分的热导率比较一致,从而确定被测气体成分的浓度。

7.2.1 热导率概念

热导率也称导热系数,其定义为:在稳定条件下,1m 厚的物体,两侧表面温差为 1℃时,在 1h 内通过 $1m^2$ 面积所传导的热量。导热系数越大,表明材料的导热能力越强。热导率通常用 λ 来表示。其单位为瓦特·米$^{-1}$·开$^{-1}$($W \cdot m^{-1} \cdot K^{-1}$)。

通常使用相对热导率描述气体的导热能力。所谓相对热导率是指将 0℃时空气的热导率作为标准热导率(数值为 1),其他气体的热导率与标准热导率相比,得到的比值就是相对热导率。表 7-1 是各类气体在 0℃时的相对热导率。从表中可以看出,导热能力最强的气体是氢气和氦气,而导热能力较弱的是二氧化硫、硫化氢、二氧化碳等温室气体。其中,二氧化硫是酸雨的主要来源;硫化氢是有毒气体;二氧化碳属于温室气体。这些有害有毒气体的排放,严重影响了人类的健康。例如,地球温度逐年上升,就是"温室效应"作用的结果,因此全人类面临挑战,"绿色地球"更加值得期待。

表 7-1 各气体在 0℃时的相对热导率

气 体 名 称	相对热导率	气 体 名 称	相对热导率
空气	1.000	一氧化碳	0.964
氢气	7.130	氨气	0.897
氦气	5.910	乙烷	0.807
甲烷	1.318	二氧化碳	0.614
氧气	1.015	硫化氢	0.538
氮气	0.998	二氧化硫	0.344

在计算多组分混合气体的热导率时,通常用各气体组分热导率的平均值来近似求得,具体如下:

$$\lambda = \lambda_1 C_1 + \lambda_2 C_2 + \cdots + \lambda_n C_n = \sum_{i=1}^{n} \lambda_i C_i \tag{7-1}$$

式中:λ 为混合气体的总热导率;被测组分的热导率为 λ_1,相应的浓度(体积百分含量)为 C_1;其余各组分的热导率依次为 λ_2,λ_3,$\cdots$,λ_n(由于近似相等,可统记为 λ_2),相应的浓度(体积百分含量)依次为 C_2,C_3,$\cdots$,C_n。

又由于 $C_1 + C_2 + \cdots + C_n = 1$,因此可测得被测组分的百分含量为

$$C_1 = \frac{\lambda - \lambda_2}{\lambda_1 - \lambda_2} \tag{7-2}$$

如此,在已知待测气体热导率 λ_1 和背景气体热导率 λ_2 的情况下,只要测出混合气体总热导率 λ,就可以算出被测组分的体积百分含量。这里需要注意,当混合气体中背景组分的热导

率不满足近似相等的情况时,应采取预处理技术,事先去掉那些热导率有较大差异的背景气体。

7.2.2 工作原理

图 7-2 是一个热导式二氧化碳检测仪的实物图。通常,热导式气体分析仪由热导池、桥式测量电路、显示单元、温度控制器和电源组成。在实际测量过程中,热导式气体分析仪内部测量的核心是热导池,如图 7-3 所示。热导池主要包括三部分:

（1）热敏电阻,是一根很细的铂或钨电阻丝。

（2）热导池腔体,是用导热性能良好的金属制成的长圆柱形小室。

（3）绝缘物,保证电阻丝与腔体具有良好的绝缘特性。

图 7-2 热导式二氧化碳检测仪的实物图

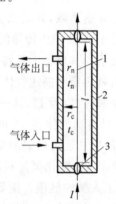

图 7-3 热导式气体分析仪的热导池

1—热敏电阻；2—腔体；3—绝缘物

通常在测量时,通过电源供给电阻丝恒定电流 I,使电阻丝维持一定的温度 t_n,热导池放在恒温装置中,使其室壁温度恒定为 $t_c(t_n > t_c)$。当被测气体从入口进入,并由上面的出口排出过程中,电阻丝的热平衡温度将随待测气体的热导率的变化而变化,而电阻丝的热平衡温度的变化将导致电阻丝阻值大小的变化,因此通过电阻丝阻值的测量,就可获得待测气体热导率的变化情况,从而得到气体组分浓度的变化情况。

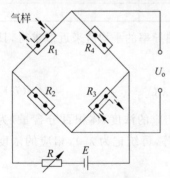

图 7-4 热导式气体分析仪的桥式测量电路原理

图 7-4 为热导式气体分析仪的桥式测量电路原理图,测量电路由 4 个热导池组成桥臂,R_1、R_3 为测量气室,R_2、R_4 为参比气室(一般为空气)。当所处环境相同时,测量气室的待测组分浓度与参比空气相同时,电桥输出为零;一旦流经测量气室的待测组分发生变化即 R_1、R_3 变化,则电桥失去平衡,电桥输出信号大小代表了被测组分的含量。例如,当待测组分为氢气时,若氢气的浓度增加,则电阻丝周围气体导热系数增加,由于外界温度低所以电阻丝温度降低,因此电阻丝的电阻值将会下降,从而电桥失去平衡,桥臂电压 U_o 降低。

通过上面的例子,可以总结出热导式气体分析仪在测量气体浓度过程中的具体信号转换过程,即通过测量电桥桥臂的输出电压得到电阻丝的电阻值,从而得到电阻丝的平衡温度,进一步得到混合气体的总热导率,最终算出被测组分的浓度。

7.3 红外式气体分析仪

红外线(红外光、红外辐射)是位于可见光中红光以外的光线。波长大致在$0.75\sim 1000\mu m$范围内。它是一种电磁波,因此它具有折射、反射、散射、干涉和吸收等性质。红外式气体分析仪属于光学分析仪表中的一种,主要用于连续分析混合气体中CO、CO_2、CH_4、NH_3等气体的浓度。其特点是测量范围宽、灵敏度高、反应速度快、选择性好。通常,红外式气体分析仪主要使用$2\sim 25\mu m$之间的红外光谱。

7.3.1 工作原理

红外式气体分析仪的工作原理是利用不同气体对不同波长的红外线,具有选择性吸收的特性(特征吸收峰)以及红外线的热效应特点,来区分混合气体中的各组分。图7-5是部分气体的红外吸收光谱图,从图中可以看到不同气体对不同波长红外光的吸收能力是不同的。

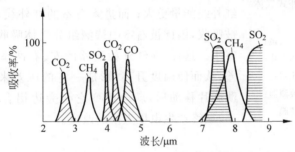

图7-5 部分气体的红外吸收光谱图

图7-6是便携式红外一氧化碳分析仪的实物图。红外式气体分析仪一般由红外辐射源、测量气样室、红外探测装置等组成。若从红外光源发出强度为I_0的平行红外线,则经过被测组分选择吸收其特征波长的辐射能后,红外线的强度将会减弱为I。通常,红外线强度通过吸收气体前后的能量变化,随着待测组分浓度的增加而呈指数下降,这种规律称为朗伯-贝尔定律。该定律的表达式为

$$I = I_0 e^{-KCL} \tag{7-3}$$

式中:I_0、I分别代表通过被测气体前、后的红外光强度;K代表待测组分对相应波长红外线的吸收系数;C代表待测组分的浓度;L代表红外线穿透待测组分的厚度。如果已知入射红外光源的强度I_0,并且已知测量气样室的参数,那么只要探测出红外线的透过强度I,就可以由式(7-3)算出待测组分的浓度C。

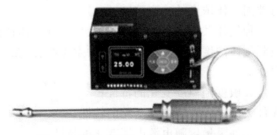

图7-6 便携式红外一氧化碳分析仪实物

7.3.2 应用举例

下面以二氧化碳红外式气体成分检测仪为例,来进一步理解红外式气体分析仪的工作原理。二氧化碳红外式气体成分检测仪主要由10部分组成,其内部结构如图 7-7 所示。

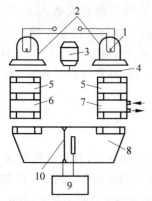

图 7-7　二氧化碳红外式气体成分检测仪

1—光源;2—抛物体反射镜;
3—同步电动机;4—切光片;
5—滤波室;6—参比室;
7—测量室;8—红外检测器;
9—放大器;10—薄膜

其测量过程为:光源发射两束有一定波长的红外线,经切光片调制后变为脉冲红外线。一束红外光线,经左侧滤波室和参比室进入红外检测器的左室,由于参比室气体不吸收红外线,所以光强不变;另外一束红外光线,经右侧滤波室和测量室进入红外检测器的右室,由于测量室气体吸收红外线,所以光强减弱。在红外检测器室内充满待测组分气体,且由薄膜片隔为左、右两室。其中,进入左室的红外线,由于之前在参比室未被吸收,因此被左室中待测组分气体吸收的红外线能量更大;而进入右室的红外线,由于之前在测量室被吸收,因此被右室中待测组分气体吸收的红外线能量较左室小。这样,在红外检测器的左、右两室之间就会形成能量差,从而使温度升高,形成一定的压差来推动薄膜移动。当薄膜片移动后,就会改变它与旁边铝合金柱形成电容的大小,最终产生电压大小的改变。

7.4　半导体气敏传感器

视频讲解

7.4.1　概述

气敏传感器,一般由气敏元件、加热器和封装体部分构成。半导体气敏元件都附有加热器,一般加热到 $200\sim400℃$,加热器使用时可以烧掉附在探测部分处的油雾、尘埃,同时加速气体的吸附,从而提高器件的灵敏度和响应速度。图 7-8 是气敏传感器的实物图。

图 7-8　气敏传感器的实物

通常,气敏传感器具有以下主要的参数指标:

(1)灵敏度　对被测气体的敏感程度,一般衡量灵敏度时有三种方法,即电阻比灵敏度、气体分离度、输出电压比灵敏度;

(2)响应时间　对被测气体浓度的响应速度;

(3)选择性　指在多种气体共存的条件下,气敏元件区分气体种类的能力;

(4)稳定性　当被测气体浓度不变时,若其他条件发生改变,在规定的时间内气敏元件输出特性保持不变的能力;

(5)温度特性　元件灵敏度随温度变化的特性;

(6)湿度特性　元件灵敏度随环境湿度变化的特性;

(7)电源电压特性　元件灵敏度随电源电压变化的特性;

(8)时效性　反映气敏元件特性稳定程度的时间。

7.4.2　工作原理

半导体气敏传感器是一种能够感知环境中某种气体及其浓度的敏感器件,主要采用半导体材料作为敏感元件,通过在半导体材料中添加各类催化剂来改变其敏感对象。其工作原理是半导体气敏元件同气体接触,造成半导体性质发生变化,从而来检测特定气体的成分或者浓度。半导体气敏传感器一般只用于定性及半定量范围的气体检测。

半导体气敏传感器按照半导体的物性变化特点可以分为电阻型和非电阻型两类。其中,电阻型半导体气敏传感器的工作原理是敏感元件接触待测气体后,在半导体表面发生氧化或还原反应,然后引起半导体载流子数量的增加或减少,使敏感元件电阻值发生变化,从而来检测待测气体的组分或浓度;非电阻型半导体气敏传感器的工作原理是敏感元件接触待测气体后,发生吸附或某种反应,使半导体相关特性发生变化,从而来检测待测气体的组分或浓度。在这里,本文主要介绍电阻型半导体气敏传感器。

通常,在使用电阻型半导体气敏传感器的过程中:当氧化型气体吸附到 N 型半导体,或还原型气体吸附到 P 型半导体时,会使半导体载流子减少,敏感元件电阻值将增大;当还原型气体吸附到 N 型半导体,或氧化型气体吸附到 P 型半导体时,使载流子增多,敏感元件电阻值则减小。一般情况下,氧气、二氧化氮等具有负离子吸附倾向的气体被称为氧化型气体或电子接收性气体,而具有正离子吸附倾向的气体有氢气、一氧化碳、碳氢化合物和醇类,被称为还原型气体或电子供给性气体。常用的 N 型半导体有氧化锡、氧化铁、氧化锌、氧化钛、氧化钨等,常用的 P 型半导体有氧化钴、氧化钼、氧化铅、氧化铜、氧化镍等,最常用的是 N 型半导体中的氧化锡(SnO_2)。图 7-9 为 N 型半导体气敏元件阻值变化图。

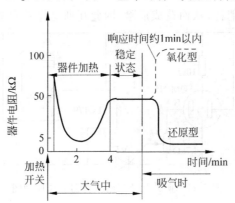

图 7-9　N 型半导体气敏元件阻值变化图

从图 7-9 中可以看到,在使用 N 型半导体气敏传感器测量时,要预先给敏感元件加热,使之达到稳定状态。由于在大气中含氧量固定不变,因此敏感元件的电阻值保持不变,当敏感元件被放到待测气体中时,敏感元件表面吸附待测气体发生反应,使其电阻值发生变化,从而输出与待测气体浓度相对应的电信号。

另外,在气敏材料中添加钯(Pd)或铂(Pt)等作为催化剂,可以提高气敏元件的灵敏度以及对气体的选择性。添加剂的成分和含量、敏感元件制作时的烧结温度以及测量时的温度都将影响敏感元件的选择性。图 7-10 为氧化锌添加不同催化剂后的灵敏度特性。

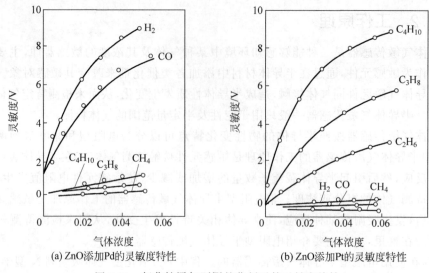

(a) ZnO添加Pd的灵敏度特性　　　　(b) ZnO添加Pt的灵敏度特性

图 7-10　氧化锌添加不同催化剂后的灵敏度特性

7.4.3　应用举例

下面通过介绍矿井瓦斯超限报警器的工作原理来说明半导体气敏传感器的一种应用。

瓦斯的主要成分是甲烷（CH_4），是一种无毒、无味、无颜色、可燃气体。瓦斯是煤炭开采过程中的主要伴生物，当瓦斯浓度达到 43% 以上且氧含量降到 12% 以下时，可使人窒息；而当瓦斯浓度达到 57% 以上且氧含量降到 9% 以下时，可使人无法生存。当矿井下发生瓦斯爆炸时，会使氧气迅速消耗，从而造成危险，因此瓦斯是煤矿安全生产的重大隐患。

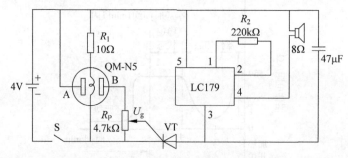

图 7-11　矿井瓦斯超限报警器工作原理图

图 7-11 为矿井瓦斯超限报警器的工作原理图，气敏传感器 QM-N5 为对瓦斯的敏感元件。QM-N5 型气敏元件适用于检测可燃性气体，如天然气、煤气、液化石油气、氢气、一氧化碳、烷烃类、烯烃类、炔烃类等气体以及汽油、煤油、柴油、氨类、醇类、醚类等可燃液体蒸气及烟雾等。当待测气体浓度不同时，气敏元件的电阻值会发生相应的变化。

其工作过程为：当闭合开关 S 时，4V 电源通过 R_1 对气敏元件 QM-N5 预热。当矿井无瓦斯或瓦斯浓度很低时，气敏元件的 A 与 B 间等效电阻很大，经与电位器 R_P 分压，其动触点电压 $U_g < 0.7V$，不能触发晶闸管 VT 导通，由 LC179 和 R_2 组成的警笛振荡器没有被供电，扬声器不会发出报警声；当瓦斯浓度超过安全标准，气敏元件的 A 和 B 间的等效电阻迅速减小，致使 $U_g > 0.7V$，从而触发晶闸管 VT 导通，接通警笛电路的电源，警笛电路产生振荡,使扬声器发出报警声。在这里,电位器 R_P 的大小用于设定待测气体的报警浓度值。

7.5 氧量分析仪

视频讲解

在锅炉、窑炉燃烧系统中,为了确定燃烧的状况,计算燃烧的效率,必须测量烟道气中 O_2、CO_2、CO 等气体的含量,其中氧气含量最为重要。通常,使用氧化锆(ZrO_2)氧量分析仪来完成氧气含量的测定工作,属于电化学分析方法。
例如,连续分析各种工业窑炉烟气中的氧含量,即可控制送风量来调整空气系数 α 值,以保证最佳的空气燃料比,达到节能及环保的双重效果。氧化锆氧量分析仪的特点是灵敏度高、稳定性好、响应快、测量范围宽,且不需要复杂的采样和预处理系统,其探头可以直接插入烟道中连续地分析烟气中的氧含量。图 7-12 是氧化锆氧量分析仪的实物图。

图 7-12 氧化锆氧量分析仪的实物图

7.5.1 工作原理

氧化锆是一种利用氧离子导电的固体电解质,若在氧化锆中加入一定量的氧化钙(CaO)或氧化钇(Y_2O_3),不仅提高了 ZrO_2 的稳定性,还因为 Zr^{4+} 被 Ca^{2+} 或 Y^{3+} 置换而生成氧离子空穴,使空穴浓度大大增加。当温度为 800℃ 以上时,空穴型的氧化锆就变成了良好的氧离子导体,从而可以构成氧浓差电池。

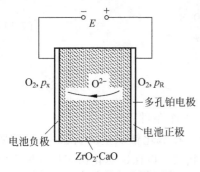

图 7-13 氧浓差电池原理图

氧化锆氧量分析仪是基于氧浓差电池的原理而设计的。当氧浓差电池两侧气体的含氧量不同时,在两电极间将产生电势,此电势与两侧气体中的氧浓度有关,称为浓差电势。使用氧浓差电势与氧(O_2)含量之间的量值关系,就可以实现氧含量的测量。图 7-13 是氧浓差电池原理图。

从图 7-13 中可以看到,在氧化锆电解质的两侧烧结上一层多孔铂电极,这样就形成了氧浓差电池。图 7-13 中,右侧是参考气体(通常为空气),空气中氧分压为 p_R,氧浓度为 ϕ_1(通常为 20.8%);左侧为待测气体(通常为烟气),待测气体中氧分压为 p_x,氧浓度为 ϕ_2(烟气为 3%～6%),一般情况下 $p_R > p_x$。在 850℃ 左右时,氧化锆氧浓差电池的化学反应式如下:

在电池的正极上氧分子吸收电子,成为氧离子,即

$$O_2(p_R) + 4e \rightarrow 2O^{2-} \tag{7-4}$$

而在电池的负极上氧离子释放电子,成为氧分子,即

$$2O^{2-} \rightarrow O_2(p_x) + 4e \tag{7-5}$$

上述过程就好像一个电池,负极上不断有电子释放,正极上不断吸收电子,因此两侧铂电极之间就存在电动势。只要两侧气体的氧分压不等,就会有氧浓差电势的存在。通常,氧

浓差电势的大小可以用能斯特（Nernst）方程来表示：

$$E = \frac{RT}{nF} \ln \frac{p_R}{p_x} \tag{7-6}$$

式中：E 为氧浓差电势；R 为理想气体常数；T 为待测气体绝对温度；F 为法拉第常数；n 为反应时每个氧分子从正极带到负极的电子数，这里 $n=4$。

一般情况下，使用氧化锆氧量分析器时，需要待测气体和参考气体的压力相同，假设都为 p。那么，上面的能斯特方程式（7-6）可以变化为

$$E = \frac{RT}{nF} \ln \frac{p_R/p}{p_x/p} \tag{7-7}$$

又因为

$$\phi_1 = \frac{V_1}{V} = \frac{p_R}{p} \tag{7-8}$$

$$\phi_2 = \frac{V_2}{V} = \frac{p_x}{p} \tag{7-9}$$

式（7-8）和式（7-9）中：V_1、V_2 分别是待测气体和参考气体中氧气的分体积；V 为气体总体积。

因此，变形后的能斯特方程，可以进一步变为

$$E = \frac{RT}{nF} \ln \frac{\phi_1}{\phi_2} \tag{7-10}$$

通常在一个标准大气压下，$R=8.314\text{J}/(\text{mol}\cdot\text{K})$，$F=96500\text{C/mol}$，将以上各数值带入式（7-10），可以得到氧浓差电势与氧浓度之间的数值关系，从而实现氧含量的测量，具体如下：

$$E = 4.9615 \times 10^{-2} T \lg \frac{20.8}{\phi_2} \tag{7-11}$$

7.5.2　工作条件及安装方式

为了保证氧化锆氧量分析仪正常工作，需要满足以下 3 个条件：

(1) 测量时应使氧化锆氧量分析仪的工作温度恒定。在氧化锆氧量分析仪中，最重要的是控制氧化锆的工作温度，一般检测器中均有恒温控制装置，以保证氧化锆工作在恒定的温度。氧化锆测量探头最好在 850℃ 左右的高温下运行，否则灵敏度将会有所下降，因此氧化锆氧量分析仪的探头上都装有测温传感器、电加热设备以及温度控制装置。

(2) 必须要有参考气体，而且参考气体的氧含量要稳定。参考气体与待测气体氧含量差距越大，则仪表越灵敏。例如，空气为参考气体，烟气为待测气体时，氧化锆氧量分析仪测得的电势为几十毫伏。

(3) 参考气体与被测气体压力应该相等，这样氧气的体积分数可以代替分压，可以直接建立氧浓度与氧浓差电势之间的数值关系。

在实际测量过程中，氧化锆氧量分析仪的安装方式有直插式和抽吸式两种结构，如图 7-14 所示。其中，图 7-14(a) 为直插式，多用于锅炉、窑炉的烟气含氧量的测量，使用温度在 600～850℃；图 7-14(b) 为抽吸式，用于石油、化工生产中可测量最高达 1400℃ 的高温气体。

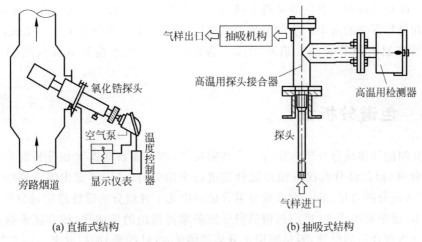

图 7-14　氧化锆氧量分析仪的安装方式

7.5.3 应用举例

下面介绍氧化锆氧量分析仪的应用。

如图 7-15 所示为退火炉在线氧量分析系统。该系统主要用来监测退火炉炉膛内的煤气燃烧质量,测量和控制混合气体中的氧分压,然后通过能斯特公式计算出对应的氧浓度。该在线氧量分析系统,主要包括 HMP 氧探头、OA200 氧含量分析变送器以及吹扫装置。其中,HMP 氧探头应用氧化锆电解质的离子导电特性检测氧浓度,测量时 HMP 氧探头为自导流采样方式,利用流动气体的动能,将被测气体导入测量室进行测量。OA200 氧含量分析变送器与 HMP 氧探头配套使用,可以将氧探头测量到的氧浓差电势信号转换为氧浓度并显示,同时通过标准信号远传到 PLC。该变送器内带自动吹扫程序,提供吹扫电磁阀

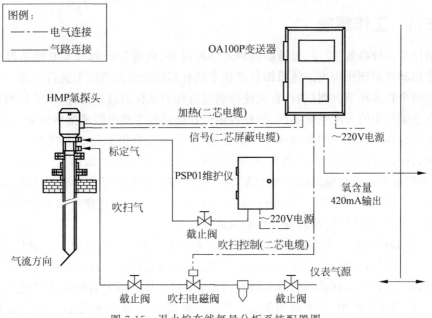

图 7-15　退火炉在线氧量分析系统配置图

控制信号。吹扫装置的主要任务是将干燥洁净的压缩空气通入氧探头的吹扫孔,吹除积累在氧探头和采样管上的灰尘。吹扫系统由吹扫控制电磁阀、去水器及截止阀组成,由氧含量分析变送器控制吹扫装置的开启和关闭。通常,吹扫系统连接到氧探头间的气路要小于10m。

视频讲解

7.6 色谱分析仪

前面介绍的气体成分分析方法有一个共同特点,即只能自动连续地分析混合气体中某一组分的含量,而色谱分析仪既能对混合物进行全面分析,又能鉴定出混合物中的各种组分,并测定各组分的含量,能一次完成对混合试样中几十种组分的定性或定量分析。现代色谱分析技术,最早起源于20世纪初俄国科学家茨维特提出的色谱法,该方法根据颜色谱带的不同来分析混合物的组分,因早期用于分离植物色素(叶绿素)而得此名。图7-16为气相色谱仪的实物图。

图 7-16　气相色谱仪实物图

7.6.1 工作原理

色谱仪是一种高效、快速、灵敏的物理式分析仪表,色谱分析的基本原理是根据不同物质在固定相和流动相所构成的体系即色谱柱中具有不同的分配系数而进行分离。它包括分离和分析两个技术环节。测试时,首先使待测混合物的试样通过色谱柱,由于待测混合物内各组分在色谱柱中的分配系数不同,因此各组分在色谱柱中被吸附或溶解的能力存在差异,从而使各组分在色谱柱中的前进速度有快有慢,于是各组分根据运动的快慢完成了有效分离。其次,分析过程是由色谱仪的检测器来完成,它是色谱仪的"眼睛"。当分离过程开始后,按照各组分从色谱柱输出端出现的先后顺序,检测器分别测量各组分出现的时间及相应信号的大小,并由记录仪可以得到相应的色谱图,根据色谱图中色谱峰出现的时间、色谱峰的高度及峰面积,最终确定待测混合物的组成及含量。

显然,色谱仪工作的关键是使用色谱柱对混合组分进行有效分离。色谱柱有两大类:一类是填充色谱柱;另一类是空心色谱柱或空心毛细管色谱柱。前者是将固体吸附剂或带有固定液的固体柱体装在玻璃管或金属管内构成;后者是将固定液附着在管壁上形成。通常,在色谱柱中存在两相,即流动相和固定相。一般情况下,流动相是指携带样品共同前进的气体或液体,简称载气或载液;固定相是指不随流动相移动的固体颗粒或液体。

根据色谱柱中两相状态的不同,可以将色谱分析方法分为气相和液相色谱分析法。前者是指流动相为气体;后者是指流动相为液体。如果再配合色谱柱中固定相的状态,可以进一步将色谱分析技术分为气-固色谱法、气-液色谱法、液-固色谱法、液-液色谱法。

图 7-17 描述了两种混合气体 A、B 通过色谱仪的分离以及分析过程。两个组分 A 和 B 的混合物经过一定长度的色谱柱后,将逐渐进行分离,A、B 组分在不同的时间流出色谱柱,并先后进入检测器,检测器输出测量结果,由记录仪绘出色谱图,在色谱图中两组分各对应一个色谱峰。图 7-17 中随时间变化的曲线表示各个组分及其浓度,称为色谱流出曲线,简称色谱图。各组分从色谱柱流出的顺序与色谱柱固定相成分有关。从进样到某组分流出的时间与色谱柱长度、温度、载气流速等有关。在保持相同条件的情况下,对各组分流出时间标定以后,可以根据色谱峰出现的不同时间进行定性分析。色谱峰的高度或面积可以代表相应组分在样品中的含量,用已知浓度试样进行标定后,可做定量分析。

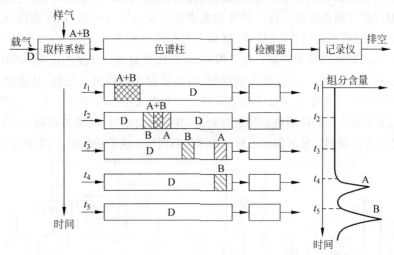

图 7-17 色谱仪工作原理图

总结色谱仪的工作流程,如图 7-18 所示。首先,将样气和载气气源通过各自的预处理系统送入取样装置中,然后将要分离的样品由气体流动相(或液体流动相)携带着沿色谱柱连续流过,色谱柱中放有固体吸附剂颗粒或涂在柱上的液体(固定相),它们对流动相不产生任何影响,但能吸收或溶解样品中各组分,使各组分在两相中反复分配,致使各组分按照一定的顺序流出色谱柱;然后,通过色谱柱出口的检测器,将一个对应于该组分浓度大小的电信号进行输出,再经过信号处理后,由记录仪形成色谱图,从而完成对待测的多种组分进行定性和定量分析。

目前,在工业流程中气相色谱仪应用较多。通常,气相色谱仪具有以下特点:

(1) 效率高,可以一次分析百种以上组分;

(2) 区分度好,对于性质极为接近的同位素组分也能进行分离;

(3) 灵敏度高,对高纯试剂中所含有的百万分之一的杂质可以进行辨别;

(4) 速度快,在几十分钟之内即可连续测得百项以上的数据;

(5) 应用范围较广,既可以对气体、液体组分进行分析,又可以对有机物、无机物进行分析。

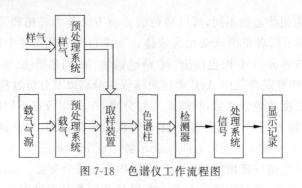

图 7-18　色谱仪工作流程图

7.6.2　应用举例

正是由于气相色谱仪具有以上突出的优点，因此在工业流程中具有广泛的应用。图 7-19 为一种防爆型过程气相色谱仪。该过程气相色谱仪主要包括分析器、程序器以及显示器等三部分组成。其中，分析器是核心，由防爆、通风充气型箱体作为外壳，其内部具体包括取样阀、色谱柱、检测器、温控器以及加热器；在工作时，取样阀控制进入样品的流量，而铂电阻传感器实时测量分析器内的温度，当温度低于标准时，自动控制加热器进行加热，从而使组分的分离与分析过程保持稳定。程序控制器的箱体采用密封型嵌入式结构，内部有微处理器；微处理器用于对前置放大器放大后的检测电信号进行处理，并完成自动进样、流路切换、组分分析以及数据处理等工作的程序控制。显示器用于显示程序控制器输出的分析结果，结果通常为色谱图。

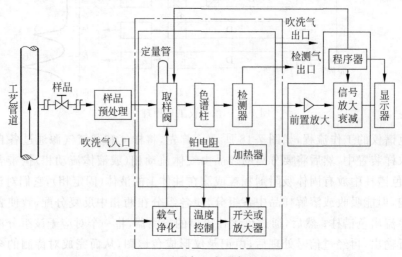

图 7-19　过程气相色谱仪结构图

综上所述，色谱仪通过物理分离的方法，将多种混合组分一次性地进行定性与定量分析，但这种仪器不能发现新物质。在实际应用中，如果能将色谱仪与质谱仪、光谱仪、核磁共振仪联合使用，就能形成探索未知领域新物质组分的更高端仪器。

7.7　湿度检测

视频讲解

湿度是物质性质参数的一种，也属于成分分析的大范畴。所谓物质性质参数，简称物性参数，主要包括物质的多种物理和化学特性指标，如湿度、密度、浓度、酸度、黏度、浊度等。

其中,湿度不仅关系到工业产品的质量,而且关系到人们的生活环境、农产品种植、电子器件与精密仪表、轻工业以及食品工业等。因此,湿度的检测具有重要的科学研究意义。

7.7.1　湿度的含义与表示方法

湿度是指空气或其他气体中水汽含量的多少。这里需要注意,湿度是针对气体而言的物性参数,它不同于固体或液体中的含水量。一般情况下,湿度可用绝对湿度或相对湿度来进行表示,有时也用露点温度进行表示。下面将具体介绍这3种湿度的表示方法。

1. 绝对湿度

绝对湿度是指单位体积湿气体内所含水汽的质量,一般用 $1m^3$ 湿气体中所含水汽的克数表示,单位是 g/m^3,是一个有量纲量,但它只能表示湿气体中实际所含水汽的质量,而不能说明湿气体的具体潮湿程度以及吸湿能力的大小。因此,在实际应用中经常使用相对湿度表示法。

2. 相对湿度

相对湿度是指单位体积湿气体中所含的水汽质量与在相同条件下湿气体中所含的饱和水汽质量之比,用百分数表示,是一个无量纲量。相对湿度的定义还可以表示为:当前气体的绝对湿度与同一条件下气体达到饱和状态的绝对湿度的比值。以上两种相对湿度的定义本质相同。根据道尔顿分压定律和理想气体的状态方程,相对湿度的含义可以进一步推广为:湿气体中实际所含水蒸气的分压和同温度下所含饱和水蒸气的分压百分比。通过相对湿度,可以表示湿空气中水汽接近饱和含量的程度。若相对湿度小,说明湿空气饱和程度小,吸收水汽的能力强;反之,则说明湿空气饱和程度大,吸收水汽的能力弱。目前,工业过程中广泛应用相对湿度表示法。

3. 露点温度

当压力保持一定,气体的温度增加时,相对湿度将逐渐增加,当温度增加到某一数值时,气体的相对湿度达到 100%,即呈现出饱和状态。若在饱和状态时再进行冷却,蒸气的一部分将凝聚结露或结霜,此时这个温度值称为露点温度或露点。这样气体温度和露点温度的差值越小,表示空气中的湿度就越接近饱和。通常,气体的相对湿度越高越容易结露,其露点温度也就越高。因此,如果能够测出气体的露点温度,也就能很好地反映出气体的相对湿度,这也是露点温度作为湿度表示方法的意义所在。图 7-20 为一种湿度计的实物图。

图 7-20　湿度计实物图

7.7.2　干湿球湿度计的工作原理

典型的湿度计包括干湿球湿度计、毛发湿度计、露点仪湿度计;另外,近年来还出现了很多先进的湿度传感器,如电解质系湿敏传感器、高分子聚合物湿敏传感器、多孔陶瓷湿敏传感器等。随着集成电路技术的发展,数字式湿度传感器已经进入市场,该传感器将湿度转换为数字信号输出,可以直接对接微处理器进行应用处理。无论使用上面哪种方法进行湿度的检测,一般情况下湿度检测装置需要满足以下要求:设备稳定性高、寿命长、测量范围宽、响应迅速，不易受尘埃、油污附着的影响，受工作环境温度影响较小，制造简单、价格便宜。本节以干湿球湿度计为例加以介绍。

干湿球湿度计（如图 7-21 所示）由两支规格完全相同的温度计（或温度传感器）组成。其中一支温度计称为干球温度计（图 7-21 中左侧温度计），主要用来测量工作环境温度；另一支温度计称为湿球温度计（图 7-21 中右侧温度计），在其底部感温元件处，用特制的纱布包裹起来并通过透明小水槽保持湿润，纱布中的水分不断向空气中蒸发带走热量，从而使湿球温度计的温度下降。水分蒸发速率与周围空气含水量有关，空气相对湿度越低，水分蒸发速率越快；反之，蒸发速率越慢。因此，当空气为静止的或具有一定流速时，空气相对湿度与干湿球温差之间存在某种函数关系。通过这种规律，只要测量出干球和湿球的温度差，就能通过查表或公式计算来确定空气的相对湿度。

在实际的工业过程中，通常采用铂电阻、热敏电阻或半导体温度传感器自动测量干球和湿球的温度，然后得到相应的温度差，经过 A/D 转换，最终由微处理器得到相应温度差下空气的相对湿度。如图 7-22 所示，为采用铂电阻的工业用自动检测干湿球湿度计原理图。

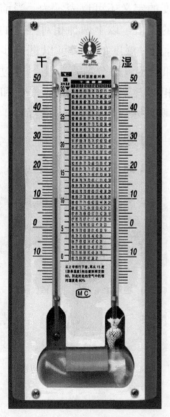

图 7-21　干湿球湿度计的实物图

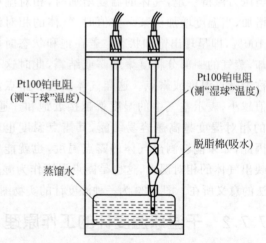

Pt100铂电阻
(测"干球"温度)

Pt100铂电阻
(测"湿球"温度)

脱脂棉(吸水)

蒸馏水

图 7-22　自动检测干湿球湿度计原理图

有时，为了自动显示空气的相对湿度，并远距离传送湿度信号，采用电动干湿球湿度计，如图 7-23 所示。它的干湿球是用热电阻代替液体温度计，并在热电阻上方设置一个微型轴流风机，使热电阻周围恒定产生 2.5m/s 的风速，从而提高测量精度。

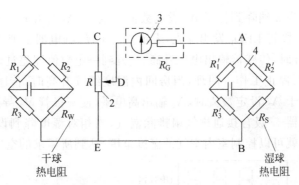

图 7-23 电动干湿球湿度计原理图

7.7.3 汽车后窗自动除湿装置

图 7-24 为汽车后窗玻璃自动除湿装置原理图。在正常的温度、湿度前提下,湿敏电阻 R_H 阻值较大,从而使三极管 T_1 导通,T_2 截止,此时继电器 J 不工作,常开触点 J_1 断开,加热电阻 R_L 无电流流过。当车内、外温差较大,且湿度也较大时,湿敏电阻 R_H 的阻值会逐渐减小,当减小到一定值时,不足以维持三极管 T_1 继续导通,此时 T_1 管截止,T_2 管导通。由于三极管 T_2 导通,使其相连的负载继电器 J 得电,其常开触点 J_1 闭合,从而使加热电阻丝 R_L 得电开始加热,逐渐驱散汽车后窗玻璃上的湿气,与此同时加热指示灯闪亮。经过一段时间加热后,当后窗玻璃上的湿度减小到一定值时,随着 R_H 的同步增加,由 T_1、T_2 构成的施密特电路又重新开始翻转到初态,三极管 T_1 再次导通,三极管 T_2 截止,常开触点 J_1 断开,R_L 断电停止加热,从而实现了汽车后窗玻璃除湿的自动控制。

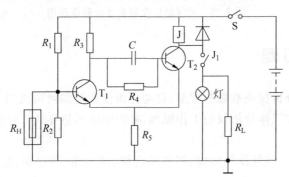

图 7-24 汽车后窗玻璃自动除湿装置原理图

7.8 工程应用

众所周知,房间内的环境湿度对人体健康有着重要意义。本节设计了一个房间湿度控制电路,其原理如图 7-25 所示。房间湿度控制装置由 KSC-6V 集成相对湿敏传感器、LM358 电压比较器 A_1 和 A_2、IN4001 二极管 VD_1 和 VD_2、9013 三极管 V_1 和 V_2 以及继电器 J_1 和 J_2 组成。湿敏传感器将环境湿度转换为电压,并将输出电压分成三路,分别接在电压比较器 A_1 的反相输入端 2、电压比较器 A_2 的同相输入端 5 和显示器的正输入端,可调电阻 R_{P1} 和 R_{P2} 根据湿度的下限与上限,分别设定到适当的位置。当房间内湿度下降时,传感器的输出电压下降，当 2 端降到低于 A_1 设定数值 3 端时，A_1 输出端 1 为高电平，使三极管 V_1 导通，从而发光二极管 LED_1 发出绿光，表示空气干燥，继电器 J_1 吸合来接通加湿器；当房间内相对湿度上升时，传感器输出电压升高，当升到一定数值即超过设定值时，A_1 输出低电平，J_1 释放，加湿器停止工作。同理，当房间内湿度继续升高时，传感器输出电压随之继续增加，当增加到高于 A_2 设定数值时，A_2 输出高电平，使三极管 V_2 导通，LED_2 发出红光，表示空气潮湿，继电器 J_2 吸合接通排气扇排除潮气，当相对湿度降到设定值时，J_2 释放，排气扇停止工作，这样就可以控制室内空气的湿度范围，达到所需求的空气湿度环境。

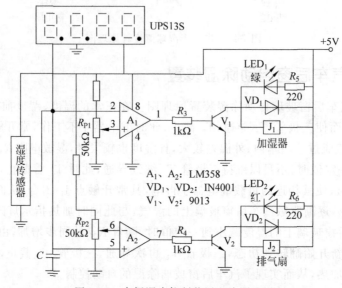

图 7-25　房间湿度控制装置电路原理图

思考题与习题

1. 请简述成分分析仪表有哪些类型，自动分析仪表是如何构成的。

2. 请写出热导式气体分析仪的工作原理，并画图说明热导式气体分析仪的桥式测量电路原理。

3. 请描述热导率、红外线热效应、氧浓差电势、流动相、固定相、色谱柱、湿度以及露点温度的概念。

4. 请阐述红外式气体分析仪的工作机理，并举例说明。

5. 请比较电阻型和非电阻型半导体气敏传感器的异同，并结合图 7-11 分析实际应用中如何检测矿井中的瓦斯浓度。

6. 请推导氧化锆氧量分析仪的计算公式，并简述氧量分析仪的检测原理。

7. 色谱仪的分离和分析过程如何实现？简述气相色谱仪的结构与工作原理。

8. 请说明绝对湿度与相对湿度含义的区别。

9. 干湿球湿度计是如何进行工作的？结合图 7-24，说明汽车后窗玻璃自动除湿装置的工作过程。

第8章

位 移 检 测

教学目标

通过本章的学习,读者应理解各种位移传感器测距原理及其应用。重点要掌握差动变压器的结构与工作原理,光栅传感器的结构与工作原理、检测电路。了解各种位移传感器测距范围及特点。

8.1 概述

视频讲解

工业生产中使用着大量的往复式运动机械和旋转机械设备,如车床、镗床、铣床以及电机、风机、水泵等。其中,自动连续采集这些旋转机械运行状态的两个重要参数就是位移和转速(转速见第9章)。位移测量是一种测量刚体平移时的线位移或转动时的角位移的机械量测量,其测量与控制直接关系到机械加工的精度与生产运行的安全稳定。

8.1.1 位移传感器的类型

位移可分为线位移和角位移。线位移是指物体沿着某一条直线移动的距离,一般称线位移的测量为长度测量。角位移是指物体沿着某一定点转动的角度,一般称角位移的测量为角度测量。本章主要介绍几种常用的线位移传感器。

按照工作原理不同,线位移传感器可以分为电阻式、电容式、电感式、光电式、感应同步器、光栅以及磁栅、激光位移传感器等。按照输出信号不同,位移传感器可分为模拟式和数字式两种。根据使用方法的不同,位移测量可分为接触式和非接触式测量。

8.1.2 位移传感器性能比较

表8-1为各类位移传感器工作性能比较。其中,电阻应变式位移传感器、电容式位移传感器和差动电感式位移传感器一般用于小位移的测量(几微米至几毫米);差动变压器式传感器用于中等位移的测量,这种传感器在工业测量中应用得最多;电阻电位器式传感器适用于较大范围位移的测量,但精度不高;感应同步器、光栅、磁栅、激光位移传感器等用于精密检测系统的位移的测量,测量精度高,量程也可大到几米。

表 8-1　各类位移传感器工作性能比较

类　　型	测 量 范 围	特　　点
电阻应变式	$0.1\mu m \sim 0.1mm$	线性好，分辨率高，测量范围小
电容式	$0.001 \sim 10mm$	分辨率高，易受温度湿度变化影响
差动变压器	$0 \sim 5000mm$	灵敏度高，线性范围宽，使用寿命长
电涡流	$0 \sim 100mm$	非接触，灵敏度高、响应快
光栅式	$0.001 \sim 10m$	分辨率高
激光式	$2m$	非接触测量，分辨率 $0.2\mu m$

视频讲解

8.2　电容式位移测量

根据电容器参数变化的特性，电容式位移测量可分为变极距型（或称变间隙型）、变面积型和变介质型（或称变介电常数型）三种。

8.2.1　工作原理

1. 变极距型电容传感器

图 8-1 是变极距型电容传感器的结构原理图。图中极板 1 固定不动，极板 2 为可动电极，即动片。当动片随被测量位移变化时，两极板间距 d 随之发生变化，从而使电容量 C 发生变化。

设动片未移动时极板间距为 d_0，对应的初始电容量为 C_0，即

$$C_0 = \frac{\varepsilon S}{d_0} \tag{8-1}$$

由式(8-1)可知，C 与 d 不是线性关系，而是如图 8-2 所示的双曲线关系。

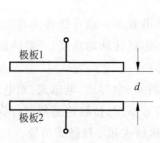

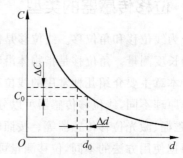

图 8-1　变极距型电容传感器　　　图 8-2　C-d 特性曲线

当动片移动，极板间距 d_0 减小 Δd 时，电容量的增量为

$$\Delta C = \frac{\varepsilon S}{d_0 - \Delta d} - \frac{\varepsilon S}{d_0} = \frac{\varepsilon S}{d_0} \cdot \frac{\Delta d}{d_0 - \Delta d} = C_0 \frac{\Delta d}{d_0 - \Delta d} \tag{8-2}$$

电容的相对变化量为

$$\frac{\Delta C}{C_0} = \frac{\Delta d}{d_0 - \Delta d} = \frac{\dfrac{\Delta d}{d_0}}{1 - \dfrac{\Delta d}{d_0}} \tag{8-3}$$

当 $\Delta d \ll d_0$ 时,式(8-3)可以展开为级数形式,即

$$\frac{\Delta C}{C_0} = \frac{\Delta d}{d_0}\left[1 + \frac{\Delta d}{d_0} + \left(\frac{\Delta d}{d_0}\right)^2 + \left(\frac{\Delta d}{d_0}\right)^3 + \cdots\right] \tag{8-4}$$

忽略式(8-4)中的高次项,得

$$\frac{\Delta C}{C_0} \approx \frac{\Delta d}{d_0} \tag{8-5}$$

这时 ΔC 与 Δd 近似呈线性关系。所以变极距型电容传感器在设计时要考虑满足 $\Delta d \ll d_0$ 的条件,且一般 Δd 只能在极小的范围内变化。

当采用差动式结构时,如图 8-3 所示。当动极板向上或向下移动后,C_1 和 C_2 成差动变化,即其中一个电容量增加,另一个电容量减小。若位移量 Δd 很小,且 $\Delta d \ll d_0$,差动电容传感器的电容量的相对变化为

$$\frac{\Delta C}{C_0} \approx 2\frac{\Delta d}{d_0} \tag{8-6}$$

2. 变面积型电容传感器

变面积型电容传感器的原理如图 8-4 所示。与变极距型相比,它们的测量范围大,可测较大的线位移或角位移(一度至几十度)。

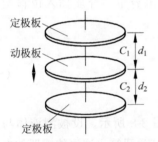

图 8-3 差动电容传感器原理

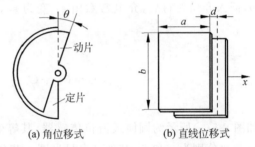

(a) 角位移式　　　(b) 直线位移式

图 8-4 变面积型电容传感器的原理

图 8-4(a)为角位移式电容传感器原理图。当被测量变化使动片有一角位移 θ(单位为 rad)时,就改变了两极板间的遮盖面积 S,电容量 C 也就随之变化。

$$C_\theta = \frac{\varepsilon S\left(1 - \dfrac{\theta}{\pi}\right)}{d_0} = C_0\left(1 - \frac{\theta}{\pi}\right) \tag{8-7}$$

由式(8-7)可知,电容 C_θ 与角位移 θ 呈线性关系。

图 8-4(b)为平板直线位移式电容传感器,当其中一个极板发生位移 x 后,改变了两极板间的遮盖面积 S,同样电容量 C 随之变化。

当 $x \neq 0$ 时,若忽略边缘效应

$$C_x = \frac{\varepsilon b(a - x)}{d} = C_0\left(1 - \frac{x}{a}\right) \tag{8-8}$$

由式(8-8)可知,电容 C_x 与位移 x 呈线性关系。

3. 变介电常数型电容传感器

变介电常数型电容传感器的结构原理如图 8-5 所示。这种传感器大多用来测量电介质的厚度、位移和液位、液量,还可根据极间介质的介电常数随温度、湿度、容量的变化而改变

的规律来测量介质材料的温度、湿度、容量等。

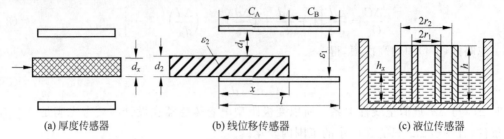

(a) 厚度传感器　　　　　　(b) 线位移传感器　　　　　(c) 液位传感器

图 8-5　变介电常数型电容传感器的结构原理图

其中，图 8-5(a)所示为单组式平板型厚度传感器，其等效电路如图 8-6 所示。设固定板长度为 a、宽度为 b、两极板间的距离为 d；被测物的厚度和它的介电常数分别为 d_x 和 ε；空气的介电常数为 ε_0。若忽略边缘效应，该传感器的电容量与被测厚度的关系为

$$C = \frac{ab}{\dfrac{d - d_x}{\varepsilon_0} + \dfrac{d_x}{\varepsilon}} \tag{8-9}$$

如图 8-5(b)所示为单组式平板型线位移传感器，其等效电路如图 8-7 所示。设极板宽度为 b，插入介质材料后，介电常数由 ε_1 变为 ε_2，传感器的电容量与介质插入位移量的关系为

$$C = C_0 + C_0 \frac{x}{l} \frac{1 - \dfrac{\varepsilon_1}{\varepsilon_2}}{\dfrac{d_1}{d_2} + \dfrac{\varepsilon_1}{\varepsilon_2}} \tag{8-10}$$

如图 8-5(c)所示为圆筒式液位传感器，其等效电路如图 8-8 所示。设被测液体与空气的介电常数分别为 ε 和 ε_0，其他各参量见图。若忽略边缘效应，圆筒式液位传感器的电容量与被测液位的关系为

$$C = \frac{2\pi\varepsilon_0 h}{\ln\dfrac{r_2}{r_1}} + \frac{2\pi(\varepsilon - \varepsilon_0) h_x}{\ln\dfrac{r_2}{r_1}} \tag{8-11}$$

可见，圆筒式液位传感器的电容量 C 与被测液位高度 h_x 呈线性关系。

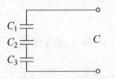　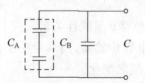　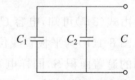

图 8-6　厚度传感器的等效电路　图 8-7　线位移传感器的等效电路　图 8-8　液位传感器的等效电路

8.2.2　测量电路

将电容量转换成电压（或电流）的电路称为电容传感器的转换电路。它们的种类很多，目前较常用的有运算放大器电路、二极管双 T 形电路、差动脉宽调制电路、调频电路等。

1. 运算放大器电路

图 8-9 为运算放大器测量电路原理图。C_x 为电容传感器，C_0 为固定电容。由运算放大器反馈原理可知，当运算放大器输入阻抗很高、增益很大时，可认为运算放大器输入电流 $\dot{I} \approx 0$，则输出电压为

$$\dot{U}_o = -\dot{U}_i \frac{C_0}{C_x} \tag{8-12}$$

如果传感器是一只平行板电容，则 $C_x = \dfrac{\varepsilon S}{d}$，代入式(8-12)得

$$\dot{U}_o = -\dot{U}_i \frac{C_0}{\varepsilon S} \cdot d \tag{8-13}$$

可见，运算放大器的输出电压与平行极板的板间距离 d 成正比。运算放大器电路解决了单个变极距型电容传感器的非线性问题。但式(8-13)是在运算放大器的放大倍数和输入阻抗无限大的条件下得出的，由于实际上它们总是一些有限值，故该测量电路仍然存在一定的非线性。

2. 二极管双 T 形电路

二极管双 T 形电路如图 8-10 所示，供电电压是幅值为 $\pm U_E$、周期为 T、频率为 f、占空比为 50% 的方波(也可以是正弦波)。VD_1、VD_2 为特性完全相同的两个二极管，$R_1 = R_2 = R$；C_1、C_2 为电容传感器的两个差动电容。当 R_L 已知时，输出电压为

$$U_o = \frac{R R_L (R + 2R_L)}{(R + R_L)^2} f U_E (C_1 - C_2) \tag{8-14}$$

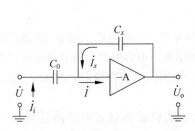

图 8-9 运算放大器测量电路

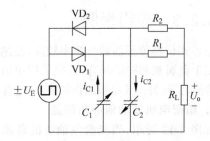

图 8-10 二极管双 T 形电路

从上式可知，输出电压不仅与电源电压的频率和幅值 U_E 有关，而且与 T 形网络中的 C_1 和 C_2 的差值有关。当电源电压确定后，输出电压只是电容 C_1 和 C_2 的函数。

3. 差动脉宽调制电路

差动脉宽(脉冲宽度)调制电路利用对传感器电容的充放电，使电路输出脉冲的宽度随传感器电容量的变化而变化，通过低通滤波器得到对应被测量变化的直流信号。

图 8-11 为差动脉宽调制电路，图中 C_1、C_2 为差动式传感器的两个电容，若用单组式，则其中一个为固定电容，其电容值与传感器电容初始值相等；A_1、A_2 是两个比较器，U_r 为其参考电压。

若 $R_1 = R_2 = R$，输出电压为

$$U_o = \frac{C_1 - C_2}{C_1 + C_2} U_r \tag{8-15}$$

式(8-15)说明差动脉宽调制电路输出的直流电压与传感器两电容差值成正比。

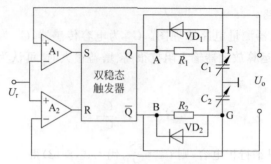

图 8-11　差动脉宽调制电路

对于差动式变极距型电容传感器来说，输出电压为

$$U_\text{o} = \frac{\Delta d}{d_0} U_\text{r} \tag{8-16}$$

对于差动式变面积型电容传感器来说，设电容器初始有效面积为 S_0，变化量为 ΔS，则输出电压为

$$U_\text{o} = \frac{\Delta S}{S_0} U_\text{r} \tag{8-17}$$

可见，差动脉宽调制电路能适用于任何差动式电容传感器，并具有理论上的线性特性，这是十分可贵的性质。另外，差动脉宽调制电路采用直流电源，其电压稳定度高，不存在稳频、波形纯度的要求，也不需要相敏检波与解调等电路；对元件无线性要求；经低通滤波器可输出较大的直流电压，对输出矩形波的纯度要求也不高。

8.2.3　应用举例

电容式位移传感器的分辨率较高，在纳米级测试中得到广泛的应用。通常，电容式位移传感器用于金属被测物的场合，往往采用单边式变极距型结构。电容器的一极是单电极电容式振动位移传感器，另一极是被测物的表面，适合测量高频振动的振幅，精密轴系回转精度等位移量。

1. 精密电机转动偏心的测量

如图 8-12 所示，当光盘主轴电机高速转动时，电容式位移传感器可以测量转轴轴心的动态偏摆。

2. 金属厚度的测量

电容式位移传感器被用于以纳米级的精度校准芯片光刻机中镜片的位置，测量晶圆厚度等应用。如图 8-13 所示，两只电容式传感器用于测量半导体晶圆厚度。

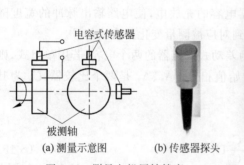

(a) 测量示意图　　　　(b) 传感器探头

图 8-12　测量电机回转精度

(a) 测量实物图　　　　(b) 传感器探头

图 8-13　测量半导体晶圆厚度

8.3 自感式位移测量

自感式位移测量是利用电磁感应原理,把被测物理量位移转换成线圈自感系数的变化,从而导致线圈电感量改变,再由测量电路转换为电压或电流变化量。

8.3.1 测量原理

自感式传感器又称为变磁阻式传感器,图 8-14 为其结构示意图。传感器由线圈、铁芯和衔铁组成。图 8-14 中点画线表示磁路。铁芯和衔铁都由导磁材料制成。在铁芯和活动衔铁之间有气隙,气隙厚度为 d,工作时被测物体与衔铁相接。当被测物体带动衔铁移动时,气隙的厚度 d 发生变化,引起磁路的磁阻发生变化,从而导致电感线圈的电感值 L 变化。

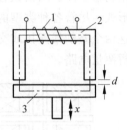

图 8-14 自感式传感器
1—线圈;2—铁芯;3—衔铁

若线圈匝线为 N,通入线圈中的电流为 I,每匝线圈产生的磁通为 Φ,由电感的定义有

$$L = \frac{N\Phi}{I} \tag{8-18}$$

设磁路总磁阻为 R_M,则磁通可表示为

$$\Phi = \frac{IN}{R_M} \tag{8-19}$$

以上两式联立得

$$L = \frac{N^2}{R_M} \tag{8-20}$$

因为气隙较小(一般为 $0.1 \sim 1\text{mm}$),所以,可以认为气隙中磁场是均匀的,若忽略磁路铁损,则磁路总磁阻 R_M 可看成是由铁芯磁阻 R_F 和空气隙磁阻 R_d 组成的,即

$$R_M = R_F + R_d \tag{8-21}$$

由于自感传感器的铁芯一般在非饱和状态下,其磁导率远大于空气的磁导率,即铁芯的磁阻与空气隙的磁阻相比很小,即 $R_F \ll R_d$,计算时可以忽略不计。故式(8-20)可表示为

$$L = \frac{N^2}{R_M} \approx \frac{N^2}{\dfrac{2d}{\mu_0 A}} = \frac{\mu_0 A N^2}{2d} \tag{8-22}$$

式中:d 为气隙的厚度;μ_0 为空气的磁导率($4\pi \times 10^{-7} \text{H/m}$);$A$ 为铁芯和活动衔铁之间的磁通横截面积。

可见,自感 L 是气隙磁通截面积 A 和气隙厚度 d 的函数,即 $L = f(A/d)$。如果 A 保持不变,则 L 与 d 成反比,构成变气隙式自感传感器;若保持 d 不变,则 L 与 A 成正比,随被测量(如位移)变化,则构成变截面式自感传感器。其中,使用较广泛的是变气隙式自感传感器。

对于变气隙式自感传感器,当衔铁下移或者上移微小变化量 Δd 时,气隙厚度变为 $d = d_0 \pm \Delta d$,此时电感量对于初始电感量 L_0 的相对变化为

$$\frac{\Delta L}{L_0} \approx \pm \frac{\Delta d}{d_0} \tag{8-23}$$

8.3.2 差动式结构

在实际使用中,为了减小非线性误差,常采用两个相同的传感线圈共用一个衔铁,构成差动式自感传感器,两个线圈的电气参数和几何尺寸要求完全相同。这种结构除了可以改善线性、提高灵敏度外,对温度变化、电源频率变化等的影响也可以进行补偿,从而减少了外界影响造成的误差。图 8-15 是变气隙型、变面积型及螺管型三种类型的差动式自感传感器的结构示意图。当衔铁移动时,一个线圈的电感量增加,另一个线圈的电感量减少,形成差动形式。尽管各种类型的差动式自感传感器的结构形式不同,但其工作原理都相似。如果将这两个差动线圈接成交流电桥的相邻桥臂,另外两只桥臂由电阻组成,它们就构成了交流电桥测量电路。

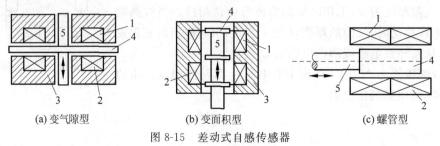

(a) 变气隙型　　　　　(b) 变面积型　　　　　(c) 螺管型

图 8-15　差动式自感传感器

1—线圈Ⅰ；2—线圈Ⅱ；3—铁芯；4—衔铁；5—导杆

以变气隙型差动自感传感器为例,当磁路总气隙改变 Δd 时,电感量的相对变化为

$$\frac{\Delta L}{L_0} \approx 2\frac{\Delta d}{d_0} \tag{8-24}$$

差动式与单线圈电感式传感器相比,具有下列优点:

(1) 线性好;

(2) 灵敏度提高一倍,即衔铁位移相同时,输出信号大一倍;

(3) 温度变化、电源波动、外界干扰等对传感器精度的影响,由于能互相抵消而减小;

(4) 电磁吸力对测力变化的影响也由于能相互抵消而减小。

8.3.3 测量电路

实际的自感式传感器,线圈不会是纯电感,还应该包括铜损电阻、铁芯的涡流损耗电阻以及线圈固有电容和电缆的分布电容。因此,在测量电路中可用一个复阻抗 Z 表示自感式传感器。

自感式传感器的测量电路有电阻平衡臂交流电桥、变压器式交流电桥、紧耦合电感臂交流电桥,还有把传感器作为振荡桥路中的一个组成元件的谐振式电路等。

1. 电阻平衡臂交流电桥

交流电桥是自感传感器的主要测量电路,为了提高灵敏度、改善线性度,自感线圈一般接成差动形式,如图 8-16 所示,差动的两个传感器线圈接成电桥的两个工作臂(Z_1、Z_2 为两个差动传感器线圈的复阻抗),另外两个相邻的桥臂用平衡电阻 R_1、R_2 代替。

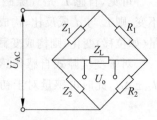

图 8-16　交流电桥

设初始时，$Z_1 = Z_2 = Z = R_s + j\omega L$，$R_1 = R_2 = R$，$L_1 = L_2 = L_0$，$\dot{U}_{AC}$ 为桥路电源，Z_L 是负载阻抗。

工作时，$Z_1 = Z + \Delta Z$，$Z_2 = Z - \Delta Z$，当自感线圈的品质因数 $Q = \dfrac{\omega L}{R_s}$ 值很高时，电桥输出电压为

$$\dot{U}_o \approx \frac{\dot{U}_{AC}}{2} \cdot \frac{\Delta L}{L_0} \tag{8-25}$$

差动变气隙式自感传感器工作时，有

$$\Delta L = 2L_0 \frac{\Delta d}{d_0} \tag{8-26}$$

将式(8-26)代入式(8-25)，得

$$\dot{U}_o \approx \dot{U}_{AC} \cdot \frac{\Delta d}{d_0} \tag{8-27}$$

可见，电桥输出电压与 Δd 有关，相位与衔铁移动方向有关。由于是交流信号，还要经过适当电路（如相敏检波电路）处理才能判别衔铁位移的大小及方向。

2. 变压器式交流电桥

变压器式交流电桥如图 8-17 所示。电桥两臂 Z_1、Z_2 为传感器线圈阻抗，另外两臂为交流变压器次级线圈的 1/2 阻抗，$\dot{U}_{AC}$ 为 C 点和 D 点之间的电压。电桥 A 点的电位为

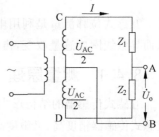

$$\dot{U}_A = \frac{Z_2}{Z_1 + Z_2} \dot{U}_{AC} \quad \text{或} \quad \dot{U}_A = \frac{Z_1}{Z_1 + Z_2} \dot{U}_{AC} \tag{8-28}$$

B 点电位为

$$\dot{U}_B = \frac{\dot{U}_{AC}}{2} \tag{8-29}$$

图 8-17 变压器式交流电桥

若电桥开路，负载阻抗无穷大，电桥输出电压为

$$\dot{U}_o = \dot{U}_{AB} = \dot{U}_A - \dot{U}_B = \frac{\dot{U}_{AC}}{2} \cdot \frac{Z_2 - Z_1}{Z_2 + Z_1} \tag{8-30}$$

当衔铁下移或者上移，若线圈的 Q 值很高，损耗电阻可忽略，电桥输出电压为

$$\dot{U}_o = \pm \frac{\dot{U}_{AC}}{2} \cdot \frac{\Delta L}{L} \tag{8-31}$$

由式(8-31)可知，当衔铁向上、向下移动相同的距离时，产生的输出电压大小相等，但极性相反。由于 $\dot{U}_{AC}$ 是交流信号，要判断衔铁位移的大小及方向同样需要经过相敏检波电路的处理。

变压器电桥与电阻平衡臂电桥相比，具有元件少、输出阻抗小、桥路开路时电路呈线性的优点，但因为变压器副边不接地，易引起来自原边的静电感应电压，使高增益放大器不能工作。

8.3.4 应用举例

差动式自感传感器，可以测量加工零件的平面度、轴承的外径、零件的膨胀、伸长等。如图 8-18 所示，通过自感式滚柱直径分选装置可测量并分选不同的直径。

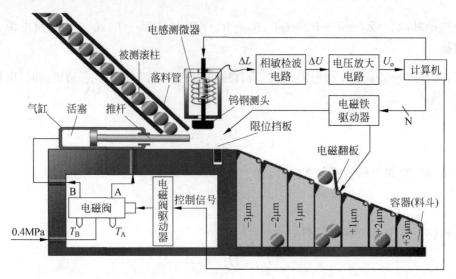

图 8-18　自感式滚柱直径分选装置

视频讲解

8.4　互感式位移测量

　　互感式位移测量是利用电磁感应原理，把被测物理量位移转换成线圈互感系数的变化，从而导致线圈电感量改变，再由测量电路转换为电压或电流变化量。

8.4.1　测量原理

　　互感式传感器的结构形式较多，主要分气隙型和螺管型两种。目前多采用螺管型，螺管型互感式传感器精度高、灵敏度高、结构简单、性能可靠，可以测量 1～100mm 的机械位移。

　　互感式传感器的测量原理类似于变压器的工作原理，主要包括衔铁、初级绕组、次级绕组和线圈框架等。初级绕组、次级绕组的耦合能随衔铁的移动而变化，即绕组间的互感随被测位移的改变而变化。由于在使用时两个结构尺寸和参数完全相同的次级绕组采用反向串接，以差动方式输出，所以又把这种传感器称为差动变压器式电感传感器，通常简称为差动变压器。初级绕组作为差动变压器激励用，相当于变压器的原边，而次级绕组相当于变压器的副边。根据初、次级排列不同，螺管型差动变压器有二节式、三节式、四节式和五节式等形式，如图 8-19 所示。三节式的零点电位较小，二节式比三节式灵敏度高、线性范围大，四节式和五节式改善了传感器线性度。

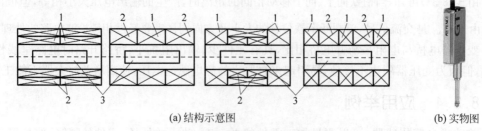

(a) 结构示意图　　　　　　　　　　　　　　　　　(b) 实物图

图 8-19　差动变压器线圈结构

1—初级绕组；2—次级绕组；3—衔铁

在理想情况下(忽略涡流损耗、磁滞损耗和分布电容等影响),差动变压器工作的等效电路如图8-20所示。图中:$\dot{U}_i$ 为初级绕组激励电压;$\dot{U}_o$ 为输出电压;M_1、M_2 为初级绕组与两个次级绕组间的互感;L_P、R_P 为初级绕组的电感和有效电阻;L_{S1}、L_{S2} 为两个次级绕组的电感;R_{S1}、R_{S2} 为两个次级绕组的有效电阻。

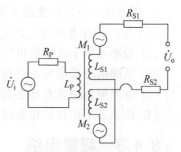

图 8-20 差动变压器的等效电路

对于差动变压器,当衔铁处于中间位置时,两个次级绕组互感相同,因而由初级绕组激励引起的感应电动势相同。由于两个次级绕组反向串接,所以差动输出电动势为零。

当衔铁移向次级绕组 L_{S1} 一边时,互感 M_1 增大,M_2 减小,因而次级绕组 L_{S1} 内的感应电动势大于次级绕组 L_{S2} 内的感应电动势,这时差动变压器输出电动势不为零。在传感器的量程内,衔铁位移越大,差动输出电动势就越大。

同样道理,当衔铁移向次级绕组 L_{S2} 一边时,差动输出电动势仍不为零,但由于移动方向改变,所以输出电动势反相。因此通过差动变压器输出电动势的大小和相位可以知道衔铁位移量的大小和方向。

当次级绕组开路时,初级绕组的交流电流为

$$\dot{I}_P = \frac{\dot{U}_i}{R_P + j\omega L_P} \tag{8-32}$$

次级绕组的感应电动势为

$$\dot{U}_1 = -j\omega M_1 \dot{I}_P \tag{8-33}$$

$$\dot{U}_2 = -j\omega M_2 \dot{I}_P \tag{8-34}$$

由于次级绕组反向串接,所以差动变压器的输出电压为

$$\dot{U}_o = -j\omega (M_1 - M_2) \frac{\dot{U}_i}{R_P + j\omega L_P} \tag{8-35}$$

当衔铁处于中间位置时,输出电压 $\dot{U}_o = 0$,衔铁上升时或下降时,输出电压 $\dot{U}_o \neq 0$,但是,输出电压相位相反。

8.4.2 输出特性

1. 输出特性曲线与零点残存电压

差动变压器的输出特性曲线如图8-21所示。图中:x 表示衔铁偏离中心位置的距离;U_o 为差动输出电动势,其中实线部分表示实际的输出特性,而虚线表示理想的输出特性;U_z 为零点残存电压。

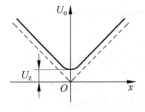

图 8-21 差动变压器输出特性

当差动变压器的衔铁处于中间位置时,理想条件下其输出电压为零。但实际上,当使用桥式电路时,在零点 O 仍有一个微小的电压值 U_z(从零点几毫伏到数十毫伏)存在,称为零点残存电压。零点残存电压的存在造成零点附近的不灵敏区,给测量带来误差。若零点残存电压输入放大器内,会使放大器末级趋向饱和,影响电路的正常工作。因此,零

点残存电压的大小是衡量差动变压器性能好坏的重要指标。

2. 零点残存电压产生的原因

产生零点残存电压的原因主要有以下几种：

（1）差动的两个线圈的电气参数及导磁体的几何尺寸不可能完全对称；

（2）线圈的分布电容不对称；

（3）电源电压中含有高次谐波；

（4）传感器工作在磁化曲线的非线性段。

8.4.3 测量电路

差动变压器的输出为交流电压，它与衔铁位移成正比。用交流电压表测量其输出值只能反映衔铁位移的大小，不能反映移动的方向，因此常采用差动整流电路和相敏检波电路进行测量。

1. 差动整流电路

差动整流电路是根据半导体二极管的单向导通原理进行整流的。它把两个次级电压分别整流，然后将整流后的电压或电流的差值作为输出。

如图 8-22 所示为电压输出型全波差动整流电路。若传感器的一个次级线圈的输出瞬时电压极性在 e 点为"+"，f 点为"−"，则电流路径是 eacdbf；反之，如果 e 点为"−"，f 点为"+"，则电流路径是 fbcdae。可见，无论次级线圈的输出瞬时电压极性如何，通过电阻 R_1 上的电流总是从 c 到 d。同理，分析另一个次级线圈的输出情况可知，通过电阻 R_2 上的电流总是从 g 到 h。以上分析得出的综合结论是，无论次级线圈的输出瞬时电压极性如何，整流电路的输出电压 U_o 始终等于 R_1、R_2 两个电阻上的电压差，即

$$U_o = U_{dc} + U_{gh} = U_{dc} - U_{hg} \tag{8-36}$$

整流电路输出的电压波形如图 8-23 所示。当铁芯在零位时，输出电压 $U_o = 0$；当铁芯在零位以上或零位以下时，输出电压的极性相反，零点残存电压自动抵消。

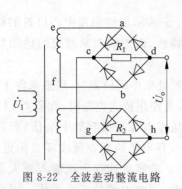

图 8-22 全波差动整流电路

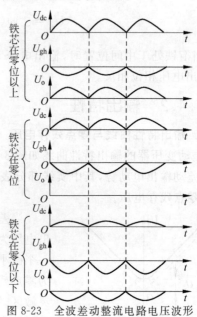

图 8-23 全波差动整流电路电压波形

2. 二极管相敏检波电路

相敏检波电路要求比较电压与差动变压器次级侧输出电压的频率相同，相位相同或相反。另外还要求比较电压的幅值尽可能大，一般情况下，其幅值应为信号电压的 3～5 倍。图 8-24(a)是差动相敏检波电路。

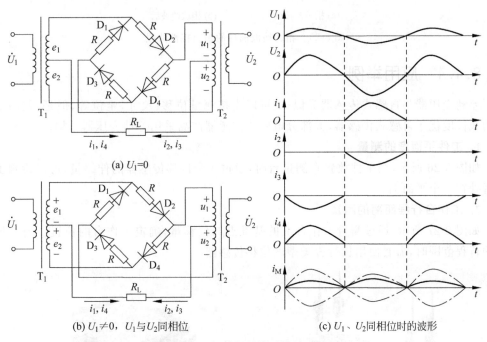

(a) $U_1=0$

(b) $U_1 \neq 0$，U_1 与 U_2 同相位

(c) U_1、U_2 同相位时的波形

图 8-24 二极管相敏检波电路和波形

D_1、D_2、D_3、D_4 为 4 个性能完全相同的二极管，以同一方向串联成一个闭合回路，R 为限流电阻，避免二极管导通时变压器 T_2 的次级电流过大。差动变压器输出的调幅波电压 $\dot{U}_1$ 通过变压器 T_1 加到环形电桥的一条对角线；参考电压 $\dot{U}_2$ 通过变压器 T_2 加到环形电桥的另一个对角线，$\dot{U}_2$ 与 $\dot{U}_1$ 的频率相同(要求 $\dot{U}_2$、$\dot{U}_1$ 在正位移时，同频同相；在负位移时，同频反相)，且 $\dot{U}_2 > \dot{U}_1$；R_L 为负载电阻，输出电压 U_L 从变压器 T_1 和 T_2 的中心抽头引出。

下面分析相敏检波电路的工作过程。

(1) 当衔铁在中间位置时，位移 $x(t)=0$，传感器输出电压 $\dot{U}_1=0$。无论参考电压是正半周还是负半周，在负载 R_L 上得到的输出电压始终为零。

(2) 当衔铁在零位以上移动时，$\dot{U}_1$ 与 $\dot{U}_2$ 同频同相，如图 8-24(b)所示。无论参考电压是正半周还是负半周，在负载 R_L 上得到的输出电压始终为正。$\dot{U}_1$ 与 $\dot{U}_2$ 同相位时各部分电压与电流的波形图如图 8-24(c)所示。

(3) 当衔铁在零位以下移动时，$\dot{U}_1$ 与 $\dot{U}_2$ 同频反相。无论参考电压是正半周还是负半周，在负载 R_L 上得到的输出电压始终为负。

综上所述，经过相敏检波电路后，正位移输出正电压，负位移输出负电压。电压值的大小表明位移的大小，电压的正负表明位移的方向。因此，差动变压器的输出经过相敏检波以后，特性曲线由图 8-25(a)变成图 8-25(b)，可见残存电压自动消失。

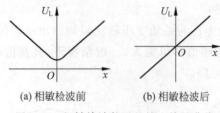

(a) 相敏检波前   (b) 相敏检波后

图 8-25　相敏检波前后的输出特性曲线

8.4.4　应用举例

差动变压器与自感式传感器类似，也可以直接测量位移、尺寸、定位等，但是，差动变压器的线性度优于自感式传感器，大部分电感式传感器产品采用差动变压器结构。

1. 工件平面度的测量

如图 8-26 所示，当工件放置在测量台时，通过 4 个位移传感器的伸缩量，可以检测工件是否处在一个平面上。

2. 工作台行程距离的测量

如图 8-27 所示，通过测量工作台上的基准点与位移量，确定工作台的位置。当测量较大的行程范围时，需要使用长行程类型的位移传感器。

图 8-26　工件平面度测量   图 8-27　工作台位移量测量

8.5　光栅式位移测量

视频讲解

光栅式位移测量，是根据光栅的莫尔条纹现象，以线位移和角位移为基本测试内容，应用于高精度加工机床、光学坐标镗床、大规模集成电路的制造设备上。此类光栅又称为计量光栅。

8.5.1　光栅的结构与种类

计量光栅按应用范围不同可分为透射光栅和反射光栅两种；按用途不同有测量线位移的长光栅和测量角位移的圆光栅；按光栅的表面结构不同，又可分为幅值（黑白）光栅和相位（闪耀）光栅。

图 8-28 为黑白型透射长光栅，是在一块长条形透明玻璃上均匀刻制许多相互平行、明暗相间、等宽又等间距分布的细小条纹（刻线）。平行等距的刻线称为栅线，a 为栅线的宽度（不透光），b 为栅线的间距（透光），一般情况下 $a=b$，$w=a+b$ 称为光

图 8-28　光栅结构

栅栅距(或光栅节距、光栅常数)。目前常用的光栅是每毫米宽度上刻 10、25、50、100、125 或 250 条栅线。对于圆光栅来说,除了栅距参数之外,还经常使用栅距角。栅距角是指圆光栅上相邻两刻线所夹的角。

8.5.2 工作原理

1. 光栅式传感器的组成

图 8-29 为光栅式传感器测量原理图。光栅式传感器通常由光源、透镜、标尺光栅(主光栅)G_1、指示光栅 G_2、光电器件 S_1、S_2 及测量电路等部分组成。主光栅和指示光栅的刻线密度相同,但主光栅要比指示光栅长得多,它们的刻线面相对,中间留有很小的间隙。测量时光源为光栅提供光能,透镜用来将光源发出的可见光收集并将其转换为平行光束送到计量光栅,由光电器件 S_1、S_2 检测透射光强。在固定 G_2、移动 G_1 时,G_1 每移动一个栅距,S_1、S_2 都输出一个近似于正弦的波形,这样 G_1 的移动距离就可以通过波形的计数而检测出来。显然,主光栅的有效长度决定了传感器的位移测量范围。

2. 莫尔条纹

如果主光栅和指示光栅两者不平行,且相差一个微小夹角 θ,则在近似垂直于栅线方向上就显现出比栅距宽得多的明暗相间的粗条纹,此称为莫尔条纹。如图 8-30 所示,在 a—a′线上两光栅的栅线彼此重合,透光面积最大,形成亮带;在 b—b′线上两光栅的栅线彼此错开,形成不透光的暗带。其方向与刻线方向垂直,故又称横向莫尔条纹。当夹角 θ 减小时,莫尔条纹亮带与暗带之间的距离 B_H 增大,适当调整夹角 θ 可获得所需的条纹间距。

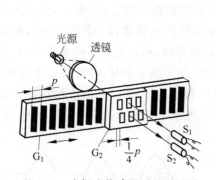

图 8-29 光栅式传感器测量原理图

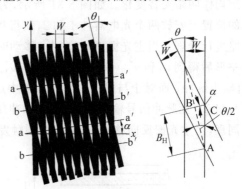

图 8-30 光栅与莫尔条纹

莫尔条纹测量位移有以下特性:

1) 位移放大作用

当光栅移动一个光栅栅距 W 时,莫尔条纹上下也移动一个条纹宽度 B_H。由于主光栅和指示光栅的栅线之间的夹角 θ 很小,且两光栅的光栅栅距相等,因此,它们之间的近似关系为

$$B_H = \frac{W/2}{\sin\frac{\theta}{2}} \approx \frac{W}{\theta} = KW \tag{8-37}$$

可见,其位移放大倍数为

$$K \approx \frac{1}{\theta} \tag{8-38}$$

例如，$W=0.02$mm，$\theta=0.1°$，将 θ 换算成为弧度，则

$$K \approx 573$$

$$B_H = KW = 573 \times 0.02\text{mm} = 11.46\text{mm}$$

计算结果表明，在上述给定条件下，被测对象移动 0.02mm，莫尔条纹将移动 11.46mm。由式(8-38)可知，对于给定光栅栅距的两光栅，θ 越小，其位移放大倍数越大，灵敏度越高。

2）运动对应关系

莫尔条纹的位移量和移动方向与主光栅相对于指示光栅的位移量和位移方向有严格的对应关系。当主光栅沿着刻线垂直方向向右移动一个栅距 W 时，莫尔条纹将沿着光栅的栅线方向向下移动一个条纹间距 B_H；反之，当主光栅向左移动时，莫尔条纹将沿着光栅的栅线方向向上移动。因此，根据莫尔条纹移动方向，就可以判定主光栅的移动方向。

3）误差平均效应

由于莫尔条纹是由大量栅线共同作用形成的，对于光栅刻线误差起到了平均作用。个别栅线误差对于莫尔条纹的影响非常有限，因此，提高了光栅式传感器的测量精度。

8.5.3　辨向与细分电路

1. 辨向电路

无论测量直线位移还是测量角位移，都必须能够根据传感器的输出信号判别移动的方向，即判断是正向移动还是反向移动，是顺时针旋转还是逆时针旋转。但是，仅由一个光电器件的输出无法判别光栅的移动方向，因为在一点观察时，不论主光栅向哪个方向移动，莫尔条纹均作明暗交替变化。如图 8-31 所示，为了辨别方向，通常采用在相隔 1/4 莫尔条纹间距的位置上安放两个光电器件 1 和 2，获得相位差为 90° 的两个信号 u_1 和 u_2，然后送到辨向电路进行处理。当主光栅正向（向左）移动时，莫尔条纹向上移动，u_1 滞后 u_2 90°，两信号放大整形后得到 u_1' 和 u_2'。对于与门 Y_1，当 u_{1w}' 处于高电平时，u_2' 总是处于高电平，因而与门 Y_1 有输出脉冲；而对于与门 Y_2，当 u_{1w}''（图中虚线脉冲）处于高电平时，u_2' 始终处于低电平，因而与门 Y_2 无脉冲信号输出。Y_1 输出脉冲使加减控制触发器置 1，可逆计数器做加法计数。同理，当主光栅反向移动时，加减控制触发器置 0，可逆计数器做减法计数。由此，正向

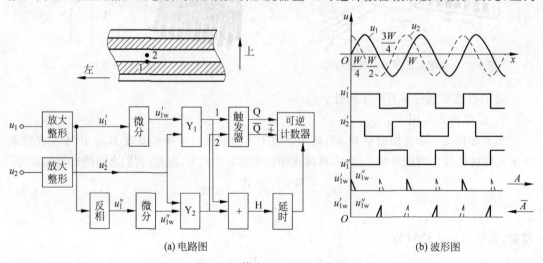

(a) 电路图　　　　　　　　　　　　(b) 波形图

图 8-31　辨向电路原理示意图

移动时脉冲数累加,反向移动时,便从累加的脉冲中减去反方向移动所得的脉冲数,这样光栅传感器实现了辨向,通过计数器状态可以判定被测对象的移动方向和移动距离。

2. 细分电路

光栅式传感器通过测量移动的莫尔条纹的数量确定位移量的大小,它的测量分辨率等于光栅的一个栅距。但是在精密检测中常常需要测量比栅距更小的位移量,为了提高分辨率,可以采用以下两种方法实现:

(1)增加刻线密度来减小栅距,但是这种方法受光栅刻线工艺的限制。

(2)细分技术,使光栅每移一个栅距时,输出均匀分布的 n 个脉冲,从而得到比栅距更小的分度值,使分辨率提高到 W/n。细分的方法有多种,例如,直接细分、电桥细分、锁相细分、调制信号细分、软件细分等,下面主要介绍常用的直接细分方法。

直接细分法又称位置细分,常用的细分数为 4。如图 8-32,可用依次相距四分之一条纹间距的 4 个光电元件实现四细分。其结果是获得依次相差 90° 相角的 4 个正弦交流信号。在莫尔条纹的一个周期内将产生 4 个计数脉冲,实现了四细分。

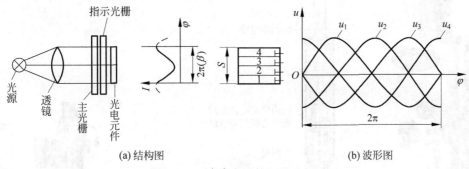

(a) 结构图 (b) 波形图

图 8-32 4 个光电元件细分示意图

如图 8-33 所示,在上述辨向电路的基础上,将获得相位差为 90° 的两个信号 S 和 C,再经过 4 倍频细分电路处理,实现辨向和四细分。

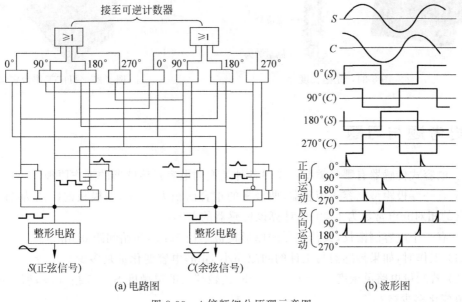

(a) 电路图 (b) 波形图

图 8-33 4 倍频细分原理示意图

8.5.4 应用举例

光栅式传感器具有精度高、量程大、分辨率高、抗干扰能力强、可实现动态测量等特点，近年来在机械行业中得到广泛的应用，特别是在长度计量仪、数控机床的闭环反馈控制、工作母机的坐标测量等方面，光栅式传感器起着重要作用。

1. 长度计

如图 8-34 所示，长度计由高精度光栅尺装置、密珠导轨的测量杆装置、数显表构成，可以测量工件的长度、高度、厚度等。

2. 机床工作台的定位

如图 8-35 所示，当工作台移动时，长光栅固定在机床不动件上，短光栅固定在机床移动部件上。当工作台移动时，根据短光栅移动的栅距与莫尔条纹移动距离的对应关系，可以测量直线位移量。

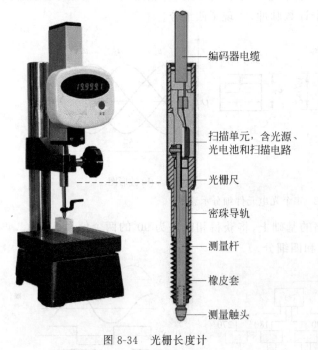

图 8-34　光栅长度计

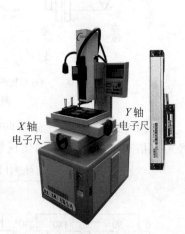

图 8-35　机床工作台定位

思考题与习题

1. 电容式传感器有哪些类型？简述各种类型的电容式传感器的工作原理。

2. 有一变极距型电容式传感器，两极板的重合面积为 $8cm^2$，两极板的距离为 1mm，已知空气的相对介电常数为 1.0006，计算该传感器的电容量。

3. 有一个电容测微仪，其传感器的原形板极半径 5mm，初始间距 0.3mm。

（1）工作时，如果传感器与工件的间隙缩小 $1\mu m$，电容变化量是多少？

（2）若测量电路灵敏度 $S_1 = 100mF/pF$，读数仪表的灵敏度 $S_2 = 5$ 格/mV，那么仪表的指示值变化多少格？

4. 简述变气隙式自感传感器测距原理。

5. 什么是差动变压器的零点残存电压？并说明其产生的原因。

6. 简述差动整流电路的工作原理,分析衔铁的位置和输出电压波形图之间的关系。

7. 比较自感式差动传感器与差动变压器的异同。

8. 画出光栅式传感器的组成,简述其工作原理。

9. 什么是莫尔条纹？简述莫尔条纹的特性。

10. 简述光栅式传感器辨向和细分的意义及基本方法。

11. 有一直线光栅,每毫米刻线数为 100,主光栅与指示光栅的夹角 $\theta = 1.8°$,采用四细分技术,计算栅距 W,莫尔条纹的宽度 B_H,分辨率 Δ 分别是多少？

12. 光栅尺的参数为栅距 $W = 0.02\text{mm}$,夹角 $\theta = 0.1°$,当光栅尺输出的莫尔条纹位移量为 $B_H = 11460\text{mm}$,被测对象实际移动量是多少？

第9章

CHAPTER 9

转 速 检 测

教学目标

通过本章的学习,读者应清楚转速的基本概念以及常用检测方法。重点掌握旋转编码器的工作原理与实际应用;理解磁电感应式检测法、霍尔式检测法、光电式检测法如何进行转速测量,了解离心力式检测法和测速发电机的检测原理。

9.1 概述

视频讲解

9.1.1 转速的定义

实际工程中,经常需要检测各类机械设备的运行情况,其中转速是代表设备是否正常工作的主要参数。例如,各类电动机的转速检测,直接关系到整个运动控制的全过程。

物体转动的速度称为转速,它是以旋转体单位时间的转数来表示,单位是转/秒(r/s),或转/分(r/min)。转动角速度,等于转动的角位移 $\Delta\theta$ 与转动时间 Δt 之比,即 $\omega = \Delta\theta/\Delta t$,角速度的单位为弧度/秒(rad/s)。

9.1.2 转速测量方法

测量转速的仪表统称为转速表,转速表的种类繁多,按测量原理可分为模拟法、计数法和同步法;按变换方式又可分为机械式、电气式、光电式和频闪式等。转速的测量方法及特点列于表9-1中。

表 9-1 转速的测量方法及特点

类 型		转速表	测 量 方 法	应 用 范 围	特 点
模拟法	机械式	离心式	利用质量块的离心力与转速平方成正比;利用容器中液体的离心力产生的压力或液面变化	$30\sim24000\text{r/min}$ 中、低速	简单、价格低、应用广泛,但精度较低
		黏液式	利用旋转体在黏液中旋转时传递的扭矩变化测速	中、低速	简单,但易受温度的影响

续表

类　　型		转速表	测　量　方　法	应　用　范　围	特　　　点
模拟法	电气式	发电机式	利用直流或交流发电机的电压与转速成正比关系	大约1000r/min 中、低速	可远距离显示,应用广,易受温度影响
		电容式	利用电容充放电回路产生与转速成正比例的电流	中、高速	简单、可远距离显示
		电涡流式	利用旋转盘在磁场内使电涡流产生变化测转速	中、高速	简单、价格低,多应用于机动车
计数法	机械式	齿轮式(钟表式)	通过齿轮转动数字轮 通过齿轮转动加入计时器	中、低速 大约10000r/min	简单、价格低,与秒表并用
	光电式	光电式	利用来自旋转体上的光线,使光电管产生电脉冲	中、高速 30～48000r/min	简单、没有扭矩损失
	电气式	电磁式	利用磁、电等转换器将转速转换成电脉冲	中、高速	简单、数字传输
同步法	机械式	目测式	转动带槽圆盘,目测与旋转体同步的转速	中、高速	简单、价格低
	频闪式	闪光式	利用频闪光测旋转体频率	中、高速	简单、可远距离显示、数字测量

　　本章主要介绍模拟法中的离心力式和测速发电机式的转速测量,计数法中的磁电感应式、霍尔式、光电式以及旋转编码器式的转速测量。

9.2　离心式转速测量

视频讲解

　　离心式转速测量,属于模拟法中机械式转速测量方法,是通过质量块的离心力与转速平方成正比的原理,而完成对转速的测量。

　　图9-1为离心式转速测量原理图,该装置主要包括转轴、套筒、弹簧、重锤、转速指示表以及连杆、拉杆等部件。当转轴以 ω 角速度旋转时,质量 m 的重锤随转轴旋转,产生离心力 $mr\omega^2$ 向外拉动套筒上下运动,同时克服弹簧力;而套筒的升降通过齿轮带动指针转动。当离心力与弹簧力达到平衡时,则指针指示出当前的转速。

　　同样的原理,常用在蒸汽机、汽轮机、透平机等动力机械的离心调速器上,套筒的升降通过油压传递给蒸气阀以控制蒸气流量,使蒸气发动机

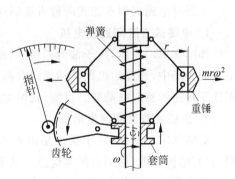

图 9-1　离心式转速测量原理图

的涡轮保持在一定的转速。这种经典的自动控制模型目前仍然在一些场合被使用。

　　在实际应用中,由于离心式转速表的重锤质量较大,因此该系统惯性也较大,通常不用于测量变化较快的转速。但是,该转速测量装置结构简单、价格较低、可靠性高、耐振动,测量范围也较宽,大约在 $30\sim24000$r/min,多用于中、低转速的测量,其测量误差在 $1\%\sim2\%$ 范围内。

视频讲解

9.3　测速发电机

测速发电机是根据电磁感应原理设计成的专门测速的微型发电机，它是一种测量转速的电磁装置，能把输入轴上的转速信号转变为与其成正比的电压信号。测速发电机的优点是线性好、灵敏度和精确度高及输出信号较大。在自动控制装置中，通常可以将测速发电机作为测速元件、校正元件、解算元件以及信号元件等。

9.3.1　结构与种类

测速发电机可分为直流与交流两类。其中，直流测速发电机按照定子磁极的励磁方式分为电磁式和永磁式两种；交流测速发电机分为同步式和异步式两种，对于同步式测速发电机而言，又可以包括永磁式、感应式、脉冲式三小类，而异步式测速发电机又可分为鼠笼转子式、空心杯转子式两小类。在实际应用中，由于同步式测速发电机感应电势频率随转速而变，从而使电机本身的阻抗及负载阻抗均随转速而变化，因此输出电压不再与转速成正比关

图 9-2　测速发电机实物图

系，因此只能作为指示元件；而异步式测速发电机应用较多。其中，鼠笼转子异步测速发电机输出斜率大，但线性度差，相位误差大，剩余电压高，一般只用在精度要求不高的控制系统中；空心杯转子异步测速发电机的精度较高，转子转动惯量较小，性能稳定，应用较为广泛。相对上面的交流测速发电机而言，直流测速发电机虽然存在机械换向问题，能产生火花和无线电干扰，但输出不受负载性质的影响，也不存在相角误差，因此实际中也有较广泛的应用。

图 9-2 为测速发电机的实物图。

下面对电磁式和永磁式两种直流测速发电机加以简单介绍。

1. 电磁式直流测速发电机

如图 9-3(a)所示，定子常为二极，励磁绕组由外部直流电源供电，通电时产生磁场。在恒定的磁场中，外部的机械转轴带动电枢以转速旋转，电枢绕组切割磁场从而在电刷间产生正比于转速的感应电动势。目前，我国生产的 CD 系列直流测速发电机均为电磁式。

2. 永磁式直流测速发电机

如图 9-3(b)所示，定子磁极是由永久磁钢做成。由于没有励磁绕组，因此不用励磁电源，具有结构简单，使用方便等优点。其不足是永磁钢材料较贵，并容易受到机械振动的影响而发生程度不同的退磁。目前，我国生产的 CY 系列直流测速发电机均为永磁式。

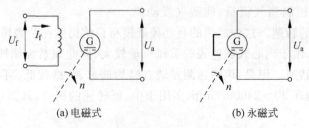

(a) 电磁式　　　　　　　　　　　(b) 永磁式

图 9-3　直流测速发电机的两种结构

永磁式直流测速发电机按其应用场合,可分为普通型和低速型两种。前者的转速一般在每分钟几千转,最高可达 10000r/min 以上;后者的转速一般在每分钟几百转,最低可达每分钟一转以下。由于低速测速发电机能和低速力矩电动机直接匹配,因此省去了中间的齿轮传动机构,消除了齿轮间隙的误差,从而提高控制系统的精度,在各种精密自动化系统中得到了较多的应用。

9.3.2 测速原理

直流测速发电机的测速原理,如图 9-4 所示。直流测速发电机电刷两端产生的感应电动势大小为

$$E_a = C_e \Phi n = K_e n \qquad (9\text{-}1)$$

式中:C_e 为电机结构常数;Φ 为激磁电压或永磁钢产生的恒定磁通;$K_e = C_e \Phi$;n 为直流测速发电机转子转速。

当直流测速发电机空载时,$I_a = 0$,则此时发电机输出的电压 $U_a = E_a$;当直流测速发电机连接负载 R_L 时,若转子绕组的电阻为 R_a,则有

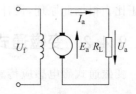

图 9-4 直流测速发电机的工作原理图

$$I_a = U_a / R_L \qquad (9\text{-}2)$$

$$U_a = E_a - I_a R_a \qquad (9\text{-}3)$$

因此,带负载 R_L 时,直流测速发电机的输出电压为

$$U_a = E_a - \frac{U_a}{R_L} R_a \qquad (9\text{-}4)$$

$$U_a = \frac{E_a}{1 + \dfrac{R_a}{R_L}} = \frac{K_e}{1 + \dfrac{R_a}{R_L}} n \qquad (9\text{-}5)$$

若式(9-1)~式(9-5)中,C_e、Φ、R_L、R_a 为常数保持不变时,则直流测速发电机的输出电压 U_a 与转子转速 n 呈线性关系,从而实现转速的测量。

9.4 磁电式转速测量

磁电感应式测量法,即通过磁电作用将转速转换成电信号,测量电信号的大小就能获得相应的转速值。通常,磁电作用主要包括电磁感应和霍尔效应两种。本节主要介绍基于电磁感应原理的磁电感应式转速测量。

9.4.1 电磁感应原理

1831 年,英国科学家迈克尔·法拉第提出了电磁感应原理。其主要内容如下:当导体在稳定均匀的磁场中,沿着垂直于磁场方向作切割磁力线运动时,导体内将产生感应电动势。对于一个 N 匝的线圈,设穿过线圈的磁通为 ϕ,则线圈内的感应电动势将与磁通量对时间的变化率成正比。具有 N 匝的线圈感应电动势 E 为

$$E = -N \frac{\mathrm{d}\phi}{\mathrm{d}t} \qquad (9\text{-}6)$$

若线圈相对于磁场的运动线速度为 v 或角速度 w，则式(9-6)可写为

$$E = -NBLv \tag{9-7}$$

或

$$E = -NBSw \tag{9-8}$$

式中：B 为磁场的磁感应强度；L 为每匝线圈的平均长度；S 为每匝线圈的截面积。

从式(9-7)和式(9-8)可以看出，如果磁电感应装置的结构参数确定后，则 B、L、S、N 均为常数，那么线圈内产生的感应电动势 E 将与线圈相对于磁场的运动线速度 v 或角速度 w 成正比。根据此原理，设计出变磁通式磁电感应传感器来测量转速，即角速度 w。

9.4.2 变磁通式磁电感应传感器

变磁通式磁电感应传感器，主要通过改变磁路的磁通量来进行转速的测量。变磁通式

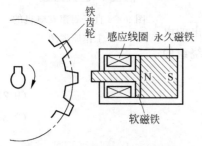

图 9-5 变磁通式磁电感应传感器
结构图

磁电感应传感器的结构如图 9-5 所示，主要由两部分组成：一部分是固定部分，包括永久磁铁、感应线圈、用软铁制成的极靴；另一部分是可动部分，主要是铁磁材料制成的传感齿轮，安装在被测轴上，随轴转动。

当被测轴以一定的角速度旋转时，带动传感齿轮一起转动。齿轮的齿顶和齿谷交替经过极靴，造成极靴与齿轮之间的磁路气隙交替变化，引起磁场中磁路磁阻的改变，使得通过线圈的磁通量也交替变化，从而导致线圈两端产生脉冲式的感应电动势。传感齿轮每

转过一个齿，感应电动势对应经历一个脉冲周期 T。若齿轮齿数为 z，转数为 $n(\mathrm{r/min})$，则有

$$T = \frac{60}{zn} \tag{9-9}$$

或

$$f = \frac{zn}{60} \tag{9-10}$$

式中：T 为感应电动势周期，单位为 s；f 为感应电动势频率，单位为 Hz。

式(9-10)表明，传感器输出感应电动势的频率与被测转速和齿轮齿数的乘积成正比。一般地，传感器的齿轮齿数已为固定，所以传感器输出的电动势脉冲频率只与被测转速成正比。因此，只要将该输出电动势放大整形成矩形波信号，送到计数器或频率计中，即可由频率测出转速。

上面介绍的是磁电式转速传感器的基本结构，属于开磁路型，与之对应的是闭磁路型。另外，根据磁场形成的方式，磁电式转速传感器还可以分为永磁型和励磁型两种结构类型。

9.5 霍尔式转速测量

视频讲解

霍尔式转速测量基于霍尔效应原理，通过将转速引起的磁信号变化转换成电脉冲信号来完成对转速的测量，多用于中、高转速的测量场合。

9.5.1　霍尔效应

1879年,美国科学家霍尔在金属中发现了霍尔效应。霍尔效应是指当载流导体或半导体处于与电流相垂直的磁场中时,在导体两端将产生电位差,这一现象称为霍尔效应;由霍尔效应所产生的电动势被称为霍尔电势。图9-6为霍尔效应的原理图,该效应是运动电荷受磁场中洛伦兹力作用的结果。

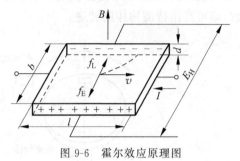

图 9-6　霍尔效应原理图

从图9-6中可以看到,在一块长度为 L、宽度为 b、厚度为 d 的长方形导电板上,两对垂直侧面各装上了电极。若在长度方向输入控制电流 I,而在厚度方向加入磁感应强度为 B 的磁场时,则自由电子在电场中定向运动时,每个电子均受到洛伦兹力 f_L 的作用,其大小为

$$f_L = eBv \tag{9-11}$$

式中: e 为每个电子的电荷量, $e = 1.6 \times 10^{-19}$ C; B 为磁感应强度; v 为电子运动速度。

每个电子除了沿电流方向反向运动外,还受到磁场洛伦兹力的作用向内侧移动,因此在导电板的内侧面积累了电子,而外侧面积累了正电荷,于是在导电板内部形成了内电场 E_H,称为霍尔电场。在霍尔电场作用下,电子将受到一个与洛伦兹力方向相反的电场力的作用,并阻止电荷继续积聚,当导电板内的电子积累达到一定程度时,电子所受到的洛伦兹力 f_L 和电场力 f_E 大小相等,即 $eE_H = eBv$,因此有

$$E_H = vB \tag{9-12}$$

此时,在电场强度 E_H 作用下产生的相应电动势就称为霍尔电势 U_H,其大小为

$$U_H = E_H b \tag{9-13}$$

$$U_H = vBb \tag{9-14}$$

式中: b 为导电板的宽度。

9.5.2　霍尔元件

在实际应用中,实现霍尔效应的元件称为霍尔元件,其结构由霍尔片、4根引线、壳体三部分组成。如图9-7所示,霍尔片是一个矩形半导体单晶薄片,在长度方向上焊接控制电流端的两根引线 a、b,称为激励电极;在另两侧端面的中央对称焊接 c、d 两根输出线,称为霍尔电极。当进行实际检测时,在 a、b 端输入控制电流 I,此时在 c、d 端将得到输出的霍尔电势。霍尔元件壳体是用非导磁金属、陶瓷或环氧树脂封装而成。

(a) 外形　　　　　(b) 结构　　　　(c) 符号

图 9-7　霍尔元件图

通过霍尔元件可以实现对转速的测量，如图 9-8 所示。在待测非磁性旋转体上粘有一对或多对永磁体，其中图 9-8(a) 中粘在旋转体表面，图 9-8(b) 中粘在旋转体侧面。导磁体霍尔元件组成的测量头，置于永磁体附近。当待测物体以角速度 ω 旋转时，每个永磁体通过测量头时，霍尔器件就会产生一个相应的电脉冲信号，如果测量出单位时间内的脉冲个数，即可算出待测物体的转速。

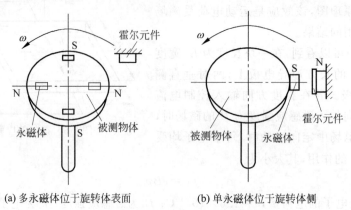

(a) 多永磁体位于旋转体表面   (b) 单永磁体位于旋转体侧

图 9-8　霍尔式传感器转速测量原理

若旋转体上粘有 n 个永磁体，在采样时间 t 秒内霍尔元件输出的脉冲数为 N，那么旋转体的转速 r 或者 ω 分别为

$$r = \frac{N/n}{t} = \frac{N}{t \cdot n}(\mathrm{r/s}) \tag{9-15}$$

$$\omega = 2\pi r = \frac{2\pi N}{t \cdot n}(\mathrm{rad/s}) \tag{9-16}$$

显然，该方法测量转速时分辨率的大小取决于旋转体上粘有的永磁体数目 n，永磁体数目越多，分辨率越高。

9.5.3　测量电路

图 9-9 是采用霍尔元件的转速测量电路。旋转体 M 在转动时带动磁极同步运动，当 N 极转到霍尔元件 H 时，霍尔元件将会感受到强度较大的磁场，而当 S 极转到霍尔元件 H 时，霍尔元件将会感受到强度较小的磁场，从而使产生的霍尔电势经运算放大器 A 放大后形成矩形波输出。如果测出输出信号的频率，则可通过上面的公式计算出相应的转速。

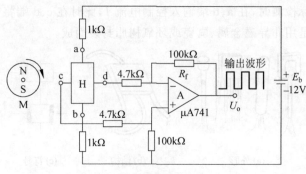

图 9-9　霍尔法转速测量电路图

9.6 光电式转速测量

光电式转速测量,是先将转速转换为光脉冲信号,再利用光电变换器将光脉冲信号转换为电脉冲信号,然后使用频率计或计算机记录脉冲个数,从而求出旋转体的转速。

9.6.1 光电式传感器

光电式转速测量是依据光电式传感器(或称光敏传感器)利用光电器件把光信号转换成电信号的一种方法。光电传感器具有结构简单、响应速度快、高精度、高分辨率、抗干扰能力强、可实现非接触测量等特点。而且不仅能够直接检测光信号,还可以间接地测量温度、压力、位移、速度、加速度等物理量。

光电式传感器由光路及电路两部分组成。其中,光路部分实现待测信号对光量的调制;电路部分则完成从光信号到电信号的转换。按测量光路的组成,光电式传感器有 4 种形式,如图 9-10 所示。

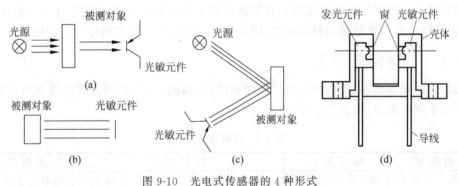

图 9-10 光电式传感器的 4 种形式

(1)透射式光电传感器:如图 9-10(a)所示,光源发出恒定的光,并穿过被测对象,照射到光敏元件上,然后转换成电信号输出。

(2)辐射式光电传感器:如图 9-10(b)所示,被测对象本身就是光源,辐射出来的光直接由光敏器件接收,从而完成被测量到电信号的转换。

(3)反射式光电传感器:如图 9-10(c)所示,恒定光源发出的光由被测对象反射至光敏元件上,从而得到相应的电信号。

(4)开关式光电传感器:如图 9-10(d)所示,在发光元件和光敏元件的光路上,若没有遮挡物,则光路畅通,光敏元件接收到光就有电信号,呈高电平;若有物体遮挡,光路被切断,光敏元件无光照则为低电平,即仅为"1""0"的两种开关状态。在转速的测量过程中,常使用开关式光电传感器。

9.6.2 测量电路

如图 9-11 所示,为光电式转速测量的硬件原理图。在电动机的转轴上装有一个齿轮均匀分布的调制圆盘(或开孔圆盘),当电动机转轴转动时,同时带动圆盘旋转,则发光二极管发出的恒定光,被调制成随时间变化的调制光,透光与不透光现象交替产生,从而使光敏元件将间断接收到的透射光信号,转换成电脉冲信号。该电脉冲信号经过放大整形后,由数字频率计或计算机测得电脉冲信号的频率,从而计算出电动机的转速。

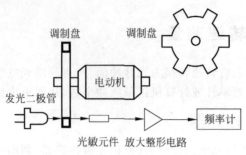

图 9-11　光电式转速测量原理图

若圆盘的齿数（或孔数）为 N，则圆盘旋转一周，光敏元件输出的电脉冲的个数即为 N，因此，当获得电脉冲信号频率 f 时，即可获得旋转体每分钟转速 n 的计算公式：$n=60f/N$。

视频讲解

9.7　旋转编码器式转速测量

编码器是一种能将角位移或线位移转换成数字量输出的数字传感器，由于具有体积小、精度高、分辨率高和非接触测量等优点，因此在自动测量与控制领域中被广泛应用。

9.7.1　结构与分类

编码器的种类很多，可按照编码器的结构形式、编码方式、检测方式以及光路方式的不同而分成不同的类型，如表 9-2 所示。

表 9-2　编码器的分类

结 构 形 式		编 码 方 式		检 测 方 式				光 路 方 式	
旋转式	直线式	增量式	绝对式	光电式	电磁式	静电式	接触式	透射式	反射式

其中，直线式编码器又称为码尺，用于测量直线位移；旋转式编码器又称为码盘，用于测量角位移。通常，许多直线位移也是通过转轴的运动而产生的，因此光电式旋转编码器的应用更为广泛。

如图 9-12 所示，为光电式旋转编码器的实物及其剖面图。

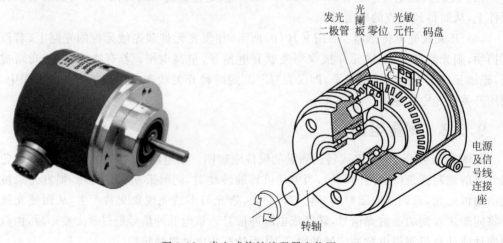

图 9-12　光电式旋转编码器实物图

光电式旋转编码器，它的内部结构主要包括发光元件、透镜、码盘、狭缝以及光电元件等，如图 9-13 所示。其码盘按编码方式又可细分为绝对式和增量式两种。下面介绍在转速测量方面性能价格比最高、应用最为广泛的光电旋转透射式编码器中的绝对编码器和增量编码器，以下简称为绝对编码器和增量编码器。

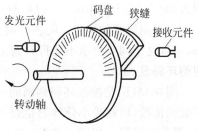

图 9-13　光电式旋转编码器结构图

9.7.2　绝对编码器

1. 工作原理

绝对编码器又称直接编码器（即直接编码式传感器），是直接将角位移（或线位移）转换为二元码（即 0 和 1）的数字式传感器。

绝对编码器的结构如图 9-14 所示。码盘是一块圆形光学玻璃，上面刻有许多同心码道，每圈码道上都有按一定规律排列着的若干透光和不透光部分，即亮区和暗区。光源经过透镜形成一束平行光投射到码盘上，通过亮区的光线经狭缝形成一束很窄的光束照射在光电器件上。一圈码道对应一个光电器件，当码盘处于不同位置时，各光电器件根据受光照与否转换输出相应的电平信号，分别代表二元码 1 或 0。光电器件的个数等于码盘上的码道数，它们决定了该编码器转换成的二元码的数码位数 n。这样，图 9-15 所示的码盘相对于狭缝的转角 α，通过光电转换就会得到一组 n 位二元码与之相对应。于是转角 α 这个模拟量便被转换成相应的由 n 位二元码表示的数字量。

2. 码制与码盘

码盘按其所用码制可分为：二进制码、二进制循环码（格雷码）、十进制码、六十进制（度、分、秒进制）码等。4 位二元码（二进制码、循环码）盘如图 9-15 所示，图中黑色区域表示透光，白色区域表示不透光。

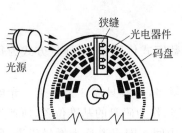

图 9-14　绝对编码器结构示意图

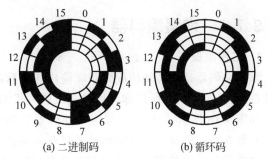

(a) 二进制码　　　　(b) 循环码

图 9-15　4 位二元码盘图

码盘的码道数就是该码盘的数码位数，且高位在内、低位在外。图 9-15(a)所示是一个 4 位二进制码盘。二进制码盘的最内圈码道为第 1 码道，半圈透光半圈不透光，对应转换后的二进制数的最高位 C_1；最外圈为第 4 码道，共分成 2^4 个亮、暗间隔，对应转换后的二进制数的最低位 C_4。绝对编码器的分辨率取决于二进制编码的位数，即码道的个数。若码盘的码道数为 n，则所能分辨的最小角度为 $\theta = 360°/2^n$，分辨率为 $1/2^n$，即所能表示的角度值共有 2^n 个。

当图 9-14 中狭缝对准图 9-15(a)所示码盘的 $n = 0, 1, 2, \cdots, 15$ 位置时，得到的数码将分

别为 $0000,0001,0010,\cdots,1111$，对应的角度值分别是 $\alpha=N\times\theta(N=0,1,2,\cdots,15)$。

二进制码盘的缺点：从一个码变为相邻的另一个码时存在着几位码需要同时改变状态，一旦这个同步要求不能得到满足，就会产生较大误差。为了消除这种粗大误差，通常采用循环码盘。

图 9-15(b)是按循环码刻画的一个 4 位循环码。它与二进制码盘相同的是码道数也等于数码位数，因此最小分辨力也是 $\theta=360°/2^n$，最内圈也是半圈透光半圈不透光，对应 R_1 位，最外圈是第 n 码道对应 R_n 位。与二进制码盘不同的是：第 2 码道也是一半透光、另一半不透光，即分为两个黑白间隔，第 i 码道分为 2^{i-1} 个黑白间隔，第 i 码道的黑白分界线与第 $i-1$ 码道黑白分界线错开 $360°/2^i$。循环码盘转到相邻区域时，编码中只有一位发生变化。只要适当限制各码道的制作误差和安装误差，就不会产生粗大误差。

表 9-3 是十进制数、二进制码、循环码对照表。

表 9-3 十进制数、二进制码、循环码对照表

十进制数 N	二进制码 $C_1C_2C_3C_4$	循环码 $R_1R_2R_3R_4$	十进制数 N	二进制码 $C_1C_2C_3C_4$	循环码 $R_1R_2R_3R_4$
0	0000	0000	8	1000	1100
1	0001	0001	9	1001	1101
2	0010	0011	10	1010	1111
3	0011	0010	11	1011	1110
4	0100	0110	12	1100	1010
5	0101	0111	13	1101	1011
6	0110	0101	14	1110	1001
7	0111	0100	15	1111	1000

由此看出，绝对编码器码盘的图案不均匀，编码器码盘的码道数与数码位数相等，在相应位置可输出对应的数字码。其优点是坐标固定，与测量以前状态无关，抗干扰能力强，无累积误差，具有断电位置保持，无须方向判别和可逆计数；缺点是结构复杂，价格高。

9.7.3 增量编码器

1. 工作原理

增量编码器是随转轴的旋转角度输出连续脉冲波的数字式传感器，其计量方式为每个脉冲都进行增量计算，所以称为增量式或脉冲式编码器。

如图 9-16 所示，它的码盘比绝对编码器的码盘简单得多，一般只需 3 条码道。光电元件也只要 3 个。码盘上最外圈码道上只有一条透光的狭缝，作为码盘的基准位置，所产生的 Z 脉冲将给计数系统提供一个初始的零位（清零）信号；中间一圈码道称为增量码道，所产生的 A 脉冲为增量脉冲；最内一圈码道称为辨向码道，所产生的 B 脉冲为辨向脉冲。增量码道和辨向码道都等角距地分布着 m 个透光与不透光的扇形区，但彼此是错开半个扇形区，扇形区的多少决定了增量编码器的分辨率，即 $\theta=360°/m$。

2. 旋转方向的判别

将图 9-16 中三个光电元件产生的信号送到辨向和计数电路，经放大整形为三个方波信号，分别为 Z 脉冲（零位脉冲）、A 脉冲（增量脉冲）及 B 脉冲（辨向脉冲）。

每当码盘旋转一周时，将会产生 m 个增量脉冲、m 个辨向脉冲以及 1 个零位脉冲，如

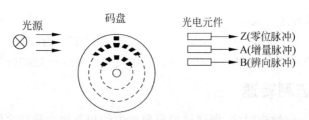

图 9-16　增量编码器的辨向码盘

图 9-17 所示。由于增量码道和辨向码道都在空间上彼此错开半个扇区即 $90°/m$，所以产生的增量脉冲与辨向脉冲在时间上也相差四分之一个周期，即相位上相差 $90°$。因此，通过比较 A、B 脉冲输出的孰前孰后，可以判别出编码器的旋转方向。

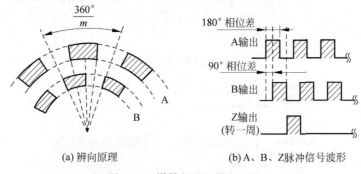

(a) 辨向原理　　　　(b) A、B、Z 脉冲信号波形

图 9-17　增量码道与辨向码道

由此看出，增量编码器码盘的图案和光脉冲信号均匀，可将任意位置为基准点，从该点开始按一定量化单位检测。该方法因无确定的对应测量点，一旦停电则失掉当前位置，且速度不可超越计数器极限响应速度。此外由于噪声影响可能会造成计数积累误差。

9.8　工程应用

旋转编码器，在角位移、线位移、转速、交流伺服电机、工位编码等测量方面有着广泛的应用。特别是在转速测量方面，根据旋转编码器输出的脉冲信号，来测量脉冲频率或周期，从而计算出转速，常用的测量方法有 M 法、T 法以及混合 M/T 法。

9.8.1　M 法测转速

M 法测速也称为定时计数法，即在一定的时间间隔 t_s 秒内，通过编码器产生的脉冲数来确定转速的方法，如图 9-18 所示为 M 法测速的原理图。该方法适合于高转速、高频脉冲的测量场合。

如果编码器每转产生 N 个脉冲，且在 t_s 秒内得到 m_1 个脉冲，则该编码器所产生的脉冲频率 f 为

$$f = m_1/t_s \tag{9-17}$$

则转速为

$$n = 60f/N = 60m_1/(t_s \times N)(\text{r/min}) \tag{9-18}$$

【例 9-1】　若某型号的编码器每转能产生 2048 个脉冲即 2048P/r，且在 0.2s 内测得的

脉冲数为 8×2^{10}，求转速的大小。

解：$m_1=8\times2^{10}=8192,t_s=0.2,N=2048$，代入式(9-17)，有

$$n=60m_1/(t_s\times N)=60\times8192/(0.2\times2048)=1200(\text{r/min})$$

9.8.2 T 法测转速

T 法测速也称为记数查时法，即通过编码器产生的相邻两个脉冲之间的时间，来确定转速的方法，该方法适合于低转速、低频脉冲测量场合，但需要已知系统的标准时钟频率。

如图 9-19 所示为 T 法测转速的原理图。已知系统标准时钟频率为 f_0（周期为 T_0），如果编码器每转产生 N 个脉冲，且测出编码器输出的两个相邻脉冲（如上升沿）之间的时间为 T，则该编码器的脉冲周期为此间的标准时钟个数 m_2 与标准周期 T_0 之积，即

$$T=m_2T_0 \tag{9-19}$$

则转速为

$$n=60f/N=60/(TN)=60/(m_2T_0N)=60f_0/(m_2N)(\text{r/min}) \tag{9-20}$$

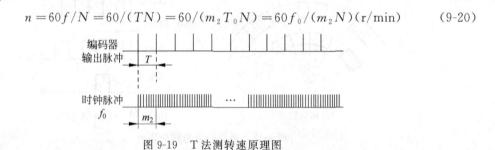

图 9-19 T 法测转速原理图

【例 9-2】 某型号编码器每转能产生 1024 个脉冲，即 1024P/r，已知标准频率时钟 f_0 为 1MHz，测得编码器输出的两个相邻脉冲上升沿之间的标准时钟数 $m_2=1000$ 个脉冲，求转速的大小。

解：$n=60f_0/(m_2N)=60\times1000000/(1000\times1024)=58.6(\text{r/min})$

思考题与习题

1. 请简述转速的含义与测量方法。

2. 请结合图 9-1，写出离心力式转速检测的工作原理。

3. 请描述测速发电机的分类以及直流测速发电机的测量原理。

4. 请阐述电磁感应原理以及变磁通式磁电感应传感器的工作机理。

5. 请写出霍尔效应的含义，并说明霍尔元件如何使用，然后根据图 9-8 推导出转速测量公式。

6. 请结合图 9-9，简述霍尔法如何测转速。

7. 光电传感器分为哪些类型？请结合图 9-11，分析如何使用光电式检测法测转速。

8. 请说明编码器的分类，并写出光电式绝对编码器和增量编码器工作原理的异同之处。

9. 结合图 9-16 和图 9-17，说明编码器的旋转方向及其原因。

10. 某型号编码器的参数为 1024P/r，若使用 M 法测转速，在 0.2s 内测得 4×2^{10} 个脉冲，请回答以下问题：

(1) M 法测转速的原理是什么？

(2) 根据题目中的已知数据，求出转速的大小。

第 10 章

现代检测技术

教学目标

通过本章的学习,读者应了解当前在传感器与检测技术领域中出现的新概念、新理论和新技术——虚拟仪器、软测量技术、传感器网络和视觉检测技术等,以及一些典型应用实例。

10.1 虚拟仪器

由于电子技术和计算机技术的高速发展及其在电子测量技术与仪器领域中的应用,新的测试理论、测试方法、测试领域及仪器结构的不断出现,电子测量仪器的功能和作用也发生了质的变化。计算机在测试系统中处于核心地位,计算机软件技术和测试系统更加紧密地结合成一个有机整体,使得仪器的结构概念和设计理念都发生了突破性的变化,从而发展出了全新概念的仪器——虚拟仪器。本节主要介绍有关虚拟仪器的基本概念、构成、特点及发展应用。

10.1.1 虚拟仪器概述

虚拟仪器(Virtual Instrument,VI)是计算机技术在仪器仪表技术领域发展的产物。虚拟仪器是继模拟仪表、数字仪表以及智能仪表之后的又一个新的仪器概念。它是将计算机与功能硬件模块(信号获取、调理和转换的专用硬件电路等)结合起来,通过开发计算机应用程序,使之成为一套多功能的可灵活组合的并带有通信功能的测试技术平台。它可以替代传统的示波器、万用表、动态频谱分析仪器、数据记录仪等常规仪器,也可以替代信号发生器、调节器、手操器等自动化装置。使用虚拟仪器时,用户可以通过操作显示屏上的"虚拟"按钮或面板,完成对被测对象的采集、分析、判断、调节和存储等功能。

目前基于 PC 的 A/D、D/A 转换、开关量输入/输出、定时计数的硬件模块,在技术指标及可靠性等方面已相当成熟,而且价格上也有优势,常用传感器及相应的调理模块也趋向模块化、标准化,这使得用户可以根据自己的需要定义仪器的功能,选配适当的基本硬件功能模块并开发相应的软件,不需要重复采购计算机和某些硬件模块。

虚拟仪器提高了仪器的使用效率,降低了仪器价格,可以更方便地进行仪器硬件维护、功能扩展和软件升级。它已广泛地应用于工程测量、物矿勘探、生物医学、振动分析、故障诊断等科研和工程领域。

表 10-1 列举了传统仪器与虚拟仪器相比较的特点,不同点主要体现在灵活性方面。

表 10-1　传统仪器与虚拟仪器的比较

项　目	传 统 仪 器	虚 拟 仪 器
功能	由仪器厂商定义	由用户自己定义
与其他仪器设备的连接	十分有限	可方便地与网络外设及多种仪器连接
图形界面，读取数据	图形界面小，人工读取	界面图形化，计算机直接读取
数据处理	无法编辑	数据可编辑、存储、打印
核心技术	硬件	软件
价格	昂贵	相对低廉
开放性	系统封闭、功能固定、可扩展性差	基于计算机技术开放的功能模块可构成多种仪器
技术更新	技术更新慢	技术更新快
开发和维护	开发和维护费用高	基于软件体系的结构可大大节省开发费用

虚拟仪器概念起源于 1986 年美国 NI 公司（National Instruments）提出的"软件即仪器"的理念，LabVIEW 就是该公司设计的一种基于图形开发、调试和运行的软件平台。

虚拟仪器的发展主要经历了如下几个代表性阶段：①GPIB 标准的确立；②计算机总线插槽上的数据采集卡的出现；③VXI 仪器总线标准的确立；④虚拟仪器的软件开发工具的出现。随着计算机总线的变迁和发展，虚拟仪器技术也在发展变化，目前 PXI 仪器总线正逐渐成为主流。

10.1.2　虚拟仪器系统的构成及其特点

虚拟仪器不强调每个仪器模块就是一台仪器，而是强调选配一个或几个带共性的基本仪器硬件模块来组成一个通用的硬件平台，再通过调用不同的软件来扩展或组成各种功能的仪器或系统。

1. 虚拟仪器的硬件构成

考察任何一台传统的智能仪器，都可以将其分解成以下三部分：

（1）数据的采集　将输入的模拟信号调理，并经 A/D 转换成数字信号；

（2）数据分析与处理　由微处理器按功能要求对采集的数据做出分析和处理；

（3）存储、显示或输出　将处理后数据存储、显示或经 D/A 转成模拟信号输出。

传统智能仪器是由厂家将实现上述三种功能的部件按固定的方式组建在一起，一般一种仪器只有一种功能或数种功能。而虚拟仪器是将具有上述一种或多种功能的通用模块组合起来，通过编制不同的测试软件而能构成几乎任何一种仪器功能，而不是某种仪器功能。

虚拟仪器的硬件平台包括通用计算机和模块化硬件设备两部分。通用计算机可以是便携式 PC、台式 PC 或工作站等。构建虚拟仪器最常用的模块化硬件设备是数据采集（DAQ）卡，一块 DAQ 卡可以完成 A/D 转换、D/A 转换、数字输入/输出、计数器/定时器等多种功能，再配以相应的信号调理电路组件，即可构成能生成各种虚拟仪器的硬件平台。

目前由于受器件和工艺水平等方面的限制，这种硬件平台形式还只能生成一些速度或精度不太高的仪器。

现阶段虚拟仪器硬件系统还广泛使用原有的能与计算机通信的各类仪器，如 GP-IB 仪器、VXI 总线仪器、PC 总线仪器以及带有 RS-232 接口的仪器或仪器卡。

图 10-1 给出了现阶段虚拟仪器系统硬件结构的基本框图。

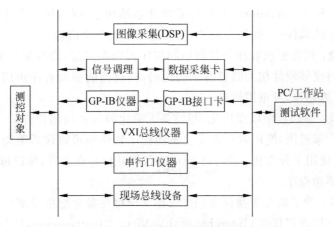

图 10-1 虚拟仪器硬件结构

2. 虚拟仪器的软件系统

基本硬件确定之后,要使虚拟仪器能够按照用户要求自行定义,必须有功能强大的软件系统。然而相应的软件开发环境长期以来并不理想,用户花在编制测试软件上的工时与费用相当高,使用 VC、VB、Delphi 等高级语言会感到与高速测试及缩短开发周期的要求极不适应。因此,世界各大公司都在改进编程及人机交互方面做了大量的工作,其中基于图形的用户接口和开发环境是软件工作中最流行的发展趋势。典型的软件产品有 NI 公司的 LabVIEW 和 Lab Windows,HP 公司的 HP VEE 和 HP TIG,Tektronix 公司的 Ez-Test 和 Tek-TNS 等。

图 10-2 是 NI 公司开发的图形开发软件 LabVIEW 和 LabWindows 的软件系统体系结构。其中仪器驱动程序主要是完成仪器硬件接口功能的控制程序,NI 公司提供了各制造厂家数百种 GP-IB、DAQ、和 VXI 等仪器的驱动程序。用户就不必精通这些仪器的硬件接口,只要把仪器的用户接口代码与数据处理和分析软件组合在一起,就可以迅速构建一台新的虚拟仪器。

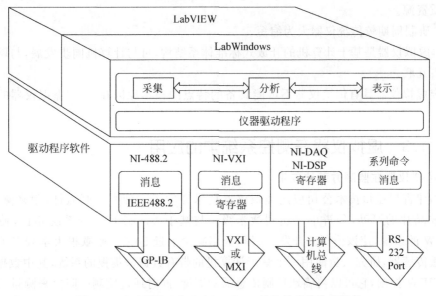

图 10-2 LabVIEW 和 LabWindows 的软件系统体系结构

在 LabVIEW 和 LabWindows 的软件系统体系结构中，仪器驱动程序是真正对仪器硬件执行通信与控制的软件层，就其发展来看，大致可分为三个阶段。

（1）第一阶段：仪器驱动程序与仪器控制程序混合在一起，没有明显的界线，仪器生产厂家仅提供一些与仪器硬件相关的仪器驱动代码，其仪器的驱动程序由用户或开发人员自行编写，因而开发周期长，可重用性低。

（2）第二阶段：驱动程序以模块化、与设备无关化的方式向用户开放，仪器驱动程序与仪器硬件一起由厂家提供，使用者只需安装驱动程序软件即可将仪器驱动程序模块链接入自己的软件系统，使用十分方便。由于不同厂家仪器硬件存在差异，所以每个型号的仪器必须有自己专用的驱动程序。

（3）第三阶段：为了能在更换仪器硬件时最大限度尽量少地更换驱动程序，1997 年 NI 公司又提出了可互换虚拟仪器（Interchangeable Virtual Instruments，IVI）的概念。IVI 将各种仪器按功能分为五大类，对同一类型设备的功能进行抽象，然后按类来编写仪器的驱动程序，应用该技术可以进一步降低软件的维护、支持费用，使仪器的程控更加简单。

3. 虚拟仪器的特点

虚拟仪器与传统仪器相比，具有以下特点。

（1）传统仪器的面板只有一个，其表面布置着种类繁多的显示与操作元件，由此可能导致认读与操作错误。虚拟仪器与之不同，它可以通过在几个分面板上的操作来实现比较复杂的功能。虚拟仪器融合计算机强大的硬件资源，突破了传统仪器在数据处理、显示、存储等方面的限制，大大增强了传统仪器的功能。高性能处理器、高分辨率显示器、大容量硬盘等已成为虚拟仪器的标准配置。

（2）在通用硬件平台确定后，由软件取代传统仪器中的硬件来完成仪器的功能。

（3）仪器的功能可以由用户根据需要由软件自定义，而不是由厂家事先定义，增加了系统灵活性。

（4）仪器性能的改进和功能扩展只需要更新相关软件设计，而不需要购买新的仪器，节省了物质资源。

（5）研制周期较传统仪器大为缩短。

（6）虚拟仪器是基于计算机的开放式标准体系结构，可与计算机同步发展，与网络及其周围设备互联。

决定虚拟仪器具有传统仪器不可能具备的特点的根本原因在于："虚拟仪器的关键是软件"。

10.1.3　虚拟仪器在测控系统中的应用

1. 虚拟仪器在监测方面的应用

美国弗吉尼亚州技术公司应用虚拟仪器技术开发了一种光学测微计，用来测量 EMS 设备中硅晶片的厚度，分辨率可达到微米级。与基于 Visual C++ 的系统相比，使用基于 LabVIEW 的系统，使该公司的开发时间和费用减少了近 50%。密歇根大学开发了一种微电子气敏传感器，研究人员使用一个基于计算机的带有数据采集板的系统，其中数据采集板由 LabVIEW 控制，它可以精确地控制传感器的温度，同时通过监测电阻值来测量气相环境的微小变化。LabVIEW 的灵活性使得数据采集软件和控制软件的扩展变得容易起来。

2. 虚拟仪器在检测方面的应用

利用虚拟仪器技术开发了机动车辆综合性能自动检测系统,其主要组成部分如图 10-3 所示。系统工作原理:由传感器测量并转换为微弱电信号,经信号调理端子板放大、隔离、滤波后,输入到插在 PC 上的数据采集卡,最后通过计算机系统软件模拟仪器技术,并利用 LabVIEW 开发工具进行编程,实现了信号采集、数据分析、曲线拟合和结果判定等功能。

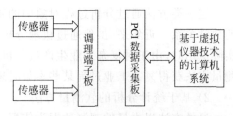

图 10-3　机动车辆综合性能自动检测系统

虚拟仪器技术已成为现代测控领域的一个基本方法,是技术进步的必然结果。目前,其应用已遍及各行各业。使用虚拟仪器进行研究、设计和测试,用户可缩短系统的开发时间,节省开支。可以预见,随着计算机技术的快速发展,虚拟仪器必将在更多、更广的领域得到应用和普及。

10.2　软测量技术

随着现代工业过程对控制、计算、节能增效和运行可靠性等要求的不断提高,各种测量要求日益增多。由于工业过程生产涉及物理、化学、物质转换、能量传递及系统的复杂性与不确定性,都将导致过程参数检测的困难。一般解决工业过程的测量问题有两条途径:一种是沿袭传统检测技术发展思路,通过研制新型的过程检测仪表,以硬件形式实现过程参数的直接在线测量;另一种就是采用间接测量的思路,利用易于获取的其他测量信息,通过计算来实现对被测变量的估计。近年来,在过程检测领域出现了一种新技术——软测量技术就是这一思想的集中体现。本节就软测量技术的概念、分类、实现方法及应用进行讨论。

10.2.1　软测量技术概述

1. 软测量的概念

软测量就是依据可测、易测的过程变量(称为辅助变量,如温度和压力等)与难以直接检测的待测变量(称为主导变量,如产品分布和物料成分等)的数学关系,根据某种最优准则,采用各种计算方法,用软件实现对待测变量的测量或估计。

软测量是一种利用较易在线测量的辅助变量和离线分析信息去估计不可测或难测变量的方法,是以成熟的传感器检测为基础,以计算机技术为核心,通过软测量模型运算处理而完成的。目前,软测量技术被认为是很有吸引力和成效的测量新方法,在不增加或少增加投资的条件下就可以取得较理想的测量效果。软测量技术正在石油化工领域生产过程参数测量等过程控制和系统优化领域中得到应用,并具有广泛的应用前景。

2. 软测量技术的分类

软测量技术的核心是建立待测变量和可直接获取的变量之间的数学模型。目前用到的建模方法和技术包括回归分析、状态估计、模式识别、模糊数学、神经元网络技术等。根据所采用的建模方法,软测量技术可以分为下面三大类。

1）基于机理分析的软测量方法

这一类方法通过分析过程对象中的物理、化学机理，获得描述被测变量与观测变量之间的数学关系。近年来，虽然通过机理分析建立数学模型的理论和方法有了很大的发展，但在实际应用时，由于对复杂工业生产过程机理的认识还不够完善，使得采用基于机理分析的软测量方法获得复杂工业过程某些参数时还有一定难度。

2）基于统计分析的软测量方法

这类方法以大量的观测数据为依据，通过选择合理的数学模型并采用统计分析方法得到观测变量和待测变量之间的统计规律。基于统计分析的软测量方法的优点是不必考虑过程机理；缺点是要以大量准确实验数据为依据，对测量误差较敏感，此外对于模型的选择也有较强的依赖性。

3）基于神经元网络技术的软测量方法

神经元网络（Neural Networks）是在现代神经生物学和认知科学的基础上发展起来的一种技术，其由大量互相连接的处理单元组成网络结构，能模拟人脑的机能完成相应的计算，在信号处理、模式识别、数学建模、优化、函数映射等领域得到了广泛应用。基于神经元网络技术的软测量方法的优点是不需要过多地了解被测对象的工作机理，而只需将其等效为一个黑箱，其输入是能够直接测到的变量，输出是待测变量，这样大大简化了对于模型的依赖。其缺点同样是需要大量的实验数据来不断的训练和完善网络的处理能力。

在实际应用中，上述三种方法并不相互独立，而是互为补充的。

10.2.2　软测量技术的实现方法

软测量技术的实现主要从以下 4 方面着手，即辅助变量的选择、测量数据的处理、软测量模型的建立及软测量模型的在线校正，下面分别进行阐述。

1. 辅助变量的选择

辅助变量的选择一般是根据工艺机理分析（如物料平衡、能量平衡关系），在可测变量中初步选择所有与被估计变量有关的原始辅助变量，这些变量中部分可能是相关变量。辅助变量的选择非常重要，因为被估计变量需要由这些辅助变量推断出来。这里包括变量的类型、数目及测点位置 3 个关键点。这 3 点是互相关联的，在实际中受到经济性、维护的难易等额外因素的制约。

1）变量类型的选择

选择的方法往往从间接质量指标出发。例如，精馏塔产品的软测量一般采用塔板温度，化工反应器中产品的软测量采用反应器管壁温度等。

2）变量数目的选择

在可测变量中初步选择所有与被估计变量有关的原始辅助变量，在此基础上进行精选，确定最终的辅助变量个数。辅助变量数量的下限是被估计的变量数，然而最优数量的确定目前尚无统一的结论。一般应该先从系统的自由度出发，确定辅助变量的最小数量，再结合具体过程的特点适当增加，以更好地处理动态性质等问题。一般是依据对过程机理的了解，在原始辅助变量中，找出相关的变量，选择响应灵敏度高、测量精度高的变量为最终的辅助变量。更为有效的方法是主元分析法，即利用现场的历史数据做统计分析计算，将原始辅助变量与被测变量的关联度排序，实现变量精选。

3）测点位置的选择

对于许多工业过程,辅助变量的检测点的选择是十分重要的,因为可供选择的检测点很多。检测点的选择可以采用奇异值分解的方法确定,也可以采用工业控制仿真软件确定。这些确定的检测点往往需要在实际应用中加以调整。

一种辅助变量的选择原则如下：

（1）灵敏性,能对过程输出（或不可测扰动）做出快速反应；

（2）特异性,能对过程输出（或不可测扰动）之外的干扰不敏感；

（3）工程适应性,工程上易于获得并达到一定的测量精度；

（4）精确性,构成的估计器达到要求的精度；

（5）鲁棒性,构成的估计器对模型误差不敏感。

2. 测量数据的处理

要建立软测量模型,需要采集被估计变量和原始辅助变量的历史数据,数据的数量越多越好。这些数据的可靠性对于软测量的成功与否至关重要。然而,测量数据一般都不可避免地带有误差,有时甚至带有严重的过失误差。因此,输入数据的处理在软测量方法中占有十分重要的地位。此外,还需要对测得的数据进行相应的换算,以匹配测量模型的需要。也就是说输入数据的处理包含两方面,即误差处理和数据换算。

1）误差处理

测量数据的误差分为随机误差、粗大误差和系统误差。

（1）随机误差处理。

随机误差符合统计规律。工程上多采用数字滤波算法,如中值滤波、算术平均滤波和一阶惯性滤波等。随着计算机优化控制系统的使用,复杂的数值计算方法对数据的精确度提出了更高的要求,于是出现了数据一致性处理技术。其基本思想是：根据物料或能量平衡等建立精确的数学模型,以估计值与测量值的方差最小为优化目标,构造一个估计模型,为测量数据提供一个最优估计。

（2）粗大误差处理。

虽然含有粗大误差的数据出现的概率较小,但一旦出现,则可能严重破坏数据的统计特性,导致软测量的失败。因此,及时侦测、剔除和校正含有粗大误差的数据是提高测量数据质量的关键。侦测粗大误差的方法有多种,如：对各种可能导致粗大误差的因素进行理论分析；借助于多种测量手段对同一变量进行测量；根据测量数据的统计特性进行检验等。

（3）系统误差的处理。

系统误差是指在相同条件下多次测量同一变量时,误差的绝对值和符号保持恒定或在条件改变时按照某种确定的规律而变化的误差。系统误差的处理不像随机误差那样有一些普遍适用的处理方法,而只能针对具体情况采取相应的措施。

对系统误差的处理方法包括：利用误差模型修正系统误差；利用校正数据表修正系统误差；通过曲线拟合来修正系统误差等。其中曲线拟合又分为连续函数拟合法和分段函数拟合法,分段函数拟合法又分为分段直线拟合以及分段抛物线拟合等。各种方法的软件成本和拟合精度基本成正比关系,在系统误差的处理过程中应该视具体情况而定。

2）数据换算

数据换算不仅直接影响着过程模型的精度和非线性映射能力,而且影响着数值优化算法的运行效果。对数据的变换包括标度、转换和权函数 3 方面。

（1）工业过程中的测量数据有着不同的工程单位，变量之间在数值上可能相差几个数量级，直接使用这些数据进行计算，不仅不能得到准确结果，甚至会造成结果分散。利用合适的因子对数据进行标度，能够改善算法的精度和鲁棒性。

（2）转换包含对数据的直接转换及寻找新的变量替换原变量两个含义。通过对数据的转换，可以有效地降低非线性特性。

（3）权函数则可实现对变量动态特性的补偿。如果辅助变量和主导变量之间具有相同或相似的动态特性，那么，使用静态软仪表就足够了。合理使用权函数使我们有可能用稳态模型实现对过程的动态估计。

3. 软测量模型的建立

软测量模型是研究者在深入理解过程机理的基础上，开发出的适用于估计的模型，它是软测量方法的核心。不同生产过程机理不同，其测量模型千变万化，因此软测量模型的建立方法和过程也有差异。前述的软仪表的构造过程实际上就是构造一个数学模型的过程。

过程建模方法主要有两大类：机理建模方法和实验建模方法。具体构造软仪表的方法有以下几种。

1）机理分析方法

此类方法是建立在对过程机理的深刻认识的基础上，运用物料平衡、热量平衡和化学反应动力学等原理，找出不可测主导变量与可测辅助变量之间的关系。对于过程机理较为清楚的工业过程，基于机理模型可以构造良好的软仪表。而对于复杂工业过程，其内在机理往往不十分清楚，完全依靠机理分析建模比较困难，通常要选用其他方法，结合机理知识构造软仪表。

2）系统辨识方法

辨识方法是将辅助变量和主导变量组成的系统看成"黑箱"，以辅助变量为输入，以主导变量为输出，通过现场采集、流程模拟或实验测试，获得过程输入、输出数据，以此为依据建立软仪表模型。

3）状态估计方法

如果已知系统的状态空间模型，而主导变量作为系统状态变量时辅助变量是可观测的，那么构造软仪表的问题可以转化为状态观测或状态估计的问题。

另外，在建立数学模型过程中比较常用的还有回归方法、神经网络方法、模式识别方法以及模糊数学方法等。

4. 软测量模型的在线校正

由于装置操作条件及原料性质都会随时间而变化，因此软测量模型的在线校正是必要的。尤其对于复杂的工业过程，很难想象软测量模型能够"一次成型""一劳永逸"。

对于软测量模型进行在线校正，一般采用定时校正和满足一定条件时校正两种方法。定时校正是指软测量模型在线运行一段时间后，用积累的新样本采用某一种算法对软测量模型进行校正，以得到更适合于新情况的软测量模型。满足一定条件时校正是指以现有的软测量模型来实现被估计量的在线软测量，并将这些软测量值和相应的取样分析数据进行比较。若误差小于某一阈值，则仍采用该软测量模型；否则，用积累的新样本对软测量模型进行在线校正。

通常对软测量模型的在线校正仅修正模型的参数,具体方法有自适应法、增量法和多时标法等。对模型结构的修正需要大量的样本数据和耗费较长时间,在线进行有些困难。

在配备在线分析仪表的场合,系统的主导变量的真值可以连续得到(只是滞后了一段时间),此时采用校正方法不会有太大问题。在主导变量的真值仅能来源于离线人工化验的场合,通常取样周期为数小时或更长,样本密度稀疏。此时,采用何种校正方法,还是个值得研究的问题。

另一个值得注意的问题是样本数据与过程数据在时序上的配合,尤其在人工分析情况下,从辅助变量即时反映的产品质量状态到取样位置需要一定的取样时间,取样后直到产品质量数据返回现场又要耗费很长时间。因此,在利用分析值与辅助变量进行软测量模型校正时,应特别注意保持两者在时间上的对应关系。

10.2.3 软测量仪表的工业应用

1. 在过程监控方面的应用

软仪表在过程操作和监控方面有十分重要的作用。软仪表实现成分、物性等特殊变量的在线测量,而这些变量往往对过程评估和质量非常重要。没有仪表的时候,操作人员要主动收集温度、压力等过程信息,经过头脑中经验的综合,对生产情况进行判断和估算。有了软仪表,软件就部分地代替了人脑的工作,提供更直观的过程信息,并预测未来工况的变化,从而可以帮助操作人员及时调整生产条件,达到生产目标。

2. 在过程控制中的应用

软仪表对过程控制也很重要,可以构成推断控制。所谓推断控制,就是利用模型由可测信息将不可测的被控输出变量推算出来,以实现反馈控制;或者将不可测的扰动推算出来,以实现前馈控制的一类控制系统。不失一般性,反馈控制系统如图 10-4 所示。这时软测量作为反馈信号,所有的变量均可以是向量,y_r 为被控变量(即主导变量)的设定值,开

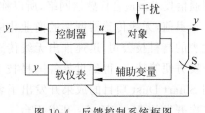

图 10-4　反馈控制系统框图

关 S 代表成分分析仪的采样输出或长期的人工分析取样,这些数据将用于软仪表的在线校正。

事实上,基于软仪表的反馈控制系统都可以表示为这种结构。在这样的框架下,控制器和软仪表是相互独立的,因而它们的设计可以独立进行。如果软仪表能够达到一定的精度,能够"代替"硬仪表实现某种参数的测量,那么,软仪表就能够与几乎所有的反馈控制算法结合,构成基于软仪表的控制。

3. 在过程优化中的应用

软仪表在过程优化中也有应用。这时,软测量或者为过程优化提供重要的调优变量估计,成为优化模型的一部分;或者本身就是重要的优化目标(如质量),直接作为优化模型使用。根据不同的优化模型,按照一定的优化目标,采取相应的优化方法,在线求出最佳操作参数条件,使系统运行在最优工作点处,实现自适应优化控制。

10.3 传感器网络

现代科技发展越来越快，人类已经置身于信息时代。在许多场合，要求信号采集的范围大、采集的点数多，若采用有线方式将传感器组成网络，则存在布线方面的困难，尤其是在一些特殊应用场合，基本是不可能的。无线传感器网络正是在这种需求的推动下产生的一种新型网络。它是集传感器技术、计算机技术和通信技术而发展起来的一种全新的信息获取和处理技术，在国防安全、工农业生产、城市管理、生物医疗、环境监测和抢险救灾等领域都有着十分广阔的应用前景。

10.3.1 传感器网络的定义和组成

1. 传感器网络的定义

将传感器、数据处理单元和通信模块集成为一个微小节点，通过自组织的方式大量随机分布而构成的无线网络，通常称为无线传感器网络，简称传感器网络。传感器网络具有获取多种信息信号的综合处理能力，并通过与传感控制器相连，组成了有信息综合和处理能力的网络。现场总线技术也开始应用于此种形式的网络，人们用其组建智能化传感器网络，大量多功能传感器被运用，它们可借助节点中内置的形式多样的传感器测量所在周边环境中的热、红外、声呐、雷达和地震波信号，从而探测包括温度、湿度、噪声、光强、压力、土壤成分、移动物体的大小、速度和方向等我们感兴趣的物质现象。在通信方式上，除通常采用的有线形式的现场总线技术外，也可采用无线、红外和光等多种形式，但一般认为短距离的无线低功率通信技术最适合传感器网络，所以称为无线传感器网络（Wireless Sensor Network，WSN）。

目前，无线传感器网络的商业化应用已经逐步兴起。近年来，以美国 Crossbow 公司为代表的高科技公司，迅速推出无线传感器网络系列配套产品，以其功能多、体积小、质量小、开发方便等特点，得到世界各国科技工作者和工业界人士的青睐。例如，Crossbow 公司利用 Smart Dust 项目的成果开发出了名为 Mote 的智能传感器网络节点，还有用于研究机构二次开发的 MoteWorks 开发平台。

无线传感器涉及传感器技术、网络通信技术、无线传输技术、嵌入式计算机技术、分布式信息处理技术、微电子制造技术、软件编程技术等研究领域，具有鲜明的跨学科特点。微型传感器技术和节点间无线通信能力为传感器网络赋予了广阔的应用前景。在空间探索和灾难拯救等特殊的领域，无线传感器网络也有其得天独厚的技术优势。

2. 传感器网络的组成

无线传感器网络是由大量体积小、成本低、具有无线通信和数据处理能力的传感器节点组成的。传感器节点一般由传感器、微处理器、无线收发器和电源组成，有的还包括定位装置和移动装置，如图 10-5 所示。

在传感器网络中，每个节点的功能是相同的，它们通过无线通信的方式自适应地组成一个无线网络。各个传感器节点将自己所探测到的

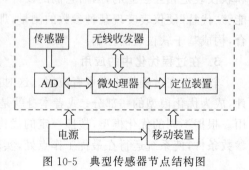

图 10-5 典型传感器节点结构图

有用信息,通过多跳中转的方式向指挥中心(主机)汇报。指挥中心也可以通过基站(又称为汇聚节点)以无线通信的方式对各传感器节点进行远程监控,以便向需要控制的传感器节点发布命令。基站是一个中转站,它将传感器的数据发送到主机上;同时,又将主机的命令通过无线通信模块发送到目标节点。

典型的无线传感器网络结构图如图 10-6 所示,A、B、C、D 和 E 是随机分布在监控区域中的一部分传感器节点,通过自组织协议组成一个网络后,将采集的环境数据通过无限跳转的方式传送给基站,基站将所得到的信息报告给指挥中心,指挥中心根据实际情况作出判断,并通过基站对传感器网络进行配置和管理,发布监测任务及收集监测数据等。

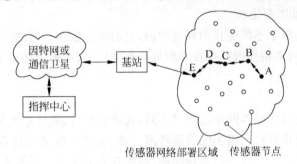

图 10-6 典型无线传感器网络结构图

10.3.2 传感器网络的功能与特点

1. 传感器网络的主要功能

传感器网络的主要功能应由具体的应用所决定,但无论是何种应用,其基本功能都是一致的。传感器网络的基本功能包括以下方面。

1) 参数计算

计算在给定区域中相关参数的值。如在进行环境监测的传感器网络中,需要确定温度、压力、光照度和湿度等;此时,不同的传感器节点配置有不同类型的传感器,而每个传感器都可有不同的采样频率和测量范围。

2) 事件检测

监测事件的发生并估计事件发生过程中的相关参数。如在用于交通管理中的传感器网络,可检测车辆是否通过了交叉路口以及通过交叉路口时的速度和方向。

3) 目标监测

区分被监测的对象。如在用于交通管理中的传感器网络,可检测车辆是轿车、小面包车、轻型卡车还是公共汽车等。

4) 目标跟踪

实现被测对象的跟踪。如在战时敷设的传感器网络区域内,可跟踪敌方坦克,辨识其行驶轨迹等。

在传感器网络所能提供的以上功能中,最重要的特征是能够保证按应用要求将信息传送到合适的最终用户。在某些应用中,实时性是至关重要的,如在监控网络系统中,当检测到有可疑人物出现时,应及时通知保安人员,以便及早采取相应的措施。在传感器网络的所有应用中,传感器节点是否需要逐个设置定位编号和网络上的数据是否需要融合,是必须考虑的两个重要因素。

2. 无线网络的主要特点

无线传感器网络是集成了监测、控制以及无线通信的网络系统。通常情况下,大多数传感器网络节点是不固定的,由此具有与传统网络不同的几个特点。

1) 无中心和自组网特性

在无线传感器网络中,所有节点的地位都是平等的,没有预先指定的中心,各节点通过分布式算法来相互协调,在无人值守的情况下,节点就能自动组织起一个测量网络。而正因为没有中心,网络便不会因为单个节点的脱离而受到损害。

2) 网络拓扑的动态变化性

网络中的节点是处于不断变化的环境中的,它的状态也在相应的发生变化,加之无线通信信道的不稳定性,网络拓扑因此也在不断地调整变化,而这种变化是无人能够准确预测出来的。

3) 应用相关性

不同的应用背景对传感器网络的要求不同,其硬件平台、软件系统和网络协议也必然有很大差异。所以无线传感器网络不能像因特网一样,有统一的通信协议平台。对于不同的无线传感器网络应用虽然存在一些共性问题,但在开发无线传感器网络应用中,应该更关注传感器网络的差异,这样才能让系统更贴近应用,做出最高效的目标系统。

4) 以数据为中心

无线传感器网络是任务型网络,脱离传感器网络谈论传感器网络节点没有任何意义。无线传感器网络中采用节点编号标志,节点编号是否需要全网唯一,取决于网络通信协议的设计。由于传感器网络节点随机部署,构成的传感器网络与节点编号之间的关系是完全动态的,即节点编号与节点位置没有必然联系。用户使用传感器网络查询事件时,直接将所关心的事件通告给网络,而不是通告给某个确定编号的节点。因此,通常说无线传感器网络是一个以数据为中心的网络。

5) 传输能力的有限性

无线传感器网络通过无线电波进行数据传输,虽然省去了布线的烦恼,但是相对于有线网络,低带宽则成为它的先天缺陷。同时,信号之间还存在相互干扰,信号自身也在不断衰减,不过,因为单个节点传输的数据量并不算大,这个缺点还是能够接受的。

6) 能量的限制

为了测量真实世界的具体值,各个节点会密集地分布于待测区域内,人工补充能量的方法已经不再适用。每个节点都要储存可供长期使用的能量,或者自己从外汲取能量(如太阳能等)。

7) 安全性问题

无线信道、有限的能量、分布式控制都使得无线传感器网络更容易受到攻击。被动窃听、主动入侵、拒绝服务则是这些攻击的常见方式。因此,安全性在网络的设计中至关重要。

8) 计算和存储能力有限

传感器节点的计算和存储能力有限,使得其不能进行复杂的计算,传统因特网上成熟的协议和算法对传感器而言开销太大,难以使用,因此必须重新设计简单有效的协议和算法。

10.3.3 传感器网络的关键技术

需要多种先进技术来保证传感器网络的正常工作,包括具有自组织能力的网络体系结构、自组织路由算法、通信信道的接入技术和电源管理技术,以及在微型化的传感器节点中实现各种环境参数的检测和数据融合技术等。

1. 自组织网络体系结构

根据传感器网络节点规模的大小,传感器网络拓扑结构可分成平面和分级两种。

平面结构的传感器网络比较简单,如图 10-7 所示。在平面结构中,所有节点在网络中的地位平等;为传送数据彼此会自动形成相互联通的网络,并通过某个或某些节点与传感器网络外界进行通信。此时形成的传感器网络又呈现树状结构,因此又被称为树型结构。树型结构的网络中,所有节点完全对等,原则上不存在瓶颈,所以比较健壮。但其缺点是可扩充性能差,每个节点都需要知道到达其他所有节点的路由,而维持这些动态变化的路由信息需要大量的控制信息。

分级结构的传感器网络较为复杂,如图 10-8 所示。在分级结构的传感器网络中,网络被划分为多个簇(Cluster),每个簇由簇头(Cluster Head)和多个簇成员(Cluster Member)组成,簇头彼此形成高一级网络。簇头节点负责簇间数据的转发,它可以预先指定,也可以由节点使用分簇算法自动选举产生。在分级结构的网络中,簇成员的功能比较简单,不需要维护复杂的路由信息,可大大减少网络路由控制信息的数量,具有很好的可扩充性;同时,由于簇头节点可以随机选举产生,因而也具有较强的抗打击性。分级结构的缺点是维护分级结构需要所有节点执行分簇算法,且簇头节点可能会成为传感器网络的瓶颈,从而影响数据的传送。

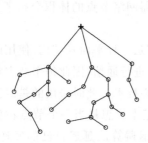

图 10-7 传感器网络平面结构示意图

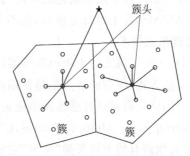

图 10-8 传感器网络分级结构示意图

目前的主要研究热点是:如何在满足网络覆盖度和连通度的前提下,通过功率控制和骨干网络节点选择,剔除节点间不必要的无线通信链路,生成一个高效的数据转发的网络拓扑结构。

2. 自组织路由算法

传感器网络在敷设完毕后,某些传感器节点可能会不断地改变自身的位置,任意节点都有可能随时开机与关机,从而使得传感器网络的网络结构呈现动态变化的过程。这要求在保证数据传送的路由计算上,必须根据网络拓扑结构动态变化的实际情况,自主完成路由的选择,即具备自组织的能力。

此外,由于无线通信的有效通信距离,单个传感器节点不可能直接将数据发送到传感器网络的通信基站,而必须采用多跳路由(Multi-Hop)的传输方式进行数据传送。因此,每个传感器节点必须具有报文(数据包)转发能力,也就是说,每个传感器节点不仅要完成数据采集与传送的工作,还要具备路由器的功能,即需要负责维护网络的拓扑结构和路由信息以完成报文的转发。因此,确定自组织路由算法的最终目标就是要保证整个传感器网络在传感器节点位置的改变、传感器工作方式的改变与传感器节点加入或退出等各种条件下都能正常工作,除非保证传感器网络正常工作的传感器节点数量已少到不能再组成网络。

3. 时间同步技术

实现时间同步是传感器网络系统协同工作的一个关键机制。无线传感器网络的一些固有特征,例如能量、存储、计算和带宽的限制,与节点分布的高密度结合,使传统的时间同步算法不适合于无线传感器网络。因此,越来越多的研究集中在设计适合于无线传感器网络时间的同步算法。目前,已经提出了多个时间同步机制,其中 RBS、TINY/MINI-SYNC 和 TPSN 被认为是 3 个基本的同步机制。

4. 定位技术

位置信息是传感器网络节点采集数据过程中不可缺少的部分,在有些应用中,没有位置信息的监测消息通常是没有意义的,确定事件发生的位置或采集数据的节点位置是传感器网络最基本的功能之一。根据无线传感器网络自身的特点,定位机制必须满足自组织性、鲁棒性、能量高效性和分布式计算等要求。目前,主要的定位机制有基于 TOA 的定位、基于 TDOA 的定位、基于 AOA 的定位以及基于 RSSI 的定位等。

5. 微型化技术

现阶段传感器网络节点的微型化技术还主要在硬件电路的设计上,通过采用体积小、功耗低的芯片与器件和采用模块化的设计与分层布板的方法会使体积尽量减小,然而随着微机电加工(MEMS)技术的日益成熟,在不久的将来,传感器网络节点的体积会越来越小。

6. 信道接入技术

美国 Dust 公司研究的小规模传感器网络“智能尘埃”是一种平面式结构,使用的是共享的单信道通信方式,所有的节点都是使用这个共享的信道进行通信,因此每个节点如何有效地接入与使用该信道是该传感器网络能否高效工作的核心技术。此时采用的是载波侦听多路访问(Carrier Sense Multiple Access,CSMA)协议,其基本思想是当一个节点在信道上发送报文时,其他所有的节点都能“听到”它的发送,并采用退避算法延迟自己的发送,当监测到信道空闲时,再接入信道进行发送,这种方式也称为一跳共享广播信道方式。这种接入方式比较简单,但会引出“隐蔽终端”与“暴露终端”等问题。所以进一步需要采用更加有效的接入控制技术,如采用控制信道与数据信道分离的双信道接入技术。

7. 检测与数据融合技术

传感器网络中的传感器功能都比较单一,每个传感器只具备检测一个简单参数的功能,如检测温度、压力或事件等;而比较复杂和综合的参数检测则需要多个传感器的协作与数据融合,如环境参数、目标跟踪等。因此,合理而正确地敷设带有不同检测功能的传感器网络节点,将直接决定传感器网络的工作效果。

利用 MEMS(微机电加工)技术,使各类传感器微型化,保证各类检测功能的完整实现,并使用多传感器检测和数据融合技术,是传感器网络得以产生、发展和应用的根本。

8. 网络安全技术

传感器通常都布置在无人维护、不可控制的环境中，除了具有一般无线网络所面临的信息泄露、信息篡改、重放攻击、拒绝服务等多种威胁外，还面临传感器节点容易被攻击者物理操纵，并获取存储在传感器节点中的重要信息甚至控制部分或全部网络的威胁。因此在进行传感器网络协议和软件设计时，必须充分考虑传感器网络可能面临的安全问题，并把安全机制集成到系统的设计中。

9. 电源管理技术

能源是传感器网络正常工作的最重要资源，如何有效地节约能源是网络化微型传感器必须考虑的关键技术。传感器网络节点的工作模式按功率消耗由小到大的顺序分为 4 种：睡眠模式(sleep)、空闲模式(idle)、接收模式(receive)以及发送模式(transmit)。显然，有效地进入睡眠模式与空闲模式将大大节约能源。图 10-9 详细描述了这些工作模式之间的转化关系，采用合理的路由算法与信道接入方式将减少活跃模式的能耗，而如何有效地转入节能模式是传感器网络电源管理的关键技术。

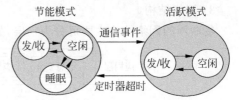

图 10-9 传感器网络电源工作模式转化关系示意图

由此可见，传感器网络电源的工作模式和管理机制，决定了传感器网络的网络结构的动态变化过程，以及因此而产生的自组织网络体系结构的自组织路由算法等。

上面介绍的只是一些基本的关键技术，传感器网络中还有诸如数据管理、无线通信技术、嵌入式操作系统等关键技术，作为当今信息领域新的研究热点，无线传感器网络涉及多学科的交叉，因此有很多关键技术有待进一步发现和研究。

10.3.4 传感器网络的延展和应用

随着传感器网络的不断发展和新技术的不断更新，传感器网络已在国民经济的许多方面得到了广泛的应用，诸如传感器网络技术衍生的物联网、车联网等。

1. 物联网

物联网是新一代信息技术的重要组成部分，其英文名称是 The Internet of Things(IoT)。顾名思义，物联网就是"物物相连的互联网"。物联网的发展和广泛应用，正在逐渐成为继计算机、互联网与移动通信之后的又一次具有标志性的技术提升。

1) 物联网的概念

物联网是在互联网的基础上，将网络连接的对象延伸到除传统的计算机以外能够被人类广泛触及的各类物品(Things)，从而构成的能够在无人干预的情况下进行信息交换与数据通信的一种泛在网络，以实现对物理世界的感知，并提供与我们的生活和工作密切相关的一系列功能，包括智能识别、定位、跟踪、监测和管理等。

物联网又是互联网和传感器网络相结合的产物，其高端与互联网融合，低端由传感器网络支撑。物联网的提出将物理设施与 IT(Information Technology)设备集合在一个系统中，并利用无线网络、智能传感设备和云计算技术等手段，实现对物理世界的动态智能协同感知和智能信息获取，形成物理世界的"物物"互联。因此，物联网是传感器网络延展的产物，也将成为现代检测技术不可或缺的重要内容。

2）主要特征

与传统的互联网相比，物联网有 3 个鲜明的特征。

（1）物联网可以提供各种感知技术的广泛应用。在物联网的环境下可以部署各种类型的传感器，每种传感器具备独立的感知功能，也可相互协作完成协同感知，是感知各种环境状态的信息来源。

（2）物联网是一种建立在互联网基础上的泛在网络。物联网技术的重要基础和核心仍旧是互联网，通过各种有线和无线网络与互联网融合，实现各种信息的实时准确传递。

（3）物联网具有智能处理的能力，能够对物体实施智能控制。物联网将传感器和智能处理相结合，利用云计算、模式识别等各种智能技术，可以有效扩充其应用领域。

3）网络结构

物联网的网络结构主要可分为三层，如图 10-10 所示，即感知层、网络层和应用层。

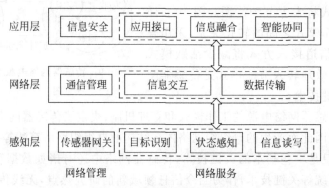

图 10-10　物联网的网络结构

物联网的感知层由各种具有感知能力的物理设施组成，如二维码读写器、RFID（Radio-Frequency Identification）读写器、GPS（Global Positioning Systems）定位模块、摄像头、M2M（Machine to Machine）终端、各类状态感知传感器和传感器网关等，主要实现对各类物品的感知和识别，并采集相关信息。通常应用中，这些物理设施可以在物联网的感知层形成前述的传感器网络。

互联网、传感网和各类通信网络的融合即形成了物联网的网络层。网络层不但要具备支持和管理物联网网络运营的能力，还要具备提升物联网上各类信息交换的能力，完成感知层与应用层之间的信息交互与数据传输，以支持传感器的动态智能协同感知、信息融合与利用、基于云计算的海量信息分类、交互和处理等。

物联网的应用层主要由各类应用功能组成，这些功能主要包括对物联网采集的数据实施融合、转换、分析与共享，为用户应用提供相应的支撑平台，并建立支持物联网运行的信息安全保障机制。应用层同时也可以为用户提供物联网的应用接口，为各种用户设备及终端提供应用服务，从而实现物联网所需的广泛且智能化的应用。

2. 车联网

车联网是现代智能交通系统发展的产物，是物联网面向道路运输行业应用的具体实现，其英文名称是 The Internet of Vehicles（IoV）。物联网没有限定网络范围内的物体类型，关注的是所有物理世界信息的获取和交换；车联网是物联网的具体应用，它将物体类型主要限定到了行驶在道路上的车辆上。

1）车联网的概念

随着物联网技术的蓬勃发展，作为物联网的具体应用，车联网是将行驶在道路上的车辆作为网络连接的主要对象而构成的一种物联网，以实现车辆运行参数和道路等交通基础设施状况的感知，并有望提供丰富的道路交通智能综合服务功能。

目前车联网技术及其应用的发展趋势表明，作为对车联网应用和服务的扩展，车联网也正在将道路、出行者和控制中心等纳入到了网络的连接、感知和服务范畴，并通过互联网信息平台实现丰富的智能交通综合服务功能，从而有望成为现代化城市中减少交通拥堵、推进绿色出行的手段。

2）主要特征

与物联网类似，车联网也有 3 个鲜明的特征。

（1）车联网与汽车总线系统互联，可以实现对车辆各种状态的广泛感知包括车辆运行参数和行驶状态等，也可提供对车辆周边环境的感知包括车外物体的识别和行驶环境预测等。

（2）车联网是一种建立在物联网基础上的泛在网络。车联网技术的重要基础和核心是物联网和汽车总线技术，通过汽车总线和无线网络构建车辆间的互通互联网络，实现各种车辆和交通信息的实时准确传递。

（3）车联网具有智能处理的能力，能够实时对车辆参数的感知和车辆行驶过程的智能控制。车联网将车辆状态和交通环境的传感和智能处理相结合，利用协同感知、云计算和模式识别等智能技术，可将车联网的应用扩展到道路交通的控制与管理领域。

3）网络结构

与物联网相似，车联网的网络结构可以分为三层，即感知层、网络层和应用层。

车联网的感知层需要与车辆总线系统相结合，主要实现对车辆各种状态的广泛感知，包括车辆运行参数和行驶状态等，也可提供对车辆周边环境的感知，包括车外物体的识别和行驶环境预测等。

车联网的网络层需要支持和管理网络运行，除支持车车通信以外，也希望支持路车通信、人车通信和系统间通信等；同时提升与车辆总线集成后的各类信息交换能力，完成感知层与应用层之间的信息交互与数据传输，以支持车辆运行动态的智能协同感知，并实现相关信息的融合、交互和处理等。

车联网的应用层主要支持道路交通的状态监控、行车安全、动态路况信息和交通事件保障等综合功能，进而构成能够满足现代城市道路交通管理与控制所需的信息服务应用。

4）应用举例——停车场车位管理

图 10-11 给出了传感器网络系统在停车场管理系统中应用时的典型系统体系结构。在停车场中的每个车位安装 1 个传感器节点，负责监测有无车辆占用车位；根据车位的分布情况设置必要的网络子区，每个子区设置通信基站，负责本子区传感器节点的数据传送；各通信基站建立起与控制中心的无线通信信道，实现控制中心对停车场系统的控制、调度和管理。

为降低系统建设成本和减少维护难度，系统设计要求采用传感器网络的无线通信优势，各车位独立敷设，自动形成通信网络；为增强系统的适应性和鲁棒性，要求传感器网络的形成具备自组织特性，即可根据传感器节点的工作状态，考虑传感器节点可能的失效情况，可动态调整网络的拓扑结构。

图 10-12 给出了常规情况下停车场车位与传感器网络的敷设示意图。

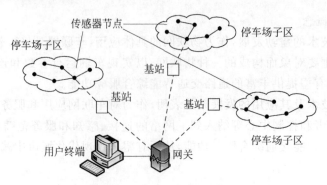

图 10-11 停车场管理系统体系结构示意图

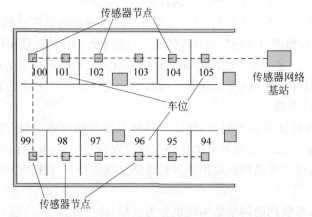

图 10-12 停车场车位与传感器网络敷设示意图

10.4 视觉检测技术

视觉检测技术是建立在计算机视觉研究基础上的一门新兴检测技术。基于视觉传感器的检测系统具有抗干扰能力强、效率高、组成简单等优点，非常适用于生产现场的在线非接触检测及监控，为解决在线问题提供了一个理想的手段。视觉检测技术是精密测试技术领域内最具有发展潜力的新技术，它综合运用了电子学、光电探测、图像处理和计算机技术，将机器视觉引入到工业检测中，实现对物体（产品或零件）三维尺寸或位置的快速测量，具有非接触、速度快、柔性好等突出优点，在现代制造业中有着重要的应用前景。

10.4.1 视觉检测系统组成

图 10-13 所示为视觉检测系统组成的原理框图，通常它由光源、被测物体、图像采集系统（包括成像系统和图像传感器）、数字图像处理、计算机及其接口、监视器和图像显示与输出装置等构成。其中，光源为视觉检测系统提供足够的照度，使被测物体通过成像系统清晰成像；图像采集系统完成采集图像，并转换成数字图像存储在图像存储设备中；计算机对数字图像信号进行处理、分析、判断和识别，最终显示和输出测量结果；监视器主要用于观察图像。

1. 光源

光源是视觉检测系统的重要组成部分，许多被测目标图像是在光源的照射下，经物镜成像在

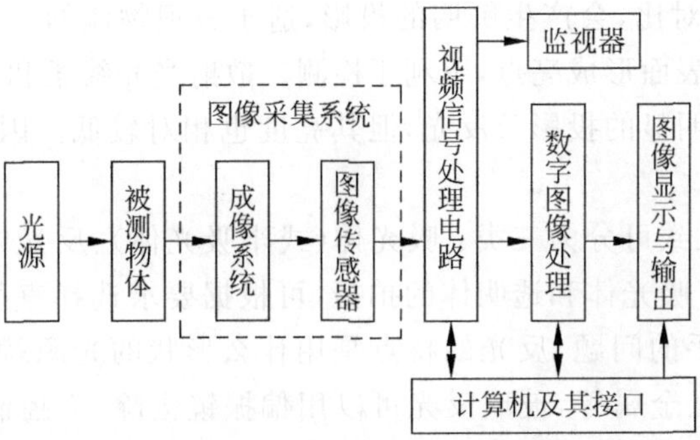

图 10-13 视觉检测系统组成的原理框图

各种图像传感器的像面上才能获得图像信号的。光源光谱成分的变化以及光源强度分布随时间变化等,都会影响图像传感器的输出图像。因此,合理选择光源是获得理想图像信号的关键。

1) 光源的分类

光源分为自然光源(被动光源)和人工光源(主动光源)。自然光源主要是指太阳、星体和大气等各种天体;人工光源是人为将各种能源(主要是电能)转换得到的光源。在视觉检测系统中,为了得到稳定的图像,消除环境的影响,常常采用人工光源。

人工光源按照发光器件本身的发光机理可以分为以下几类:

(1) 热辐射光源,如白炽灯、卤钨灯;

(2) 气体放电光源,如荧光灯、汞灯;

(3) 固体发光光源,如发光二极管(LED);

(4) 激光光源,如半导体激光器、气体激光器。

常用的照明光源主要有卤钨灯、荧光灯、LED 灯、激光器等,其主要性能的比较如表 10-2 所示。

表 10-2 常用光源的对比

光源	颜色	寿命/h	发光亮度	响应速度	特点
卤钨灯	白色、偏黄	5000~7000	很亮	慢	发热多、稳定性差、便宜
荧光灯	白色、偏绿	5000~7000	亮	慢	发热少、扩散性好、适合大面积均匀照射、较便宜
LED 灯	红、黄、绿、白、蓝	60000~100000	较亮	快	发热少、稳定性好、成本低、功耗低、体积小、易于组成不同形状
激光器	颜色单一、取决于发出激光的活性物质	因激光的工作物质不同而异	极亮	快	方向性好、单色性好、相干性好、能量高,不适合于漫反射体、价格较贵

在人工光源的选择中,综合考虑其光谱特性、效率及费用,应优先选择 LED 灯或高频荧光灯。尤其是 LED 灯具有诸多优点:效率高、体积小、功耗小、发光稳定、成本低、易于组成不同形状,因此被广泛采用。高频荧光灯由于发光强度高、性价比高,在一些应用场合也是很好的选择。

2) 光源的照射方式

光源的照射方式有直射和散射(透射、反射)。直射光方向性好,光能量相对集中,光源亮度高，有较强的明暗对比，会产生鲜明的投影，适于表现物体的立体感及质感；但其均匀性较差，有时会在物体表面形成亮点，不利于检测。散射光光线柔和，均匀性较好，没有强烈的明暗对比，不会产生明显的投影及反光，但其亮度也相对较低。因此，拍摄不同的物体要采用不同的照射方式。

日常拍摄的物体大致可分为三类：吸光体（或半吸光体）、反光体（或半反光体）和透明体（或半透明体）。对于吸光体和透明体的拍摄，可根据要求选择直射光或散射光。而拍摄反光体是一个特别棘手的问题，反光的特点是用什么形状的光源就会有什么样的反射点。反光体有很多，如玻璃、金属等，玻璃反光可以用偏振镜去除，而控制金属反光则不那么容易，尤其是不锈钢。它们的形状大致分为平面、柱面和球面，其中柱面和球面的物体更难拍摄。以柱面为例，相机镜头正对反光面，其反光面的角度可达180°，在反光的控制上很难把握。所以在拍摄时不宜用直射光，其光源方向性强，光源的形状、方向、大小会直接在反光面上形成明显的光斑点；而应采用散射光，其均匀的发光面可以避免物体表面形成亮点，从而得到比较理想的检测图像。

2. 图像采集系统

1）成像系统

视觉检测系统中的成像系统有光学成像系统、红外成像系统和过程层析成像系统等。

光学成像系统是将被测对象通过光学的方法以一定的放大倍率成像在图像传感器上，通常可以根据物像面位置、物像面大小等成像条件分为照相摄影、显微、望远或投影等典型光学系统，对其成像质量有一定要求。

红外成像系统是利用红外探测器、光学成像物镜和光机扫描系统，接收被测目标的红外辐射能量分布图形反映到红外探测器的光敏元件上（红外探测器分为光子探测器和热敏感探测器两大类型）。在光学系统和红外探测器之间，有一个光机扫描机构对被测物体的红外图像进行扫描，并聚焦在单元或分光探测器上。由探测器将红外辐射能转换成电信号，经放大处理、转换成标准视频信号通过电视屏幕或监视器显示红外热图像。

过程层析成像（Process Tomography，PT）技术也称为流动成像技术，以 CT 技术为基础，对两相流或多相流的过程参数二维或三维分布情况进行在线实时检测。目前有 X 射线与 γ 射线层析成像技术、超声波成像技术、电容层析成像技术、电阻层析成像技术和电磁层析成像技术等。

利用过程层析成像技术可对空间物质分布进行测量，如化工、动力、冶金、食品等工业中的两相流或多相流，输油管道、蒸发换热器中的气液、气-液两相，石油开采管道内的气-液-固多相流等。因过程层析成像的感应机理（电、磁、声、光、热……）非常广泛，为非干扰测量方式，并能极其快速地展示物质的空间分布，它正在成为物质分布检测的有力工具。

2）图像传感器

图像传感器是将电荷耦合器件（Charge-Coupled Devices，CCD）作为转换器件的传感器，也称为 CCD 传感器。

CCD 器件有两个特点：一是它在半导体硅片上制有成百上千个（甚至数百万个）光敏元，它们按线阵或面阵有规则地排列。当物体通过物镜成像于半导体硅平面上时。这些光敏元就产生与照在它们上面的光强成正比的光生电荷。二是它具有自扫描能力，亦即将光敏元上产生的光生电荷依次有规则地串行输出，输出的幅值与对应的光敏元上的电荷量成正比。由于它具有集成度高、分辨率高、固体化、低功耗和自扫描能力等一系列优点,故很快地被应用于自动控制和自动测量领域,尤其适用于图像识别技术。目前,CCD 器件及其应用研究已取得了惊人的发展。CCD 应用技术已成为光、机、电和计算机相结合的高新技术,已成为现代测试技术中最活跃、最富有成果的新兴领域之一。

CCD 传感器利用光敏元的光电转换功能将透射到光敏元上的光学图像转换为电信号"图像",即光强的空间分布转换为与光强成比例的、大小不等的电荷包空间分布,然后经读出移位寄存器的移位功能将电信号"图像"转送,并经放大器输出。依照其光敏元排列方式的不同,CCD 传感器主要分为线阵、面阵两种。

在非电量的测量中,CCD 传感器的主要用途大致可归纳为以下 3 方面:

(1) 组成测试仪器,可以测量物位、尺寸、工件损伤、自动焦点等;

(2) 用作光学信息处理装置的输入环节,如用于传真技术、光学文字识别技术(OCR)与图像识别技术、光谱测量及空间遥感技术、机器人视觉技术等;

(3) 作为自动化流水线装置中的敏感器件,如可用于机床、自动售货机、自动搬运车以及自动监视装置等。

3. 数字图像处理与图像识别

数字图像处理与图像识别是通过计算机软件编程实现的。

1) 数字图像处理

数字图像处理(Digital Image Processing)是通过计算机对图像进行去除噪声、增强、复原、分割、提取特征等处理的方法和技术。

进行数字图像处理所需要的设备包括摄像机、数字图像采集器(包括同步控制器、模/数转换器及帧存储器)、图像处理计算机和图像显示终端。主要的处理任务,通过图像处理软件来完成。为了对图像进行实时处理,需要非常高的计算速度,通用计算机无法满足,需要专用的图像处理系统。这种系统由许多单处理器组成阵列式处理机,并行操作,以提高处理的实时性。

不管是何种目的的图像处理,都需要由计算机和图像专用设备组成的图像处理系统对图像数据进行输入、加工和输出,主要包括图像变换、图像编码压缩、图像增强和复原、图像分割、图像描述和图像分类。

(1) 图像变换:由于图像阵列很大,直接在空间域中进行处理,涉及计算量很大。因此,往往采用各种图像变换的方法,如傅里叶变换、沃尔什变换、离散余弦变换等间接处理技术,将空间域的处理转换为变换域处理,不仅可减少计算量,而且可获得更有效的处理(如傅里叶变换可在频域中进行数字滤波处理)。新兴研究的小波变换在时域和频域中都具有良好的局部化特性,它在图像处理中也有着广泛而有效的应用。

(2) 图像编码压缩:图像编码压缩技术可减少描述图像的数据量(即比特数),以便节省图像传输、处理时间和减少所占用的存储器容量。压缩可以在不失真的前提下获得,也可以在允许的失真条件下进行。编码是压缩技术中最重要的方法,它在图像处理技术中是发展最早且比较成熟的技术。

(3) 图像增强和复原:图像增强和复原的目的是为了提高图像的质量,如去除噪声,提高图像的清晰度等。图像增强不考虑图像降质的原因,突出图像中所感兴趣的部分。如强化图像高频分量,可使图像中物体轮廓清晰,细节明显;如强化低频分量可减少图像中噪声影响。图像复原要求对图像降质的原因有一定的了解,一般讲应根据降质过程建立"降质模型"，再采用某种滤波方法，恢复或重建原来的图像。

（4）图像分割：图像分割是数字图像处理中的关键技术之一。图像分割是将图像中有意义的特征部分提取出来，其有意义的特征有图像中的边缘、区域等，这是进一步进行图像识别、分析和理解的基础。虽然已研究出不少边缘提取、区域分割的方法，但还没有一种普遍适用于各种图像的有效方法。因此，对图像分割的研究还在不断深入之中，是图像处理中研究的热点之一。

（5）图像描述：图像描述是图像识别和理解的必要前提。作为最简单的二值图像可采用其几何特性描述物体的特性，一般图像的描述方法采用二维形状描述，它有边界描述和区域描述两类方法。对于特殊的纹理图像可采用二维纹理特征描述。随着图像处理研究的深入发展，已经开始进行三维物体描述的研究，提出了体积描述、表面描述、广义圆柱体描述等方法。

（6）图像分类：图像分类属于模式识别的范畴，其主要内容是图像经过某些预处理（增强、复原、压缩）后，进行图像分割和特征提取，从而进行判决分类。图像分类常采用经典的模式识别方法，有统计模式分类和句法（结构）模式分类，近年来新发展起来的模糊模式识别和人工神经网络模式分类在图像识别中也越来越受到重视。

2）图像识别

图像识别包括信息获取、预处理、特征提取和选择、分类器设计和分类决策等过程，如图 10-14 所示。

图 10-14　图像识别的过程框图

信息的获取：是通过传感器，将光或声音等信息转化为电信息。信息可以是二维的图像如文字、图像等；可以是一维的波形如声波、心电图、脑电图；也可以是物理量与逻辑值。

预处理：包括 A/D，二值化，图像的平滑、变换、增强、恢复、滤波等，主要指图像处理。

特征提取和选择：在模式识别中，需要进行特征的提取和选择，例如，一幅 64×64 的图像可以得到 4096 个数据，这种在测量空间的原始数据通过变换获得在特征空间最能反映分类本质的特征，这就是特征提取和选择的过程。

分类器设计：分类器设计的主要功能是通过训练确定判决规则，使按此类判决规则分类时，错误率最低。

分类决策：在特征空间中对被识别对象进行分类。

10.4.2　视觉检测系统的应用

视觉检测是以光为信息载体实施的检测，因此可以实现危险地点或人、机械不可到达场所的检测与控制。归纳起来，视觉检测可应用于检测各种几何量和工件表面质量等，机床、自动搬运车、自动售货机，交通、超市、银行等的自动监视和安全系统，机器人的视觉系统以及传真技术、光学文字识别技术等方面。下面仅举一例说明。

图 10-15 为基于 CCD 的非接触测量圆柱体压力的系统原理框图，它主要包括测量装置模块、计算机系统、标准力传感器（标定用的）、Windows 界面的数据处理与控制软件模块等部分。其中，测量装置是由激光器、透镜、光探测接收面（CCD）等组成；计算机系统主要由工业控制计

算机、显示器、打印机、键盘、接口电路等组成,其中接口电路主要由放大与滤波电路、比较与限幅电路、脉冲产生与 CCD 驱动电路、高速多功能数据采集卡等组成;Windows 界面的数据处理与控制软件主要包括测试模块、数据处理模块、文件管理模块、帮助模块等。

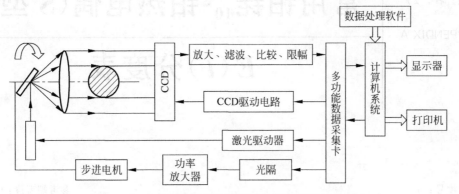

图 10-15 非接触测量圆柱体压力的测量系统原理框图

软件开发平台采用 Visual C++,其中,文件管理模块主要包括试验情况记录、文件保存、文件打开、打印等功能;试验情况记录主要包括日期、试验条件、编号、测试人员等;文件保存主要是将测试的各种资料存盘以便保存和查询;文件打开主要是完成原测试资料的查询并完成计算机输出功能;打印主要完成测试结果;数据处理模块主要是完成数据信号的预处理和实验曲线图的绘制工作及传感器的标定;预处理主要完成误差与干扰的消除;测试模块主要包括数据转换程序、参数测量程序、光源发射控制,主要完成数据测试、发出各种控制信号。

其工作原理是:计算机通过高速多功能数据采集卡输出命令,激光驱动器、CCD 驱动电路开始工作,光源发光,光源发出的光经扫描反射镜、透镜变换形成平行光线,通过被测构件调制后,投射在线阵 CCD 上,形成圆柱体构件截面影像,CCD 上的光敏元根据感受到的光强输出高低不同的电信号,经放大、滤波、比较、限幅处理后送入高速多功能数据采集卡,再输入到计算机,经测试模块换算即得到该构件的截面直径。

思考题与习题

1. 什么是虚拟仪器?简述虚拟仪器的特点。
2. 举例说明虚拟仪器在测控系统中的应用。
3. 什么叫软测量技术?
4. 简述软测量技术的实现方法。
5. 举例说明软测量技术在工业中的应用。
6. 说出传感器网络的定义和组成。
7. 传感器网络的主要功能都有哪些?
8. 简述传感器网络的关键技术。
9. 什么是物联网?什么是车联网?
10. 画图说明视觉检测系统的组成。
11. 简述图像处理的过程。

常用铂铑₁₀-铂热电偶（S 型）

$E(t)$ 分度表

分度号：S   参考端温度：0℃

t(℃)	0	−1	−2	−3	−4	−5	−6	−7	−8	−9
					$E(\mu V)$					
−50	−236									
−40	−194	−199	−203	−207	−211	−215	−219	−224	−228	−232
−30	−150	−155	−159	−164	−168	−173	−177	−181	−186	−190
−20	−103	−108	−113	−117	−122	−127	−132	−136	−141	−146
−10	−53	−58	−63	−68	−73	−78	−83	−88	−93	−98
0	0	−5	−11	−16	−21	−27	−32	−37	−42	−48

t(℃)	0	1	2	3	4	5	6	7	8	9
					$E(\mu V)$					
0	0	5	11	16	22	27	33	38	44	50
10	55	61	67	72	78	84	90	95	101	107
20	113	119	125	131	137	143	149	155	161	167
30	173	179	185	191	197	204	210	216	222	229
40	235	241	248	254	260	267	263	280	286	292
50	299	305	312	319	325	332	338	345	352	358
60	365	372	378	385	392	399	405	412	419	426
70	433	440	446	453	460	467	474	481	488	495
80	502	509	516	523	530	538	545	552	559	566
90	573	580	588	595	602	609	617	624	631	639
100	646	653	661	668	675	683	690	698	705	713
110	720	727	735	743	750	758	765	773	780	788
120	795	803	811	818	826	834	841	849	857	865
130	872	880	888	896	903	911	919	927	935	942
140	950	958	966	974	982	990	998	1006	1013	1021
150	1029	1037	1045	1053	1061	1069	1077	1085	1094	1102
160	1110	1118	1126	1134	1142	1150	1158	1167	1175	1183
170	1191	1199	1207	1216	1224	1232	1240	1249	1257	1265
180	1273	1282	1290	1298	1307	1315	1323	1332	1340	1348
190	1357	1365	1373	1382	1390	1399	1407	1415	1424	1432
200	1441	1449	1458	1466	1475	1483	1492	1500	1509	1517
210	1526	1534	1543	1551	1560	1569	1577	1586	1594	1603

续表

t(℃)	0	1	2	3	4	5	6	7	8	9
					$E(\mu V)$					
220	1612	1620	1629	1638	1646	1655	1663	1672	1681	1690
230	1698	1707	1716	1724	1733	1742	1751	1759	1768	1777
240	1786	1794	1803	1812	1821	1829	1838	1847	1856	1865
250	1874	1882	1891	1900	1909	1918	1927	1936	1944	1953
260	1962	1971	1980	1989	1998	2007	2016	2025	2034	2043
270	2052	2061	2070	2078	2087	2096	2105	2114	2123	2132
280	2141	2151	2160	2169	2178	2187	2196	2205	2214	2223
290	2232	2241	2250	2259	2268	2277	2287	2296	2305	2314
300	2323	2332	2341	2350	2360	2369	2378	2387	2396	2405
310	2415	2424	2433	2442	2451	2461	2470	2479	2488	2497
320	2507	2516	2525	2534	2544	2553	2562	2571	2581	2590
330	2599	2609	2618	2627	2636	2646	2655	2664	2674	2683
340	2692	2702	2711	2720	2730	2739	2748	2758	2767	2776
350	2786	2795	2805	2814	2823	2833	2842	2851	2861	2870
360	2880	2889	2899	2908	2917	2927	2936	2946	2955	2965
370	2974	2983	2993	3002	3012	3021	3031	3040	3050	3059
380	3069	3078	3088	3097	3107	3116	3126	3135	3145	3154
390	3164	3173	3183	3192	3202	3212	3221	3231	3240	3250
400	3259	3269	3279	3288	3298	3307	3317	3326	3336	3346
410	3355	3365	3374	3384	3394	3403	3413	3423	3432	3442
420	3451	3461	3471	3480	3490	3500	3509	3519	3529	3538
430	3548	3558	3567	3577	3587	3596	3606	3616	3626	3635
440	3645	3655	3664	3674	3684	3694	3703	3713	3723	3732
450	3742	3752	3762	3771	3781	3791	3801	3810	3820	3830
460	3840	3850	3859	3869	3879	3889	3898	3908	3918	3928
470	3938	3947	3957	3967	3977	3987	3997	4006	4016	4026
480	4036	4046	4056	4065	4075	4085	4095	4105	4115	4125
490	4134	4144	4154	4164	4174	4184	4194	4204	4213	4223
500	4233	4243	4253	4263	4273	4283	4293	4303	4313	4323
510	4332	4342	4352	4362	4372	4382	4392	4402	4412	4422
520	4432	4442	4452	4462	4472	4482	4492	4502	4512	4522
530	4532	4542	4552	4562	4572	4582	4592	4602	4612	4622
540	4632	4642	4652	4662	4672	4682	4692	4702	4712	4722
550	4732	4742	4752	4762	4772	4782	4793	4803	4813	4823
560	4833	4843	4853	4863	4873	4883	4893	4904	4914	4924
570	4934	4944	4954	4964	4974	4984	4995	5005	5015	5025
580	5035	5045	5055	5066	5076	5086	8096	5106	5116	5127
590	5137	5147	5157	5167	5178	5188	5198	5208	5218	5228
600	5239	5249	5259	5269	5280	5290	5300	5310	5320	5331
610	5341	5351	5361	5372	5382	5392	5402	5413	5423	5433
620	5443	5454	5464	5474	5485	8495	5505	5515	5526	5536
630	5546	5557	5567	5577	5588	5598	5608	5618	5629	5639
640	5649	5660	5670	5680	5691	5701	5712	5722	5732	5743

$t(℃)$	0	1	2	3	4	5	6	7	8	9
					$E(\mu V)$					
650	5753	5763	5774	5784	5794	5805	5815	5826	5836	5846
660	5857	5867	5878	5888	5898	5909	5919	5930	5940	5950
670	5961	5971	5982	5992	6003	6013	6024	6034	6044	6055
680	6065	6076	6086	6097	6107	6118	6128	6139	6149	6160
690	6170	6181	6191	6202	6212	6223	6233	6244	6254	6265
700	6275	6286	6296	6307	6317	6328	6338	6349	6360	6370
710	6381	6391	6402	6412	6423	6434	6444	6455	6465	6476
720	6486	6497	6508	6518	6529	6539	6550	6561	6571	6582
730	6593	6603	6614	6624	6635	6646	6656	6667	6678	6688
740	6699	6710	6720	6731	6742	6752	6763	6774	6784	6795
750	6806	6817	6827	6838	6849	6859	6870	6881	6892	6902
760	6913	6924	6934	6945	6956	6967	6977	6988	6999	7010
770	7020	7031	7042	7053	7064	7074	7085	7096	7107	7117
780	7128	7139	7150	7161	7172	7182	7193	7204	7215	7226
790	7236	7247	7258	7269	7280	7291	7302	7312	7323	7334
800	7345	7356	7367	7378	7388	7399	7410	7421	7432	7443
810	7454	7465	7476	7487	7497	7508	7519	7530	7541	7552
820	7563	7574	7585	7596	7607	7618	7629	7640	7651	7662
830	7673	7684	7695	7706	7717	7728	7739	7750	7761	7772
840	7783	7794	7805	7816	7827	7838	7849	7860	7871	7882
850	7893	7904	7915	7926	7937	7948	7959	7970	7981	7992
860	8003	8014	8026	8037	8048	8059	8070	8081	8092	8103
870	8114	8125	8137	8148	8159	8170	8181	8192	8203	8214
880	8226	8237	8248	8259	8270	8281	8293	8304	8315	8326
890	8337	8348	8360	8371	8382	8393	8404	8416	8427	8438
900	8449	8460	8472	8483	8494	8505	8517	8528	8539	8550
910	8562	8573	8584	8595	8607	8618	8629	8640	8652	8663
920	8674	8685	8697	8708	8719	8731	8742	8753	8765	8776
930	8787	8798	8810	8821	8832	8844	8855	8866	8878	8889
940	8900	8912	8923	8935	8946	8957	8969	8980	8991	9003
950	9014	9025	9037	9048	9060	9071	9082	9094	9105	9117
960	9128	9139	9151	9162	9174	9185	9197	9208	9219	9231
970	9242	9254	9265	9277	9288	9300	9311	9323	9334	9345
980	9357	9368	9380	9391	9403	9414	9426	9437	9449	9460
990	9472	9483	9495	9506	9518	9529	9541	9552	9564	9576
1000	9587	9599	9610	9622	9633	9645	9656	9668	9680	9691
1010	9703	9714	9726	9737	9749	9761	9772	9784	9795	9807
1020	9819	9830	9842	9853	9865	9877	9888	9900	9911	9923
1030	9935	9946	9958	9970	9981	9993	10005	10016	10028	10040
1040	10051	10063	10075	10086	10098	10110	10121	10133	10145	10156
1050	10168	10180	10191	10203	10215	10227	10238	10250	10262	10273
1060	10285	10297	10309	10320	10332	10344	10356	10367	10379	10391
1070	10403	10414	10426	10438	10450	10461	10473	10485	10497	10509

续表

t(℃)	0	1	2	3	4	5	6	7	8	9
					E(μV)					
1080	10520	10532	10544	10556	10567	10579	10591	10603	10615	10626
1090	10638	10650	10662	10674	10686	10697	10709	10721	10733	10745
1100	10757	10768	10780	10792	10804	10816	10828	10839	10851	10863
1110	10875	10887	10899	10911	10922	10934	10946	10958	10970	10982
1120	10994	11006	11017	11029	11041	11053	11065	11077	11089	11101
1130	11113	11125	11136	11148	11160	11172	11184	11196	11208	11220
1140	11232	11244	11256	11268	11280	11291	11303	11315	11327	11339
1150	11351	11363	11375	11387	11399	11411	11423	11435	11447	11459
1160	11471	11483	11495	11507	11519	11531	11542	11554	11566	11578
1170	11590	11602	11614	11626	11638	11650	11662	11674	11686	11698
1180	11710	11722	11734	11746	11758	11770	11782	11794	11806	11818
1190	11830	11842	11854	11866	11878	11890	11902	11914	11926	11939
1200	11951	11963	11975	11987	11999	12011	12023	12035	12047	12059
1210	12071	12083	12095	12107	12119	12131	12143	12155	12167	12179
1220	12191	12203	12216	12228	12240	12252	12264	12276	12288	12300
1230	12312	12324	12336	12348	12360	12372	12384	12397	12409	12421
1240	12433	12445	12457	12469	12481	12493	12505	12517	12529	12542
1250	12554	12566	12578	12590	12602	12614	12626	12638	12650	12662
1260	12675	12687	12699	12711	12723	12735	12747	12759	12771	12783
1270	12796	12808	12820	12832	12844	12856	12868	12880	12892	12905
1280	12917	12929	12941	12953	12965	12977	12989	13001	13014	13026
1290	13038	13050	13062	13074	13086	13098	13111	13123	13135	13147
1300	13159	13171	13183	13195	13208	13220	13232	13244	13256	13268
1310	13280	13292	13305	13317	13329	13341	13353	13365	13377	13390
1320	13402	13414	13426	13438	13450	13462	13474	13487	13499	13511
1330	13523	13535	13547	13559	13572	13584	13596	13608	13620	13632
1340	13644	13657	13669	13681	13693	13705	13717	13729	13742	13754
1350	13766	13778	13790	13802	13814	13826	13839	13851	13863	13875
1360	13887	13899	13911	13924	13936	13948	13960	13972	13984	13996
1370	14009	14021	14033	14045	14057	14069	14081	14094	14106	14118
1380	14130	14142	14154	14166	14178	14191	14203	14215	14227	14239
1390	14251	14263	14276	14288	14300	14312	14324	14336	14348	14360
1400	14373	14385	14397	14409	14421	14433	14445	14457	14470	14482
1410	14494	14506	14518	14530	14542	14554	14567	14579	14591	14603
1420	14615	14627	14639	14651	14664	14676	14688	14700	14712	14724
1430	14736	14748	14760	14773	14785	14797	14809	14821	14833	14845
1440	14857	14869	14881	14894	14906	14918	14930	14942	14954	14966
1450	14978	14990	15002	15015	15027	15039	15051	15063	15075	15087
1460	15099	15111	15123	15135	15148	15160	15172	15184	18196	15208
1470	15220	15232	15244	15256	15268	15280	15292	15304	15317	15329
1480	15341	15353	1565	15377	15389	15401	15413	15425	15437	15449

$t(℃)$	0	1	2	3	4	5	6	7	8	9
					$E(\mu V)$					
1490	15461	15473	15485	15497	15509	15521	15534	15546	15558	15570
1500	15582	15594	15606	15618	15630	15642	15654	15666	15678	15690
1510	15702	15714	15726	15738	15750	15762	15774	15786	15798	15810
1520	15822	15834	15846	15858	15870	15882	15894	15906	15918	15930
1530	15942	15954	15966	15978	15990	16002	16014	16026	16038	16050
1540	16062	16074	16086	16098	16110	16122	16134	16146	16158	16170
1550	16182	16194	16205	16217	16229	16241	16253	16265	16277	16289
1560	16301	16313	16325	16337	16349	16361	16373	16385	16396	16408
1570	16420	16432	16444	16456	16468	16480	16492	16504	16516	16527
1580	16539	16551	16563	16575	16587	16599	16611	16623	16634	16646
1590	16658	16670	16682	16694	16706	16718	16729	16741	16753	16765
1600	16777	16789	16801	16812	16824	16836	16848	16860	16872	16883
1610	16895	16907	16919	16931	16943	16954	16966	16978	16990	17002
1620	17013	17025	17037	17049	17061	17072	17084	17096	17108	17120
1630	17131	17143	17155	17167	17178	17190	17202	17214	17225	17237
1640	17249	17261	17272	17284	17296	17308	17319	17331	17343	17355
1650	17366	17378	17390	17401	17413	17425	17437	17448	17460	17472
1660	17483	17495	17507	17518	17530	17542	17553	17565	17577	17588
1670	17600	17612	17623	17635	17647	17658	17670	17682	17693	17705
1680	177,17	17728	17740	17751	17763	17775	17786	17798	17809	17821
1690	17832	17844	17855	17867	17878	17890	17901	17913	17924	17936
1700	17947	17959	17970	17982	17993	18004	18016	18027	18039	18050
1710	18061	18073	18084	18095	18107	18118	18129	18140	18152	18163
1720	18174	18185	18196	18208	18219	18230	18241	18252	18263	18274
1730	18285	18297	18308	18319	18330	18341	18352	18362	18373	18384
1740	18395	18406	18417	18428	18439	18449	18460	18471	18482	18493
1750	18503	18514	18525	18535	18546	18557	18567	18578	48588	48599
1760	18609	18620	18630	18641	18651	18661	18672	18682	18693	

铂热电阻(Pt100 型)

$R(t)$ 分度表

分度号：Pt100 　　　　　　　　　　　　　　　　参考端温度：$R(0℃)=100.00\Omega$

$t(℃)$	0	−1	−2	−3	−4	−5	−6	−7	−8	−9
					$R(\Omega)$					
−200	18.52									
−190	22.83	22.40	21.97	21.54	21.11	20.68	20.25	19.82	19.38	18.95
−180	27.10	26.67	26.24	25.82	25.39	24.97	24.54	24.11	23.68	23.25
−170	31.34	30.91	30.49	30.07	29.64	29.22	28.80	28.37	27.95	27.52
−160	35.54	35.12	34.70	34.28	33.86	33.44	33.02	32.60	32.18	31.76
−150	39.72	39.31	38.39	38.47	38.05	37.64	37.22	36.80	36.38	35.96
−140	43.88	43.86	43.05	42.63	42.22	41.80	41.39	40.97	40.56	40.14
−130	48.00	47.59	47.18	46.77	46.36	45.94	45.53	45.12	44.70	44.29
−120	52.11	51.70	51.29	50.88	50.47	50.06	49.65	49.24	48.83	48.42
−110	56.19	55.79	55.38	54.97	54.56	54.15	53.75	53.34	52.93	52.52
−100	60.26	59.85	59.44	59.04	58.63	58.23	57.82	57.41	57.01	56.60
−90	64.30	63.90	63.49	63.09	62.68	62.28	61.88	61.47	61.07	60.66
−80	68.33	67.92	67.52	67.12	66.72	66.31	65.91	65.51	65.11	64.70
−70	72.33	71.93	71.53	71.13	70.73	70.33	69.93	69.53	69.13	68.73
−60	76.33	75.93	75.53	75.13	74.73	74.33	73.93	73.53	73.13	72.73
−50	80.31	79.91	79.51	79.11	78.72	78.32	77.92	77.52	77.12	76.73
−40	84.27	83.87	83.48	83.08	82.69	82.29	81.89	81.50	81.10	80.70
−30	88.22	87.83	87.43	87.04	86.64	86.25	85.85	85.46	85.06	84.67
−20	92.16	91.77	91.37	90.98	90.59	90.19	89.80	89.40	89.01	88.62
−10	96.09	95.69	95.30	94.91	94.52	94.12	93.73	93.34	92.95	92.55
0	100.00	99.61	99.22	98.83	98.44	98.04	97.65	97.26	96.87	96.48

$t(℃)$	0	1	2	3	4	5	6	7	8	9
					$R(\Omega)$					
0	100.00	100.39	100.78	101.17	101.56	101.95	102.34	102.73	103.12	103.51
10	103.90	104.29	104.68	105.07	105.46	105.85	106.24	106.63	107.02	107.40
20	107.79	108.18	108.57	108.96	109.35	109.73	110.12	110.51	110.90	111.29
30	111.67	112.06	112.45	112.83	113.22	113.61	114.00	114.38	114.77	115.15
40	115.54	115.93	116.31	116.70	117.08	117.47	117.86	118.24	118.63	119.01

续表

$t(℃)$	0	1	2	3	4	5	6	7	8	9
					$R(Ω)$					
50	119.40	119.78	120.17	120.55	120.94	121.32	121.71	122.09	122.47	122.86
60	123.24	123.63	124.01	124.39	124.78	125.16	125.54	125.93	126.31	126.69
70	127.08	127.46	127.84	128.22	128.61	128.99	129.37	129.75	130.13	130.52
80	130.90	131.28	131.66	132.04	132.42	132.80	133.18	133.57	133.95	134.33
90	134.71	135.09	135.47	135.85	136.23	136.61	136.99	137.37	137.75	138.13
100	138.51	138.88	139.26	139.64	140.02	140.40	140.78	141.16	141.54	141.91
110	142.29	142.67	143.05	143.43	143.80	144.18	144.56	144.94	145.31	145.69
120	146.07	146.44	146.82	147.20	147.57	147.95	148.33	148.70	149.08	149.46
130	149.83	150.21	150.58	150.96	151.33	151.71	152.08	152.46	152.86	153.21
140	153.58	153.96	154.33	154.71	155.08	155.46	155.83	156.20	156.58	156.95
150	157.33	158.07	157.70	158.45	158.82	159.19	159.56	159.94	160.31	160.68
160	161.05	161.43	161.80	162.17	162.54	162.91	163.29	163.66	164.03	164.40
170	164.77	165.14	165.51	165.89	166.26	166.63	167.00	167.37	167.74	168.11
180	168.48	168.85	169.22	169.59	169.96	170.33	170.70	171.07	171.43	171.80
190	172.17	172.54	172.91	173.28	173.65	174.02	174.38	174.75	175.12	175.49
200	175.86	176.22	176.59	176.96	177.33	177.69	178.06	178.43	178.79	179.16
210	179.53	179.89	180.26	180.63	180.99	181.36	181.72	182.09	182.46	182.82
220	183.19	183.55	183.92	184.28	184.65	185.01	185.38	185.74	186.18	186.47
230	186.84	187.20	187.56	187.93	188.29	188.66	189.02	189.38	189.75	190.11
240	190.47	190.84	191.20	191.56	191.92	192.29	192.65	193.01	193.37	193.74
250	194.10	194.46	194.82	195.18	195.54	195.91	196.27	196.63	196.99	197.35
260	197.71	198.07	198.43	198.79	199.15	199.51	199.87	200.23	200.59	200.95
270	201.31	201.67	202.03	202.39	202.75	203.11	203.47	203.83	204.19	204.55
280	204.90	205.26	205.62	205.98	206.34	206.70	207.05	207.41	207.77	208.13
290	208.48	208.84	209.20	209.56	209.91	210.27	210.63	210.98	211.34	211.70
300	212.05	212.41	212.76	213.12	213.47	213.83	214.19	214.54	214.90	215.25
310	215.61	215.96	216.32	216.67	217.03	217.38	217.74	218.09	218.44	218.80
320	219.15	219.51	219.86	220.21	220.57	220.92	221.27	221.63	221.98	222.33
330	222.68	223.04	223.39	223.74	224.09	224.45	224.80	225.15	225.50	225.85
340	226.21	226.56	226.91	227.26	227.61	227.96	228.31	228.66	229.01	229.37
350	229.72	230.07	230.42	230.77	231.12	231.47	231.82	232.17	232.52	232.86
360	233.21	233.56	233.91	234.26	234.61	234.96	235.31	235.66	286.01	236.35
370	236.70	237.05	237.40	237.74	238.09	238.44	238.79	239.13	239.48	239.83
280	240.18	240.52	240.87	241.22	241.56	241.91	242.26	242.60	242.95	243.29
390	243.64	243.99	244.33	244.68	245.02	245.37	245.71	246.06	246.40	246.75
400	247.09	247.44	247.78	248.12	248.47	248.81	249.16	249.50	249.84	250.19
410	250.53	250.88	251.22	251.56	251.91	252.25	252.59	252.93	253.28	253.62
420	253.96	254.30	254.65	254.99	255.33	255.67	256.01	256.35	256.70	257.04
430	257.38	257.72	258.06	258.40	258.74	259.08	259.42	259.76	260.10	260.44
440	260.78	261.12	261.46	261.80	262.14	262.48	262.82	263.16	263.50	263.84
450	264.18	264.52	264.86	265.19	265.53	265.87	266.21	266.55	266.89	267.22

续表

t(℃)	0	1	2	3	4	5	6	7	8	9
					$R(\Omega)$					
460	267.56	267.90	268.24	268.57	268.91	269.25	269.59	269.92	270.26	270.60
470	270.93	271.27	271.61	271.94	272.28	272.61	272.95	273.29	273.62	273.96
480	274.29	274.63	274.96	275.30	275.63	275.97	276.30	276.64	276.97	277.31
490	277.64	277.97	278.31	278.64	278.98	279.31	279.64	279.98	280.31	280.64
500	280.98	281.31	281.64	281.98	282.31	282.64	282.97	283.31	283.64	283.97
510	284.30	284.63	284.97	285.30	285.63	285.96	286.29	286.62	286.95	287.28
520	287.62	287.95	288.28	288.61	288.94	289.27	289.60	289.93	290.26	290.59
530	290.92	291.25	291.58	291.91	292.24	292.56	292.89	293.22	293.55	293.88
540	294.21	294.54	294.86	295.19	295.52	295.85	296.18	296.50	296.83	297.16
550	297.49	297.81	298.14	298.47	298.79	299.12	299.45	299.77	300.10	300.43
560	300.75	301.08	301.41	301.73	302.06	302.38	302.71	303.03	303.36	303.68
570	304.01	304.33	304.66	304.98	305.31	305.63	305.96	306.28	306.61	306.93
580	307.25	307.58	307.90	308.22	308.55	308.87	309.19	309.52	309.84	310.16
590	310.49	310.81	311.13	311.45	311.78	312.10	312.42	312.74	313.06	313.39
600	313.71	314.03	314.35	314.67	314.99	315.31	315.63	315.96	316.28	316.60
610	316.92	317.24	317.56	317.88	318.20	318.52	318.84	319.16	319.48	319.80
620	320.12	320.44	320.75	321.07	321.39	321.71	2.03	322.35	322.67	322.98
630	323.30	323.62	323.94	324.26	324.57	324.89	325.21	325.53	325.84	326.16
640	326.47	326.79	327.11	327.43	327.74	328.06	328.38	328.69	329.01	329.32
650	329.64	329.96	330.27	330.59	330.90	331.22	331.53	331.85	332.16	332.48
660	332.79	333.11	333.42	333.73	334.05	334.36	334.68	334.99	335.30	335.62
670	335.93	336.25	336.56	336.87	337.18	337.50	337.81	338.12	338.44	338.75
683	339.06	339.37	339.68	340.00	340.31	340.62	340.93	341.24	341.55	341.87
690	342.18	342.49	342.80	343.11	343.42	343.73	344.04	344.35	344.66	344.97
700	345.28	345.59	345.90	346.21	346.52	346.83	347.14	347.45	347.76	348.07
710	348.38	348.69	348.99	349.30	349.61	349.92	350.23	350.54	350.84	351.15
720	351.46	351.77	352.07	352.38	352.69	353.00	353.30	353.61	353.92	354.22
730	354.53	354.84	355.14	355.45	355.76	256.06	356.37	356.67	356.98	357.28
740	357.59	357.90	358.20	358.51	358.81	359.12	359.42	359.72	360.03	360.33
750	360.64	360.94	361.25	361.55	361.85	362.16	362.46	362.76	363.07	363.37
760	363.67	363.98	364.28	364.58	364.89	365.19	365.49	365.79	366.09	366.40
770	366.70	367.00	367.30	367.60	367.91	368.21	368.51	368.81	369.11	369.41
780	369.71	370.01	370.31	370.61	370.91	371.21	371.51	371.81	372.11	372.41
790	372.71	373.01	373.31	373.61	373.91	374.21	374.51	374.81	375.11	375.41
800	375.70	376.00	376.30	376.60	376.90	377.19	377.49	377.79	378.09	378.38
810	378.68	378.98	379.28	379.57	379.87	380.17	380.46	380.76	381.06	381.35
820	381.65	381.95	382.24	382.54	382.83	383.13	383.42	383.72	384.01	384.31
830	384.60	384.90	385.19	385.49	385.78	386.08	386.37	386.67	386.96	387.25
840	387.56	387.84	388.14	388.43	388.72	389.02	389.31	389.60	389.90	390.19
850	390.48	—	—	—	—	—	—	—	—	—

参 考 文 献

[1] 张毅,张宝芬,曹丽,等.自动检测技术及仪表控制系统[M].3版.北京:化学工业出版社,2013.

[2] 梁森,欧阳三泰,王侃夫.自动检测技术及应用[M].2版.北京:机械工业出版社,2014.

[3] 张宏建,黄志尧,周洪亮,等.自动检测技术与装置[M].北京:化学工业出版社,2010.

[4] 徐科军,马修水,李晓林.传感器与检测技术[M].3版.北京:电子工业出版社,2011.

[5] 宋文绪,杨帆.传感器与检测技术[M].2版.北京:高等教育出版社,2009.

[6] 余成波,陶红艳.传感器与现代检测技术[M].2版.北京:清华大学出版社,2014.

[7] 胡向东,李锐,程安宇,等.传感器与检测技术[M].2版.北京:机械工业出版社,2014.

[8] 刘爱华,满宝元.传感器原理与应用技术[M].2版.北京:人民邮电出版社,2010.

[9] 林敏,丁金华,于忠得.自动化控制系统工程设计[M].北京:高等教育出版社,2014.

[10] 林敏.计算机控制技术及工程应用[M].3版.北京:国防工业出版社,2015.

[11] 孙传友.现代检测技术及仪表[M].2版.北京:高等教育出版社,2012.

[12] 田裕鹏,姚恩涛,李开宇.传感器原理[M].3版.北京:科学出版社,2007.

[13] 王俊杰,曹丽.传感器与检测技术[M].北京:清华大学出版社,2011.

[14] 周杏鹏,孙永荣,仇国富.传感器与检测技术[M].北京:清华大学出版社,2010.

[15] 林玉池,曾周末.现代传感技术与系统[M].北京:机械工业出版社,2010.

[16] 李现明,吴皓.自动检测技术与装置[M].北京:机械工业出版社,2009.

[17] 施文康,余晓芬.检测技术[M].3版.北京:机械工业出版社,2012.

[18] 刘传玺,王以忠,袁照平.自动检测技术[M].北京:机械工业出版社,2012.

[19] 毛徐辛.检测技术及仪表[M].北京:机械工业出版社,2014.

[20] 林敏,于忠得.STD总线脉冲流量检测微机接口电路[J].自动化仪表,1994(11):31-33.

[21] 于忠得,林敏.宽范围高精度转速测量算法[J].大连轻工业学院学报,2000(2):143-146.

[22] 林敏,于忠得.HS1100/HS1101电容式湿度传感器及其应用[J].仪表技术与传感器,2001(10):44-46.

[23] 林敏.低成本湿度测量仪的设计[J].自动化仪表,2002(11):30-33.

[24] 丁金华,林敏,周荣,等.模糊寻址自动跟踪彩色套印控制系统[J].包装工程,2005(1):22-24.

[25] 林敏,崔远慧.彩印在线色相分析与油墨配比系统[J].包装工程,2006(6):46-49.